北京理工大学"双一流"建设精品出版工程

Explosion Safety Theory and Engineering Practice

爆炸安全理论与工程实践

（上册）

薛 琨 辛大钧 ◎ 著

北京理工大学出版社
BEIJING INSTITUTE OF TECHNOLOGY PRESS

内 容 简 介

近年来，化工、采矿、爆破、军工等领域的重大爆炸事故不断发生，给社会生产生活造成了巨大威胁和伤害。本套书的上册将对爆炸安全基本理论和模型进行系统阐述，从爆炸事故的起源、破坏机制、安全标准、风险评估、防护技术等多方面深入探讨爆炸事件全链条的关键物理过程和技术前沿。下册将围绕存在重大燃爆事故隐患的重点行业和新兴行业背景中的燃爆事故进行实例论述，区分不同行业背景下燃爆事故的起源和危害特征，阐明不同的危险源和毁伤机制，并针对不同的应用背景介绍相应的安全标准和防护手段。

本套书不仅可以作为安全工程、弹药系统工程、含能材料、机械工程、化学工程、岩土工程、环境工程等专业相关课程的教材，还可供从事爆炸风险评估、爆炸事故分析、爆炸防护设计、抗爆建筑设计和审核、弹药毁伤效应研究等领域的工程技术人员进行学习和参考。

版权专有　侵权必究

图书在版编目（CIP）数据

爆炸安全理论与工程实践. 上册 / 薛琨，辛大钧著
. -- 北京：北京理工大学出版社，2022.12
ISBN 978 - 7 - 5763 - 2001 - 5

Ⅰ.①爆… Ⅱ.①薛…②辛… Ⅲ.①爆炸－安全
Ⅳ.①X932

中国版本图书馆 CIP 数据核字（2022）第 249896 号

责任编辑：陈莉华　　　文案编辑：陈莉华
责任校对：周瑞红　　　责任印制：李志强

出版发行 / 北京理工大学出版社有限责任公司
社　　址 / 北京市丰台区四合庄路 6 号
邮　　编 / 100070
电　　话 / （010）68944439（学术售后服务热线）
网　　址 / http://www.bitpress.com.cn

版 印 次 / 2022 年 12 月第 1 版第 1 次印刷
印　　刷 / 保定市中画美凯印刷有限公司
开　　本 / 787 mm×1092 mm　1/16
印　　张 / 13.5
彩　　插 / 1
字　　数 / 325 千字
定　　价 / 58.00 元

图书出现印装质量问题，请拨打售后服务热线，负责调换

在现代生产与社会生活中，化工、采矿、军工等领域不断发生爆炸灾害，如天津港8.12事故、江苏响水3.21事故等，造成了重大人员伤亡和经济损失。为了有效预防和控制火灾与爆炸灾害，必须认真掌握爆炸灾害的发生、发展和蔓延规律，以及灾害的控制技术与方法。

本套书的上册将对爆炸安全基本理论和模型进行系统阐述，一共包含四章内容，第1章阐述燃烧与爆炸的基本现象及理论，包括基本知识、燃烧爆炸动力学、燃烧事故的类型及举例等；第2章介绍爆炸冲击波的特征，包括自由场爆炸中的空气冲击波产生和传播的基本性质以及相关的试验测试技术；第3章介绍爆炸冲击波的危险性，包括冲击波载荷的计算评估、冲击波对各类目标的毁伤准则；第4章介绍燃烧爆炸事故的热辐射效应，包括热辐射的产生、传播及毁伤过程的工程计算方法。

本套书不仅可以作为安全工程、弹药系统工程，含能材料，机械工程、化学工程、岩土工程、环境工程的专业相关课程的教材，还可供从事爆炸风险评估、爆炸事故分析、爆炸防护设计、抗爆建筑设计和审核、弹药毁伤效应研究等领域的工程技术人员进行学习和参考。

另外，由于水平所限和时间仓促，本书中的缺点、错误在所难免，敬请读者提出宝贵批评意见。

作　者

目 录
CONTENTS

第 1 章
燃烧与爆炸安全基础

1.1 燃烧爆炸现象

大多数类型的意外爆炸都是由燃烧或失控的放热反应引起的，因此，所有发生化学反应时能够放热的化合物或混合物都应被认定具有危险性，在制造、运输、储存或使用这些含能材料时，应采取特殊的预防措施来减少火灾和爆炸的发生。

（一）燃烧

燃烧是自然界中经常发生的一种化学变化过程。广义地讲，燃烧现象是可燃物质与氧气发生激烈氧化反应，反应伴随着发光效应和放热效应。燃烧必须满足 4 个要点：①可燃物质存在；②助燃物质存在；③发生氧化反应；④伴有发光放热。

4 个要点同时成立才称为燃烧。如灯泡中的钨丝通电后虽然发光、放热，但并不是燃烧现象，因为它没有发生化学反应和生成新物质，只是由电能变为光能的一种物理现象。又如铁生锈是铁与空气中的氧气发生反应生成氧化铁，但是反应不激烈，它虽然放热，但不发光，也不是燃烧现象。同样，铜与稀硝酸反应，虽然有电子得失，但不产生光和热，也不能称为燃烧。但如氢气在氯气中燃烧，氯原子得到一个电子被还原，氢原子失去一个电子被氧化，在这个反应中，虽然没有氧参与反应，但发生的是一个激烈的氧化反应，并伴随有光和热的发生，所以这个反应是燃烧。又如炽热的铁、金属钠、铜与氯气的反应，都是同时伴有放热、发光的氧化反应（其中氯气是氧化剂），因而也都属于燃烧现象。同样像煤、木炭、油等点燃后即发生碳、氢等元素与空气中的氧气作用的氧化反应，生成二氧化碳和水等新物质，同时放热、发光，因此也是一种燃烧现象。

（二）爆炸

爆炸是物质发生急剧的物理、化学变化，能量（物理能、化学能或核能）在瞬间迅速释放或急剧转化成机械功和其他能量，并伴有巨大声响的过程。其一般特性是：化学反应速度快，可在万分之一秒或更短的时间内反应爆炸；能产生大量气体，在爆炸瞬间，固态爆炸物迅速转变为气态，使原来的体积成百倍地增加；释放出大量热，一般可以放出数百或数千兆焦耳的热量，温度可达数千摄氏度并产生高压。

爆炸常伴随发热、发光、高压、真空、电离等现象，并且具有很大的破坏作用。爆炸的破坏作用与爆炸物质的数量和性质、爆炸时的条件以及爆炸位置等因素有关。如果爆炸发生在均匀介质的自由空间，在以爆炸点为中心的一定范围内，爆炸力的传播是均匀的，并使这个范围内的物体粉碎、飞散。

爆炸可以由各种不同的物理的或化学的过程引起。就引起爆炸过程的性质来看，爆炸现象大致可以分为以下几类。

1. 物理爆炸

蒸汽锅炉、高压气瓶及车轮胎的爆炸是常见的物理爆炸现象。这是由于过热水迅速转变为过热蒸汽造成高压冲破容器阻力引起的，或是由于充气压力过高，超过气瓶或轮胎的强度而发生爆裂，使其内积存的能量迅速释放造成的。由地壳弹性压缩能释放引起的地壳的突然变动（地震）是一种强烈的物理爆炸现象。最大的地震能量比百万吨 TNT 的爆炸还要厉害，它可引起地壳的突然破断、山体崩塌，强烈地震波的传播，并在地震中心附近引起大气的电离发光。带电云层间放电造成的雷电现象，高压电流通过细金属丝（网）所引起的电爆炸也是一种物理爆炸现象。强放电时，积存的电能在 $10^{-6} \sim 10^{-7}$ s 内释放出来，造成放电区内很高的能量密度和数万度的高温，引起放电区内空气压力急剧升高，并在周围形成很强的冲击波的传播。高功率强激波打在金属板面上可形成数十万度乃至更高的局部高温，使受击点附近金属骤然气化造成爆炸，并可穿透金属板，同时在板内形成热冲击波的传播。其他如高速陨石冲击地壳、穿甲弹碰击和侵彻装甲板等引起的剧烈突变现象也都属于物理爆炸现象的范畴。

2. 化学爆炸

细煤粉、粮食粉尘以及纺织物粉尘悬浮于空气中遇明火引起的粉尘爆燃，氢气、甲烷、乙炔以一定的比例与空气混合后的混合物的爆炸，以及炸药的爆炸都属于化学爆炸现象。它们是由于急剧而快速的化学反应导致大量化学能的突然释放引起的。

炸药爆炸过程扩展的速度高达每秒数千米到万米之间，所形成的温度为 $3\,000 \sim 5\,000$ ℃，压力高达 $10^2 \sim 10^6$ MPa，因而能引起爆炸气体产物的剧烈膨胀，并对周围介质做功。

3. 核爆炸

核爆炸的能源是核裂变（如铀的裂变）或核聚变（如氘、氚、锂核的聚变）反应所释放出的核能。

核爆炸反应所释放出的能量要比炸药爆炸放出的化学能大得多。核爆炸时可形成数百万到数千万度的高温，在爆心区形成数百亿大气压的高压，同时还有很强的光、热的辐射以及各种高能粒子的贯穿辐射。因此比炸药爆炸具有大得多的破坏力。核爆炸的能量约相当于数万吨到数千万吨 TNT 炸药爆炸的能量。

综上所述，在爆炸过程中，爆炸物质所含的能量快速释放，变为爆炸物质本身、爆炸产物及周围介质的压缩能或运动能。物质爆炸时，大量能量在有限体积内以极短的时间突然释放并积聚，造成高温高压，对邻近介质形成急剧的压力突变并引起随后的复杂运动。爆炸介质在压力作用下，表现出不寻常的运动或机械破坏效应，以及爆炸介质受振动而产生的音响效应。

从热力学意义上说，炸药是一种相对不稳定的体系，它在外界作用下能够发生快速的放热化学反应，同时形成剧烈压缩状态的高压气体。炸药爆炸过程的基本特征可归纳为：①过程的放热性；②过程的高速度并能自动传播；③过程中生成大量气体产物。上述 3 个条件是任何化学反应能成为爆炸性反应的基本条件，三者相互关联，缺一不可。

（1）过程的放热性。

过程的放热性是爆炸性化学反应所必须具备的第一个条件。例如，草酸盐的分解反应：

$$ZnC_2O_4 \rightarrow 2CO_2 + Zn - 20.53 \text{ kJ/mol}$$

$$PbC_2O_4 \rightarrow 2CO_2 + Pb - 70 \text{ kJ/mol}$$

$$HgC_2O_4 \rightarrow 2CO_2 + Hg + 72.5 \text{ kJ/mol}$$

$$Ag_2C_2O_4 \rightarrow 2CO_2 + 2Ag + 123.6 \text{ kJ/mol}$$

其中前两种反应为吸热反应，不具有爆炸性，而后两个反应由于是放热反应，都具有爆炸性。这就表明，只有放热化学反应才可以造成爆炸现象。大量试验事告诉人们，靠外界供给能量来维持其分解的物质是不能成为炸药的。

炸药爆炸反应所放出的热量称为爆热。它是爆炸对外界做功和引起目标破坏的根源，是炸药爆炸做功能力的标志。因此，它是炸药爆炸性能的重要示性数。一般炸药的爆热在 $3\ 700 \sim 7\ 000$ kJ/kg 范围。

（2）过程的快速性。

爆炸反应过程与通常的化学反应过程的一个突出不同点是它的高速度。许多普通放热反应放出的热量往往要比炸药爆炸时放出的热量大得多，但它们并未能形成爆炸现象，其根本原因在于它们的反应过程进行得很慢。例如，煤炭燃烧的放热量为 $8\ 924.7$ kJ/kg，苯燃烧的放热量为 $9\ 762.7$ kJ/kg，而 TNT 炸药的爆炸热效应约为 $4\ 190$ kJ/kg。但前两者反应完成所需的时间为数分钟乃至数十分钟，而后者却仅仅需要十几到几十微秒，时间相差数千万倍。

由于炸药爆炸过程速度极高，所经历的时间极短，因此实际上可近似地认为，爆炸反应所放出的能量几乎全部聚集在炸药爆炸前所占据的体积内，从而造成了一般化学反应所无法达到的能量密度。一般来说，炸药爆炸所造成的能量密度要比普通燃料燃烧所达到的能量密度高数百倍乃至数千倍。例如硝化甘油炸药爆炸形成的能量密度高达 9.972 kJ/cm^3，而煤炭燃烧达到的能量密度为 $0.017\ 18$ kJ/cm^3，前者比后者要高约 600 倍。正是由于这个原因，炸药爆炸产物中可形成 $10^3 \sim 10^4$ MPa（数十万个大气压）的高压，从而使其具有巨大的做功功率和对目标的强烈破坏效应。

炸药爆炸过程进行的速度，系指爆轰波在炸药中传播的直线速度，这个速度称为炸药的爆速，炸药的爆速通常在每秒数千米至一万米之间。

（3）过程中生成气体产物。

过程中必须形成气体产物。炸药爆炸所放出的热能必须借助于气体介质的膨胀才能转化为机械功，因此形成气体产物是炸药爆炸做功必不可缺少的条件。我们知道，气体与凝聚介质相比具有大得多的体积膨胀系数，它是爆炸做功的优质功质。炸药爆炸就是利用气体的高压缩性能，首先把瞬间放出的热量转变为气体的压缩能，而后借助于它的膨胀把爆炸所形成的巨大势能转化为机械功的。显然，如果一高速放热反应不能伴随着大量气体产物的生成，那么就不可能形成高的能量密度和高压状态，因此也就不能产生由高压到低压的膨胀过程及爆炸性破坏效应。例如铝热剂反应：

$$2Al + Fe_2O_3 \rightarrow Al_2O_3 + 2Fe + 862.2 \text{ kJ}$$

其热效应很大，可以使产物加热到 $3\ 000$ ℃ 的高温，并且反应进行得也相当快速，但终究由于没有形成气态产物而不具有爆炸性。

需要指出的是，有些物质虽然在分解时生成了正常条件下处于固态的产物，但也造成了爆炸现象。例如乙炔银的分解反应：

$$Ag_2C_2 \rightarrow 2Ag + 2C + 365.16 \text{ kJ}$$

这是由于在反应形成的高温下，银发生气化并同时使周围空气灼热而导致膨胀所致。

综合上面的讨论，我们可以得出结论：只有具有上述三个特征的反应过程才具有爆炸性。因此，我们可以说，炸药爆炸现象乃是一种以高速进行的能自行传播的化学变化过程，在此过程中放出大量的热、生成大量的气体产物，并对周围介质做功或形成压力突跃的传播。

1.2 燃烧爆炸基本理论

1.2.1 燃烧的热化学

每个化学反应都有一个反应热，定义如下。首先为特定反应写出化学平衡式，例如，一般 CHONS 燃料完全氧化的方程式如下：

$$C_uH_vO_wN_xS_y + \left(u + \frac{v}{4} - \frac{w}{2} + y\right)O_2 \rightarrow uCO + \frac{v}{2}H_2O + \frac{x}{2}N_2 + ySO_2 \tag{1.1}$$

这种情况下的反应热称为燃烧热，用 ΔH_c 表示，定义为在某个初始压力和参考温度下，完全反应生成二氧化碳、水、硝基和二氧化硫时，系统中焓的增量。式（1.1）中的下标 u、v、w、x、y 可以表示纯燃料的经验系数，ΔH_c 为 1 mol 燃料的燃烧热（1 mol 定义为 6.023×10^{23} 个分子，换言之，使用 g/mol 时，碳的分子量定义为 12 g/mol），或者可以从燃料的元素分析中获得（单位燃料中元素的质量百分比），分别代表每千克燃料中每种元素的原子数。在本书中 ΔH_c 的单位为 J/kg。

由于燃烧反应是高度放热的，如果想保持产物温度为 θ_0 不变，整个系统必须释放热量。因此，这种燃烧反应的 ΔH_c 是负数。此外，由于水的最终状态可以被假定为液体或理想气体，因此通常会有两个 ΔH_c 值，当形成液态水时燃烧热为高值，当形成气态水时燃烧热为低值，高值和低值的差值是水的蒸发热，在 25 ℃时等于 44.0 kJ/mol。

对于任意的碳氢化合物的混合物（例如汽油），必须通过试验来确定其元素组成和燃烧热；对于固体和液体燃料，其成分通常通过质量百分比表示，燃烧热以单位燃料质量表示；对于气体燃料，其组成通常通过列出气体种类及其体积百分比来表示。这样，就可以从分析中计算出燃料的燃烧热。

任意反应的反应热定义是相同的，首先通过指定一个化学计量关系得出反应热，这些反应热是可以相加的，就像化学计量方程式一样。

$$CO + \frac{1}{2}O_2 \rightarrow CO_2 \quad \Delta H_1$$

$$C + \frac{1}{2}O_2 \rightarrow CO \quad \Delta H_2$$

两式相加得

$$C + O_2 \rightarrow CO_2 \quad \Delta H_3 = \Delta H_1 + \Delta H_2$$

从上例中可以看出，不必列出所有可能的反应的热量，只需列出一个有限的集合，从这个集合中可以导出所有其他的热量。标准组包括在目标温度下，从理想的标准物质中的必需元素形成 1 mol 物质的反应。例如，气相水在 25 ℃时的生成热为：

$$H_2(g) + \frac{1}{2}O_2(g) \rightarrow H_2O(g) \quad \Delta H_f = -241.99 \text{ kJ/mol}$$

乙烯在 25 ℃时的生成热为：

$$2C(g) + 2H_2(g) \rightarrow C_2H_4(g) \quad \Delta H_f = +52.50 \text{ kJ/mol}$$

因此，对于任意反应的反应热可以写成：

$$(\Delta H_r)_j = \sum_{i=1}^{s} v_{ij}(\Delta H_f)_i$$

其中，v_{ij} 是第 i 个组分在第 j 个反应的化学计量系数。如果物质出现在 j 反应的左边，则 v_{ij} 为负值，下面举例说明。

考虑工业上使用 CO 和水蒸气制备 H_2 的化学计量方程：

$$CO + H_2O \rightarrow CO_2 + H_2 \quad 1\ 500 \text{ K}$$

$$\Delta H_r = -1(\Delta H_f)CO - 1(\Delta H_f)H_2O + (\Delta H_f)CO_2 + 1(\Delta H_f)H_2 = -30.146 \text{ kJ/mol}$$

以上所有举例中的数据均取自 Stull 和 Prophet（1972），并转换为国际单位制。

推进剂或爆炸性化合物或混合物的爆炸热通常是通过在惰性气氛中爆炸或燃烧炸弹中的材料来确定的，它通常小于燃烧热，因为在通常情况下炸药和推进剂缺氧，因此，在这种测量过程中获得的最终状态不是物质的完全氧化状态。

1.2.2 热爆炸

（一）绝热热爆炸

任何进行均匀放热化学反应的系统，与周围环境物理隔离，温度就会逐渐升高，甚至会发生爆炸。从根本上来说，对于一个孤立的系统，爆炸有两种极限类型。第一种是纯热爆炸，第二种是链分支或纯化学爆炸。大多数高温气相爆炸本质上是链分支，本章将不讨论这类爆炸，因为大多数在工业环境中导致危险行为的爆炸都可以用热爆炸理论充分解释。

在实际系统中，爆炸发展过程的诱导期总伴随有热损失，然而，在讨论热损失的影响时有必要讨论一下纯热爆炸的极限情况，因此考虑一个正在经历放热化学反应的均匀或者不均匀的孤立系统，假定该反应的整体速率表达式为：

$$\frac{d[P]}{dt} = A[C_1]^n[C_2]^m \exp[-E/(R\theta)] \tag{1.2}$$

式中，[ ] 代表浓度，P 代表产物，C_1 和 C_2 代表反应物，n 和 m 为组分的指数，A 为指前因子，E 为阿伦尼乌斯常数，温度 θ 与反应速率指数相关，R 为气体摩尔常数。

假定 Q 是生成 1 mol 产物释放的能量，由于系统是绝热等容的，则温度随时间的变化满足：

$$C_V\rho \frac{d\theta}{dt} = -Q\frac{d[P]}{dt} \tag{1.3}$$

式中，C_V 为定容比热，ρ 为密度，负号表示反应过程放热。

进一步假设，Q 比 $C_V\rho$ 大得多，这样的假设对于大多数的放热反应是适用的，因此，一个封闭绝热反应中，只要有很少一部分反应物反应，就会造成很大的温度上升，这意味着可以假设在任何温度发生微小变化的过程中，反应物的浓度都是恒定的。利用上述假设可以得到方程：

$$\frac{d\theta}{dt} = \lambda \exp[-E/(R\theta)] \tag{1.4}$$

其中 λ 是一个正数，表达式为：

$$\lambda = \frac{-A\left[C_1\right]^n\left[C_2\right]^m Q}{C_V \rho} \tag{1.5}$$

从 $t = 0$ 开始积分得：

$$\lambda t = \int_{\theta_0}^{\theta} \exp\left[E/(R\theta)\right] \mathrm{d}\theta \tag{1.6}$$

式（1.6）右边的积分可以通过变量的变化来计算，然后通过分步积分得到表达式：

$$\frac{t}{\beta} = 1 - \left(\frac{\theta}{\theta_0}\right)^2 \left[1 + \frac{2R\theta_0}{E}\left(\frac{\theta}{\theta_0} - 1\right) + \cdots\right] \exp\left[\frac{E}{R\theta_0}\left(\frac{\theta_0}{\theta} - 1\right)\right] \tag{1.7}$$

其中 β 通过表达式给出为：

$$\beta = \frac{R\theta_0^2}{E\lambda}\exp\left[E/(R\theta_0)\right] \tag{1.8}$$

通过假设一系列温度 θ 高于温度 θ_0，并绘制 t/β 的变化，可以评估式（1.7）中的 t/β。图 1.1 显示了对两个 $E/R\theta_0$ 值绘制的 t/β 相对于 θ/θ_0 的关系。

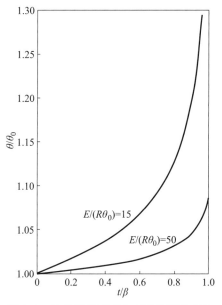

图 1.1 纯热爆炸下孤立系统的爆炸行为

需要注意的是，对于初始温度 θ_0，θ 的值小幅增加，变量 t/β 开始快速增加，然后随着接近 1 而缓慢增加。这个较为简化的理论只对小范围的反应有效，因此它只能在 θ/θ_0 接近 1 的条件下应用。图 1.1 的含义是，当 t/β 接近 1 时，系统爆炸。因此可以将常数 β 设置为孤立放热反应系统的爆炸延迟时间：

$$t_{\mathrm{ign}} = \beta = \frac{R\theta_0}{E\lambda}\exp\left[E/(R\theta_0)\right] \tag{1.9}$$

从上述理论中得出结论：任何经历放热化学反应的孤立系统总是会以方程式（1.9）中常数 β 给出的特征爆炸延迟时间发生爆炸。请注意，式（1.9）的右侧包含式（1.5）中定义的常数 λ。因此，爆炸延迟既是温度的指数函数，也是体系中反应物浓度的幂函数。

（二）容器爆炸

当放热反应在有外部冷却的工艺容器中进行时，系统可能会发生反应失控（即爆炸），或简单地在恒定的温度下以恒定的速率反应，这主要取决于系统中的热平衡。如果假设系统中搅拌良好，始终处于恒温状态，则反应器向周围环境的热传递取决于容器壁的热传递系数和容器的实际表面积。由于热损失项的增加，式（1.3）变为：

$$C_V \rho \frac{\mathrm{d}\theta}{\mathrm{d}t} = -Q \frac{\mathrm{d}[P]}{\mathrm{d}t} - \frac{sh}{V}(\theta - \theta_0) \tag{1.10}$$

式中，V 是容器体积，s 是表面积，h 是传热系数，θ 是容器中反应混合物的温度，θ_0 是容器壁的温度。等式右边两项的函数形式是有指导意义的，右边第一项表示容器化学反应产生热量的净速率，称其为化学增益项；右边第二项表示通过壁的传导使得容器发生的净热损失，称其为生产损失项。

应该注意的是，生产损失项与容器内的温度呈线性关系。化学增益项是 C_1 和 C_2 反应物初始浓度的简单幂的函数，并且由于指数温度的依赖性，导致它还随着温度的增加而迅速增加。为了便于论证，将浓度相关项定义为 $D = [C_1]^n [C_2]^m$。

图 1.2 为显示这两项的温度和压力敏感性的示意图。相对于图 1.2 中的传导损耗曲线定义 D 的三个值，令 $D_1 > D_{cr} > D_2$，当容器温度升高时，化学增益曲线与传导损耗曲线可能存在不相交、相切于一点以及相交两次的情况。当没有交点时，化学增益的曲线总是大于导电损耗的曲线，系统会因为温度无限上升而失控，导致发生爆炸。当相切时标记为 D_{cr}，代表反应物的最高浓度，在该浓度下，传导损耗和化学增益可以相互平衡。较低初始浓度的所有曲线相交两次，从稳定性角度来看，可以看出较低的交点是动态稳定的交点，换句话说，如果在该系统中反应物浓度低于某个临界值，容器中的温度将稍微升高至高于壁温，并将保持在该温度，在这种情况下，经过一段时间的初始瞬态后，反应将稳定运行，放热化学反应以相对恒定的速率进行。上述三种反应行为如图 1.3 所示。

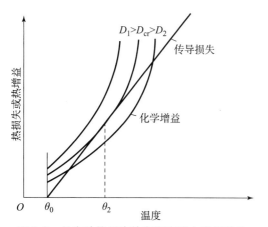

图 1.2　具有放热反应的有限容器中的热损失和热增益（$D_1 > D_{cr} > D_2$ 且仅限热爆炸）

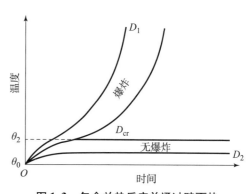

图 1.3　包含放热反应并通过壁面热损失冷却的反应器的温度－时间历程

如图 1.2 所示，将温度 θ_2 定义为导热损耗曲线和反应放热曲线相切的温度。这表示对于特定的初始浓度和特定的壁温 θ_0，反应器内部的最高温度处将发生稳定的化学反应。为

了找到 θ_2 值，必须使热损失和热释放项相等，同时使它们的斜率相等，如下列式子所示。

热量得失稳定条件：

$$C_V \rho \frac{\mathrm{d}\theta}{\mathrm{d}t} = -Q \frac{\mathrm{d}[P]}{\mathrm{d}t} - \frac{sh}{V}(\theta - \theta_0) \tag{1.11}$$

相切要求：

$$\frac{\mathrm{d}}{\mathrm{d}t}\left\{-Q \frac{\mathrm{d}[P]}{\mathrm{d}t}\right\} = \frac{\mathrm{d}}{\mathrm{d}t}\left[\frac{sh}{V}(\theta - \theta_0)\right]\bigg|_{\theta = \theta_2} \tag{1.12}$$

代入动力学速率方程式（1.3）并求解得：

$$\frac{R\theta_2^2}{E} = \theta_2 - \theta_0 \tag{1.13}$$

或

$$\theta_2 = \frac{1 \pm (1 - 4R\theta_0/E)^{1/2}}{2R/E} \tag{1.14}$$

选择负号时会获得较低的 θ_2 值，这是因为对纯热爆炸的分析表明，在一个孤立系统中，温度稍微升高后爆炸的反应速率会变得非常快。再次假设 $E/(R\theta_0)$ 远大于1，则 θ_2 的表达式可以表示为：

$$\theta_2 = \theta_0\left[1 + \frac{R\theta_0}{E}\right] \tag{1.15}$$

将 $\mathrm{d}\theta/\mathrm{d}t = 0$ 的条件代入式（1.10），得出可变截面管中热爆炸的爆炸极限关系为：

$$\frac{E}{R\theta_2} = \ln\left[\frac{-EQVA[C_1]^n[C_2]^n}{shR\theta_0^2}\right] \tag{1.16}$$

由于反应热是负数，可知式（1.16）右边对数算术括号中的量实际上是一个正数。方程式（1.15）和式（1.16）包含影响热损失特性的所有重要参数。对于任何特定的工艺容器，这些方程都可用于评估其设计操作条件的安全性，具体来说，若式（1.16）的右侧明显小于左侧，则容器可以安全操作，若等式两边大小接近，则接近符合特定工艺容器的初始爆炸条件，也称为"不归路点"［汤森（Townsend）（1977）］。如果容器是分批处理容器，评估时应使用浓度和温度的初始条件，如果是连续流动容器，评估时应使用容器中反应物的实际浓度和容器的操作温度。

失控条件下容器内的压力上升速率可以用方程式（1.10）和特定过程的已知动力学速率来估算，通过假设容器在失控过程中绝热，可获得最大失控率，在这种情况下，可以用方程式（1.4）来确定容器内的温度上升速率，然后用容器中反应物质的已知物理性质，将其转换成压力上升速率。如果容器包含液体系统，则压力上升的速率将由液体的蒸气压决定，在这种情况下，可用容器中能量产生速率确定压力上升速率和压力开始灾难性上升的点；如果反应器包含气体混合物，则可通过气体的理想或非理想状态方程来计算作为温度上升函数的压力上升。要在镦粗过程中不损失容器的完整性而确定适合使用的排气口尺寸，就必须了解镦粗或失控反应过程中的压力上升速率。

（三）自燃

另一类失控的放热反应通常称为自燃。当固体有机材料堆积储存并限制接触新鲜空气的情况下时，就会发生自燃。在这些情况下，空气对有机材料缓慢氧化会在堆的内部产生热量，如果堆料中的空气循环相关条件合适，会导致材料堆中心区域的失控燃烧。此外，纤维素材料如木屑、谷物粉尘等在潮湿时更容易发生自燃。

典型物质的自燃温度如表 1.1 所示。

表 1.1 典型物质的自燃温度

物质名称	自燃温度/℃	物质名称	自燃温度/℃
黄（白）磷	60	木材	250
三硫化三磷	100	硫	260
纸张	130	沥青	280
赛珞璐	140	木炭	350
棉花	150	煤	400
布匹	200	蒽	470
赤磷	200	萘	515
松香	240	焦炭	700
蜡烛	190	樟脑	70
麦草	200	云状铝粉	645

可燃物质的自燃温度除了取决于物质种类和结构形态外，还与下述因素有关。

（1）大气压力越高，氧化反应速度越快，自燃温度也越低。如苯在 100 kPa 压力下的自燃温度为 680 ℃，在 1 000 kPa 下的自燃温度为 590 ℃，在 2 500 kPa 下为 490 ℃。

（2）大气中的氧含量增多，可燃物质的自燃温度就降低。

（3）可燃物中加入钝化剂时能提高自燃温度，加入活性催化剂时能降低其自燃温度。

（4）可燃物粉碎得越细，自燃温度越低。

此外，可燃物质燃烧速度与空气中的氧含量成一定比例，空气中的氧含量越高，燃烧也越猛烈，在纯氧中的燃烧最激烈。

当空气中的氧含量低于某一数值时，燃烧速度便大大下降，直至降到燃烧自动熄灭的程度，这时候的氧含量称为物质燃烧的最低需氧量。各种物质维持燃烧的最低需氧量是不相同的，例如硫黄粉燃烧的最低需氧量为 11%，煤粉的最低需氧量为 16%。化学活泼性越强的物质，其最低需氧量也越低，发生的火灾也越不易扑灭。

自燃过程非常复杂，目前暂无普适性的分析规则能预测自燃的发生。不过，有一些可以采取的预防措施，如不允许蒸汽管线等外部热源接触露天存放的任何堆料，适当限制空气对煤堆的接触以延迟甚至阻止自燃的发生，通过处理多尘材料，如碎煤、谷物或药物等也可以降低工厂操作中自燃的发生率，Tuck（1976）也曾对适当的预防措施进行过讨论。

1.2.3 爆炸极限

可燃性气体或蒸气与空气组成的混合物，并不是在任何混合比例下都可以燃烧或爆炸，而且混合的比例不同，燃烧的速度（火焰蔓延速度）也不同。由试验得知，当混合物中可燃气体含量接近于化学计量时（即理论上完全燃烧时该物质的含量），燃烧最快或爆炸最剧烈。若含量减少或增加，火焰蔓延速度则降低，当浓度低于或高于某一极限值时，火焰便不再蔓延。可燃性气体或蒸气与空气组成的混合物能使火焰蔓延的最低浓度，称为该气体或蒸气的爆炸下限；同样，能使火焰蔓延的最高浓度，称为爆炸上限。浓度若在下限以下及上限以上的混合物，则不会着火或爆炸，但上限以上的混合物在空气中是能燃烧的。

爆炸极限一般可用可燃性气体或蒸气在混合物中的体积分数来表示，有时也用单位体积气体中可燃物的含量来表示（g/m^3、mg/L）。混合爆炸物浓度在爆炸下限以下时含有过量空气，由于空气的冷却作用，阻止了火焰的蔓延。此时，活化中心的销毁数大于产生数。同样，浓度在爆炸上限以上，含有过量的可燃性物质，空气非常不足（主要是氧不足），火焰也不能蔓延。但此时若补充空气，同样有火灾爆炸的危险。所以爆炸上限以上的混合气不能认为是安全的。

表1.2列出的是一些二元混合气体在常温常压下的爆炸浓度极限。

表1.2   二元混合气体在常温常压下的爆炸浓度极限   %

混合气体		爆炸下限	爆轰		爆炸上限
可燃气体	助燃气体		下限	上限	
氢气	空气	4.0	18.3	59.0	75.6
氢气	氧气	4.7	15.0	90.0	93.9
氧化碳	氧气	15.5	38.0	90.0	94.0
氨	氧气	13.5	25.4	75.0	79.0
乙炔	空气	1.5	4.2	50.0	82.0
乙炔	氧气	1.5	3.5	92.0	—
丙烷	氧气	2.3	3.2	37.0	55.0
乙醚	空气	1.7	2.8	4.5	36.0
乙醚	氧气	2.1	2.6	24.0	82.0

在混合气体的爆炸浓度范围内，存在一个最佳浓度。当混合气体处于这个浓度时，爆轰速度达到最大值，压力和反应热也达到最大值。从安全角度看，最佳浓度为最危险的浓度。在此浓度下，爆炸威力最大，破坏效应最严重。因此，要尽量避免达到这个浓度。

爆炸浓度极限不是一个固定的物理常数，与点火能量、初始温度、初始压力和惰性气体添加量等因素有关。影响爆炸极限的因素一般包括以下几个。

1. 初始温度

爆炸性混合物的初始温度越高，则爆炸极限范围越大，即爆炸下限降低而爆炸上限增高。因为系统温度升高，其分子内能增加，使原来不燃的混合物成为可燃、可爆系统，所以温度升高使爆炸危险性增大。

温度对甲烷和氢气的爆炸上、下限的影响试验结果如图1.4（a）和图1.4（b）所示。从图中可以看出，甲烷和氢气的爆炸范围随温度的升高而扩大，其变化接近直线。

2. 初始压力

混合物的初始压力对爆炸极限有很大的影响，在增压的情况下，其爆炸极限的变化也很

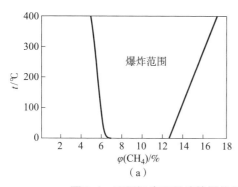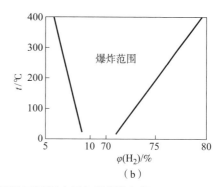

图 1.4　不同温度下甲烷的爆炸极限和不同温度下氢的爆炸极限

(a) 不同温度下甲烷的爆炸极限；(b) 不同温度下氢的爆炸极限

复杂。一般压力增大，爆炸极限扩大。这是因为系统压力增高，其分子间距更为接近，碰撞概率增大，因此，使燃烧的最初反应和反应的进行更为容易。

压力降低，则爆炸极限范围缩小。待压力降至某值时，其下限与上限重合，将此时的最低压力称为爆炸的临界压力。若压力降至临界压力以下，系统便不爆炸。因此，在密闭容器内进行减压（负压）操作对安全生产有利。不同压力下甲烷的爆炸极限变化如图 1.5 所示。一般而言，压力对爆炸上限的影响十分显著，对下限影响则较小。

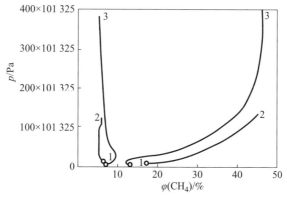

图 1.5　不同压力下甲烷的爆炸极限变化

3. 惰性介质及杂质

若混合物中含惰性气体的比例增加，爆炸极限的范围缩小，惰性气体的浓度提高到某一数值，可使混合物不爆炸。

如在甲烷的混合物中加入惰性气体（氮、二氧化碳、水蒸气、氢、四氟化碳等），随着混合物中惰性气体量的增加，对爆炸上限的影响比对爆炸下限的影响更为显著。因为惰性气体浓度加大，氧的浓度相对降低，而在上限中氧的浓度本来已经很小，所以惰性气体浓度稍微增加一点，即产生很大影响，从而使爆炸上限急剧下降。

对于有气体参与的反应，杂质也有很大的影响。例如，如果没有水，干燥的氯没有氧化的性能，干燥的空气也完全不能氧化钠或磷。干燥的氢和氧的混合物在较高的温度下不会产生爆炸。少量的水会急剧加速臭氧、过氧化物等物质的分解。少量的硫化氢会大大降低水煤气和混合物的燃点，并因此促使其爆炸。惰性气体对甲烷爆炸极限影响的大小依次为：$CCl_4 > CO_2 >$ 水蒸气 $> N_2 > He > Ar$。

4. 容器

容器的材质、尺寸等对物质爆炸极限均有影响。试验证明，容器管子直径越小，爆炸极限范围越小。同一可燃物质，管径越小，其火焰蔓延速度越小。当管径（或火焰通道）小到一定程度时，火焰即不能通过，这一间距称为最大灭火间距，也称为临界直径。当管径小于最大灭火间距，火焰因不能通过而被熄灭。容器大小对爆炸极限的影响也可以从器壁效应得到解释。燃烧是由自由基产生一系列链式反应的结果，只有当新生自由基大于消失的自由基时，燃烧才能继续。但随着管径（尺寸）的减小，自由基与管道壁的碰撞概率相应增大。当尺寸减少到一定程度时，即因自由基（与器壁碰撞）销毁大于自由基产生，燃烧反应便不能继续进行。

关于材料的影响，例如氢和氟在玻璃器皿中混合，甚至放在液态空气温度下在黑暗中也会发生爆炸。而在银制器皿中，一般温度下才能发生反应。

5. 点火能量

一般来说，点火能量越大，传给周围可燃混合物的能量越多，引起邻层爆炸的能力越强，火焰越易自行传播，从而使爆炸浓度范围变宽。

表 1.3 为点火能量对甲烷、空气混合物爆炸浓度极限的影响。表中数据表明，点火能量增加，爆炸浓度范围变宽。当点火能量达到一定程度时，上述影响就不明显了。

表 1.3　点火能量对甲烷、空气混合物爆炸浓度极限的影响

点火能量/J	爆炸下限/%	爆炸上限/%
1	4.9	13.9
10	4.6	14.2
100	4.25	15.1
10 000	3.6	17.5

1.2.4　凝聚炸药起爆

凝聚炸药的起爆机理与炸药的化学组成、物理状态即爆轰条件有关。凝聚炸药的起爆实际上可归结为冲击波作用下的起爆。凝聚炸药由于其物理结构的不同可分为均质炸药和非均质炸药两类，因此其起爆机理有很大的不同。

1. 均质炸药的起爆机理

所谓均质炸药是指其物理结构非常均匀，具有均一的物理与力学性质的炸药，如液态硝基甲烷和硝化甘油，溶化梯恩梯、黑索金及太安的单晶体。

当冲击波作用于这类炸药后，在波阵面后首先受到冲击的一层炸药整体被绝热压缩，炸药层整体升温，而激发快速化学反应并形成压缩波阵面，随着化学反应的不断进行形成超速爆轰波，超速爆轰波最终赶上初始冲击波并在未受冲击的炸药中发展成稳定的爆轰。这种起爆机理称为整体反应机理。

整体反应时，一般要求在 1 000 ℃以上反应才能快速进行。固体炸药的压缩性较差，绝热压缩时温升不明显，所以必须有较强的冲击波才能引起整体反应，但液体炸药的压缩升温相对比较容易。例如，薄层硝化甘油压缩时温度可达 1 000 ℃以上，化学反应可在 $10^{-7} \sim 10^{-6}$ s 内完成。

2. 非均质炸药的起爆机理

所谓非均质炸药是指炸药在烧铸、结晶或压装过程中所引起的炸药物理结构的不均匀性，如气泡、缩孔、裂纹、粗结晶、密度不均匀以及由于种种原因在炸药中混入杂质等。大量试验观察表明，正是由于这种物理结构的不均匀性，使得非均质炸药的冲击起爆现象和机理与均质炸药相比有很大的不同。

非均质炸药冲击起爆现象的第一特点就是在受冲击炸药中的某些局部高温区即所谓"热点"处开始起爆。颗粒散装炸药、压装炸药柱，甚至除单晶结构之外的浇铸炸药中，晶粒周围总是存在着空隙、缩孔等。一般压装炸药的孔隙度多在 4% 以上，熔铸药柱的孔隙度为 2% ~4%，而散装炸药的孔隙度则往往达到 50% 左右。当它们受到强烈的冲击作用时，由于药柱本身物理结构的不均匀性而发生的动力学响应在不同部位是不同的。在有气泡或缩孔的部位，由于冲击绝热压缩作用而形成很高的温度——热点在强冲击作用下，炸药晶粒之间、炸药晶粒与硬质杂质颗粒之间会发生激烈的摩擦，从而形成热点在冲击作用下，缩孔或较大空穴处发生的高速塌陷或由于高速黏性塑性变形而引起的黏性流动、局部绝热剪切和断裂破坏以及冲击加载时发生的相变等，都是造成起爆的原因。

关于在冲击作用下形成"热点"的机理，众说纷纭，一般认为，炸药受到冲击压缩作用而发生热分解是由于颗粒之间的摩擦和变形、炸药中所含气泡的绝热压缩以及流向颗粒之间的气态反应产物等均可使颗粒表面及气泡与炸药接触表面的温度急剧升高，引起局部高温点而首先发生快速化学反应，而后以一定的速度向颗粒内部扩展，因此可以按照逐层燃烧的规律来解释分析这一表面反应过程。

为了使炸药颗粒或其内部的气泡表面温度升至开始发生反应的温度，也需要一定强度的冲击波作用。但是，与整体反应机理相比，表面反应机理所需的冲击波强度要低得多。

总之，在冲击波作用下，波阵面上炸药受到强烈压缩，而炸药层中的温升不均匀，化学反应首先从"起爆中心"开始，进而发展到整个炸药层。由于起爆中心容易在颗粒表面及炸药中的气泡周围形成，故此机理称为表面反应机理。

3. 混合反应机理

混合反应机理是非理想的混合炸药，特别是固体混合炸药所特有的反应机理。这种反应不是在整体炸药内进行，而是在一些分界面上分阶段进行。铵梯炸药、铵油炸药及乳化炸药等爆轰就是按这种机理进行的。

在由氧化剂和可燃物或由炸药与非爆炸成分组成的混合炸药中，某些组分（氧化剂或炸药）先分解，分解产物渗透到其他组分的表面层并与之反应，也可能发生分解产物之间的反应。

由于这类炸药的非理想性，其爆轰传播过程受颗粒粒径及其混合均匀程度和装药密度的影响显著。颗粒过大、混合不均匀、密度过大均不利于这类炸药化学反应的扩展。

1.3　气体燃爆动力学

1.3.1　层流预混燃烧

（一）层流预混火焰传播机理

如果在静止的可燃混合气中某处发生了化学反应，则随着时间的进展，此反应将在混合气中传播，根据反应机理的不同，可划分为燃烧和爆轰两种形式。火焰正常传播是依靠导热和分子扩散使未燃混合气温度升高，并进入反应区而引起化学反应，从而使燃烧波不断向未燃混合气中推进。这种传播形式的速度一般不大于 1～3 m/s。传播是稳定的，在一定的物理、化学条件下（例如温度、压力、浓度、混合比等），其传播速度是一个不变的常数。而爆轰波的传播不是通过传热、传质发生的，它是依靠激波的压缩作用使未燃混合气的温度不断升高而引起化学反应，使燃烧波不断向未燃混合气推进。这种形式的传播速度很高，常大于 1 000 m/s。这与正常火焰传播速度形成了明显的对照，其传播过程也是稳定的。下面从化学流体力学的观点来进一步阐明这个问题。

为了研究其基本特点，考察一种最简单的情况，即一维定常流动的平面波，也就是假定混合气的流动（或燃烧波的传播速度）是一维的稳定流动；忽略黏性力及体积力；并假设混合气为完全气体，其燃烧前后的比定压热容 c 为常数，其相对分子质量也保持不变。反应区相对于管子的特征尺寸（如管径）是很小的，与管壁无摩擦、无热交换。在分析过程中，不是分析燃烧波在静止可燃混合气中的传播，而是把燃烧波驻定下来，混合气不断向燃烧波流来，则燃烧波相对于无穷远处可燃混合气的流速 u_∞ 就是燃烧波的传播速度，其物理模型如图 1.6 所示。

图 1.6　燃烧过程示意图

根据以上假设，可得如下守恒方程。

（1）连续方程：

$$\rho_P u_P = \rho_\infty u_\infty = c = 常量 \tag{1.17}$$

式中，下标"∞"表示燃烧波上游无穷远处的可燃混合气的参数；下标"P"表示燃烧波下游无穷远处的燃烧产物的参数。

（2）动量方程。由于忽略了黏性力与体积力，因此动量方程为：

$$p_P + \rho_P u_P^2 = p_\infty + \rho_\infty u_\infty^2 = 常量 \tag{1.18}$$

（3）能量方程。由于忽略了黏性力、体积力以及无热交换，则能量方程可简化为：

$$h_P + \frac{u_P^2}{2} = h_\infty + \frac{u_\infty^2}{2} = 常量 \tag{1.19}$$

状态方程（完全气体）为：

$$pV = nRT \tag{1.20}$$

（4）状态的热量方程。对于不变化比定压热容的热量方程为：

$$h_P - h_{P*} = c_P(T_P - T_*), h_\infty - h_{\infty*} = c_P(T_\infty - T_*) \tag{1.21}$$

式中，h_* 为在参考温度 T_* 时的焓（包括化学焓）。

由式（1.19）、式（1.21）得：

$$c_P T_P + \frac{u_P^2}{2} - (\Delta h_{\infty P})_* = c_P T_\infty + \frac{u_\infty^2}{2} \tag{1.22}$$

式（1.22）中，$(\Delta h_{\infty P})_* = h_{P*} - h_{\infty*} = Q$（单位质量可燃混合气的反应热），因此式（1.22）可改写为：

$$c_P T_P + \frac{u_P^2}{2} - Q = c_P T_\infty + \frac{u_\infty^2}{2} \tag{1.23}$$

由式（1.17）、式（1.18）得：

$$p_\infty + \frac{m^2}{\rho_\infty} = p_P + \frac{m^2}{\rho_P} \tag{1.24}$$

或

$$\frac{p_P - p_\infty}{\dfrac{1}{\rho_P} - \dfrac{1}{\rho_\infty}} = -m^2 = -\rho_\infty^2 u_\infty^2 = -\rho_P^2 u_P^2 \tag{1.25}$$

式（1.25）在图 1.7 上是一直线，其斜率为 $-m^2$，此直线称为瑞利（Rayleigh）直线，它是在给定的初态 p_∞ 和 γ_∞ 情况下，过程终态 p_P 和 γ_P 间应满足的关系。

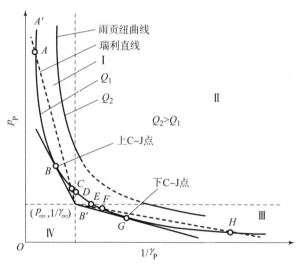

图 1.7　燃烧状态图

另一方面，由式（1.21）、式（1.23）、式（1.25）得：

$$h_P - h_\infty = c_P T_P - c_P T_\infty - Q$$

$$= \frac{u_\infty^2}{2} - \frac{u_P^2}{2} = \frac{m^2}{2}\left(\frac{1}{\rho_\infty^2} - \frac{1}{\rho_P^2}\right) = \frac{m^2}{2}\left(\frac{1}{\rho_\infty} - \frac{1}{\rho_P}\right)\left(\frac{1}{\rho_\infty} + \frac{1}{\rho_P}\right)$$

$$= \frac{1}{2}(p_P - p_\infty)\left(\frac{1}{\rho_\infty} + \frac{1}{\rho_P}\right) \tag{1.26}$$

利用状态方程及下式（γ 是比热比，它是描述气体热力学性质的一个重要参数，定义为比定压热容 c_P 与比定容热容 c_V 之比）：

$$c_P/R = \frac{\gamma}{\gamma - 1} \tag{1.27}$$

消去温度得：

$$\frac{\gamma}{\gamma - 1}\left(\frac{p_P}{\rho_P} - \frac{p_\infty}{\rho_\infty}\right) - \frac{1}{2}(p_P - p_\infty)\left(\frac{1}{\rho_\infty} + \frac{1}{\rho_P}\right) = Q \tag{1.28}$$

式（1.28）称为雨贡纽（Hugoniot）方程，它在图 1.7 上的曲线为雨贡纽曲线，它是在消去参量 m 之后，在给定初态 p_∞ 和 γ_∞ 及反应热 Q 的情况下，终态 p_P 和 γ_P 之间的关系。

此外，从式（1.25）可得：

$$u_\infty^2\left(\frac{1}{\rho_\infty} - \frac{1}{\rho_P}\right) = \frac{p_P - p_\infty}{\rho_\infty^2}$$

即

$$u_\infty^2 = \frac{1}{\rho_\infty^2}\left(\frac{p_P - p_\infty}{1/\rho_\infty - 1/\rho_P}\right)$$

因为声速 c_∞ 可写成：

$$c_\infty^2 = \gamma R T_\infty = \gamma p_\infty \frac{1}{\rho_\infty}$$

所以可得：

$$\gamma Ma_\infty^2 = \left(\frac{p_P}{p_\infty} - 1\right)\Big/\left(1 - \frac{1/\rho_P}{1/\rho_\infty}\right) \tag{1.29}$$

或

$$\gamma Ma_P^2 = \left(1 - \frac{p_\infty}{p_P}\right)\Big/\left(\frac{1/\rho_\infty}{1/\rho_P} - 1\right) \tag{1.30}$$

式中，Ma 为马赫数，$Ma = \dfrac{u}{c_\infty}$。

一旦混合气的初始状态（p_∞，γ_∞）给定，则最终状态（p_P，γ_P）必须同时满足式（1.25）和式（1.28），即在图 1.7 上瑞利直线与雨贡纽曲线之交点就是可能达到的终态。现在将瑞利直线（m 不同时可得一组直线）和雨贡纽曲线（当 Q 不同时可得一组曲线）同时画在图上，如图 1.7 所示。分析图 1.7 可得出如下一些重要结论：

（1）图 1.7 中（p_∞，$1/\gamma_\infty$）是初态，通过（p_∞，$1/\gamma_\infty$）点分别作 p_P 轴、$1/\gamma_P$ 轴的平行线（即图中互相垂直的两虚线），则将（p_∞，$1/\gamma_\infty$）平面分成 4 个区域（Ⅰ、Ⅱ、Ⅲ、Ⅳ）。过程的终态只能发生在 Ⅰ 区、Ⅲ 区，不可能发生在 Ⅱ 区、Ⅳ 区。这是因为从式（1.25）中可知，瑞利直线的斜率为负值，因此，通过（p_∞，$1/\gamma_\infty$）点的两条虚直线是瑞利直线的极限状况，这样，雨贡纽曲线中 DE 段（以虚线表示）是没有物理意义的，所以整个 Ⅱ 区、Ⅳ 区是没有物理意义的，终态不可能落在此两区内。

（2）交点 A、B、C、D、E、F、G、H 等是可能的终态。区域 Ⅰ 是爆轰区，而区域 Ⅲ 是缓燃区。因为在 Ⅰ 区中，$1/\gamma_P < 1/\gamma_\infty$，$p_P > \gamma_\infty$，即经过燃烧波后气体被压缩，速度减慢。其次，由式（1.29）可知，这时等式右边分子的值要比 1 大得多，而分母小于 1，这样等式右边的数值肯定要比 1.4 大得多，若取 $\gamma = 1.4$，则得 $Ma_\infty > 1$，由此可见，这时燃烧波是以超声速在混合气中传播的。因此Ⅰ区是爆轰区。相反，在Ⅲ区 $1/\gamma_P > 1/\gamma_\infty$，$p_P < \gamma_\infty$，即经过燃烧波后气体膨胀，速度增加。同时由式（1.29）可知，这时等式右边的分子绝对值小于 1，而其分母绝对值大于 1，因此等式右边的值将小于 1，这样使 $Ma_\infty < 1$，所以这时燃烧波是以亚声速在混合气中传播的，该区称为缓燃区。

（3）瑞利与雨贡纽曲线分别相切于 B、G 两点。B 点称为上恰普曼－乔给特（Chapman － Jouguet）点，简称为上 C － J 点，具有终点 B 的波称为 C － J 爆轰波。AB 段称为强爆轰，BD 段称为弱爆轰。在绝大多数试验条件下，自发产生的都是 C － J 爆轰波，但人工的超声速燃烧可以造成强爆轰波。EG 段为弱缓燃波，GH 段称为强缓燃波。试验指出，大多数的燃烧过程是接近于等压过程的，因此，强缓燃波不能发生，有实际意义的将是 EG 段的弱缓燃波，而且是 $Ma_\infty \approx 0$。

（4）当 $Q = 0$ 时，雨贡纽曲线通过初态（p_∞，$1/\gamma_\infty$）点，这就是普通的气体力学激波。

（二）层流预混火焰传播速度

若在一容器中充满均匀混合气体，用点火花或其他加热方式使混合气的某一局部燃烧，并形成火焰，此后依靠导热的作用将能量输送给火焰邻近的冷混合气层，使混合气温度升高而引起化学反应，并形成新的火焰，这样，一层一层的混合气依次着火，也就是薄薄的化学反应区开始由点燃的地方向未燃混合气传播，它使已燃区与未燃区之间形成了明显的分界线，这层薄薄的化学反应发光区称为火焰前沿。

试验证明，火焰前沿厚度相对于系统的特性尺寸来说是很薄的，因此，在分析实际问题时，经常把它看成一个几何面。

火焰位移速度是火焰前沿在未燃混合气中相对于静止坐标系的前进速度，其前沿的法向指向未燃气体。若火焰前沿在 t 到 $t + dt$ 时间间隔内的位移为 dn，则位移速度 u 为：

$$u = \lim_{\Delta t \to 0} \frac{\Delta n}{\Delta t} = \frac{dn}{dt} \tag{1.31}$$

火焰法向传播速度是指火焰面对于无穷远处的未燃混合气在其法线方向上的速度。若火焰前沿的位移速度为 u，未燃混合气流速为 w，它在火焰前沿法向上的分速度为 w_n，则火焰法向传播速度 s_1 为：

$$s_1 = u \pm w_n \tag{1.32}$$

当位移速度 u 与气流速度的方向一致时，取负号；反之，则取正号。当气流速度 $w = 0$ 时，$s_1 = u$，这时所观察到的火焰移动的速度就是火焰传播速度。

设想在一圆管中有一平面形焰锋（实际上，火焰在管中传播时焰锋呈抛物线形状），焰锋在管内稳定不动，预混可燃混合气体以 s 的速度沿着管子向焰锋流动。试验指出，火焰前锋是一很窄的区域，其宽度只有几百微米甚至几十微米，它将已燃气体和未燃气体分隔开，并在这很窄的宽度内（宽度为 δ 的区域内）完成化学反应、热传导和物质扩散等过程。图 1.8 中显示出了火焰焰锋内反应物的浓度、温度及反应速度的变化情况。由于火焰前锋的宽度和表面曲率很小，可以认为在焰锋内温度和浓度只是坐标 x 的函数。从图中可以看出：在前锋宽度内，温度由原来的预混气体的初始温度 T_0 逐渐上升到燃烧温度 T，同时反应物的浓度 C 由 o—o 截面上的接近于 C_0 逐渐减少到 a—a 截面上接近于零。严格地说，预混气体初始状态 $T = T_0$、$C = C_0$、$w = 0$，应相当于 $x \to -\infty$ 处截面；而已燃气体的最终状态 $T = T_1$、$C = C_1$、$w = 0$，应相当于 $x \to +\infty$ 处截面。在火焰前锋内，实际上只有 $95\% \sim 98\%$ 燃料发生了反应。火焰前锋的变化宽度极小，但在此宽度内，温度和浓度变化很大，出现极大的温度梯度 dT/dx 和浓度梯度 dC/dx，因而火炸中有强烈的热流和扩散流。热流的方向从高温火焰向低温新鲜混合气，而扩散流的方向则从高浓度向低浓度，如新鲜混合气的分子由 $o—o$ 截面向 $a—a$ 截面方向扩散，反之燃烧产物分子，如已燃气体中的游离基和活化中心（如 OH、H 等）则向新鲜混合气方向扩散。因此，在火焰中分子的迁移不仅受到质量流（气体有方向的流动）的作用而且还受到扩散的作用。这样就使火焰前锋整个宽度内产生了燃烧产物与新鲜混合气的强烈混合。

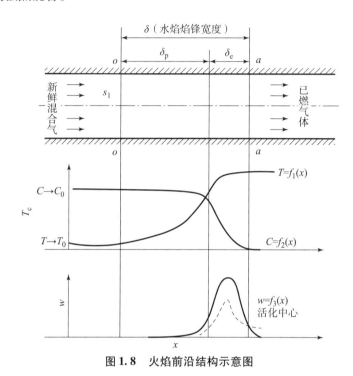

图 1.8　火焰前沿结构示意图

从图 1.8 中还可看到化学反应速度的变化情况。在初始较大宽度 δ_p 内，化学反应速度很小，一般可不考虑，其中温度和浓度的变化主要由导热和扩散，所以这部分焰锋宽度统称为"预热区"，新鲜混合气在此得到加热。此后，化学反应速度随着温度的升高按指数函数规律急剧地增大，同时发出光与热，温度很快地升高到燃烧温度 T。在湿度升高的同时，反应物浓度不断减少，因此，化学反应速度达到最大值时的温度要比燃烧温度 T_i 略低，但接近燃烧温度。由此可见，火焰中化学反应总是在接近于燃烧温度的高温下进行的（这点很重要，它是火焰传播速度热力理论的基础）。化学反应速度越快，火焰传播速度越快，气体在火焰前锋内停留时间就越短。但这短促的时间对于在高温作用下的化学反应来说已足够了。绝大部分可燃混合气（95%～98%）是在接近燃烧温度的高温下发生反应的，因而火焰传播速度也就对应于这个温度。这些变化都是发生在焰锋宽度以下的极为狭窄的区域 δ_e 内，在这个区域内，反应速度、温度和活化中心的浓度达到了最大值。这一区域一般称为"反应区"或"燃烧区"或火焰前锋的"化学宽度"。焰锋的化学宽度总小于其物理宽度（即焰锋宽度 δ_e），即 $\delta_e < \delta_p$ 在火焰焰锋中发生的化学反应还有一个特点，就是着火延迟时间（即感应期）很短，甚至可以认为没有，这是与自燃过程不同的。因在自燃过程中，加速化学

反应所需的热量和活化中心都是靠过程本身自行积累，因此需要一个准备时间；而在火焰焰锋中，导入的热流和活化中心的扩散都很强烈，预混气体温度的升高很快，因而着火准备期很短。

1.3.2　湍流预混燃烧

（一）湍流流动

真实流体总是有黏性的。这种真实的黏性流体的运动，存在着两种有明显区别的流动状态，即层流和湍流（紊流）。

当流动的雷诺数 Re 大于或等于某一临界值以后，定常的层流流动将转变为非定常的紊乱的湍流流动。在湍流状态下，流体质点的运动参数（速度的大小和方向）、动力参数（压力的大小）等都将随时间不断地、无规律地变化。在湍流流场中，无数不规则的不同尺度的瞬息变化的涡团相互掺混地分布在整个流动空间，涡团自身经历着发生、发展和消失的过程。这种流体质点或微团的运动参数、动力参数随时间瞬息变化的现象称为脉动，一般表现为非线性的随机运动。通过试验观测可以发现，湍流状态下的速度和压力是在一个平均值的上下脉动，该平均值则具有一定的规律性。

湍流流动的宏观特征为：

（1）湍流流场是许多不同尺度、不同形状的涡团相互掺混的流体运动场。单个流体微团具有完全不规则的瞬息变化的脉动特征。脉动是湍流与层流相互区别的主要特征。

（2）湍流流场中的各物理量都是随时间和空间变化的随机量，它们在一定程度上都具有某种规律的统计特征。因此，空间点上任一瞬时物理量可用其平均值和脉动值之和来表示。其平均值可看作不随时间变化，或按恒定规律随时间做缓慢变化。这种湍流流场具有准平稳性，称为准定常湍流。

（3）湍流流场中任意两个邻近空间点的物理量彼此间都具有某种程度的关联，如两点速度的关联、压力与速度的关联、密度与速度的关联等。不同的关联特性，表现在湍流方程中将出现各种相关项，它们依赖于不同的湍流结构和边界条件，且使得湍流运动出现各种各样的变化。

（4）湍流由无数不规则的涡团构成，涡团与其周围的流体相互掺混而表现出湍流输运特性。涡团的逐级变形分裂形成湍流能量传递过程，即由较大尺度的涡团变形分裂成较小尺度的涡团，再裂变成更小尺度的涡团，最后可达到某一极限值，小于该极限值时，可认为涡团已不存在。这时，湍流脉动的能量耗散为分子紊乱、运动的热能。如果没有外部能源使湍流运动连续发生，则湍流运动就会逐渐衰减而最终消失。

（二）湍流燃烧

湍流火焰区别于层流火焰的一些明显特征如图1.9 所示，它的火焰长度短，厚度较大，发光区模糊、有明显噪声等。其基本特点是燃烧强化，反应率增大。它可能是下述 3 种因素之一或共同引起的：

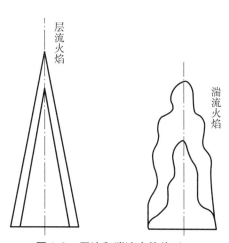

图 1.9　层流和湍流火焰外形

（1）湍流可能使火焰面弯曲皱褶，增大了反应面积，但是，在弯曲的火焰面的法向仍保持层流火焰速度。

（2）湍流可能增加热量和活性物质的输运速率，从而增大了垂直于火焰面的燃烧速度。

（3）湍流可以快速地混合已燃气和未燃新鲜可燃气，使火焰在本质上成为均混反应物，从而缩短混合时间，提高燃烧速度。

均相反应速率主要取决于混合过程中产生的已燃气和未燃气的比例。由此还可以看出，湍流燃烧是由湍流的流动性质和化学反应动力学因素共同起作用的，其中流动的作用更大。要特别指出的是，在层流燃烧中，输运系数是燃烧物质的属性，而在湍流燃烧中，所有输运系数均与流动特性密切相关，输运流动的作用更大。所以，处理湍流燃烧问题比处理层流燃烧问题要复杂得多，不过，它不会因雷诺数进一步增高而受到影响，这又使它在某些方面可以得到简化。

早期湍流燃烧的研究工作是德国的邓克勒和苏联的谢尔金开创的。他们用层流火焰传播概念来解释湍流燃烧机理，用湍流火焰速度来说明湍流燃烧过程。假设来流为湍流，使火焰变形，但并不破坏火焰锋面。弯曲皱褶的火焰面上仍然是层流火焰。这样火焰的表面积就大大增加，从而增大了空间加热率。如图 1.10 所示，假定湍流火焰是一维的，流场是均匀的，各向同性的，则湍流火焰传播速度 s_t 与来流速度 u_∞ 有如下关系：

$$s_t = u_\infty \cos\psi$$

仿效一维层流火焰传播问题，可以写出一维准稳态湍流火焰能量平衡方程为：

$$\rho_\infty c_P s_t \frac{\mathrm{d}T}{\mathrm{d}t} = \frac{\mathrm{d}}{\mathrm{d}x}\Big[(\lambda + \lambda_t) \frac{\mathrm{d}T}{\mathrm{d}x}\Big] + \omega_s Q_s \tag{1.33}$$

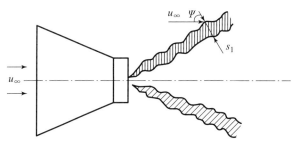

图 1.10　湍流火焰传播速度示意图

式中，ω_s 为化学反应速度，分子导热系数 λ 和湍流导热系数 λ_t 均为常数，且

$$\lambda_t = \rho_\infty c_P \sqrt{\overline{\nu_x'^2 L_h}}$$

其中，L_h 为湍流微团尺度，ν_x' 为脉动速度。

$$\text{无量纲温度：} \theta = \frac{T_m - T}{T_m - T_\infty}$$

$$\text{无量纲速度：} \overline{s_t} = \frac{s_t}{u_\infty}$$

$$\text{无量纲坐标：} \varepsilon = \frac{x}{L}$$

式中，L 为特征尺寸。

把无量纲量代入式（1.33），则该式的无量纲形式为：

$$\overline{s_t}\frac{\mathrm{d}\theta}{\mathrm{d}\varepsilon} = \frac{\alpha_\infty + \sqrt{\overline{\nu_x'^2}}\,L_h}{u_\infty L}\cdot\frac{\mathrm{d}^2\theta}{\mathrm{d}\varepsilon^2} - \frac{LQ_s\omega_s}{\rho_\infty c_p u_\infty(T_m - T_\infty)} \tag{1.34}$$

进一步简化，可得：

$$\overline{s_t} = A\left(\frac{\sqrt{\overline{\nu_x'^2}}}{u_\infty}\right)^\alpha\left(\frac{s_1}{u_\infty}\right)^\beta \tag{1.35}$$

或

$$s_t = A\left(\sqrt{\overline{\nu_x'^2}}\right)^\alpha(s_1)^\beta$$

式中，s_t 为层流火焰传播速度，$\alpha + \beta = 1$。

这就是说，湍流火焰传播速度取决于湍流脉动速度和层流火焰传播速度。

在实际燃烧技术中对湍流燃烧做更加具体的物理构想，对湍流燃烧按照小尺度湍流和大尺度湍流两种情况进行处理。气体湍流运动是由大小不同的气体微团所进行的不规则运动，当这些不规则运动的气体微团的平均尺寸相对小于混合气体的层流火焰前沿厚度时，称为小尺度湍流火焰，如图 1.11（a）所示；反之称为大尺度湍流火焰，如图 1.11（b）和（c）所示。当湍流的脉动速度比层流火焰传播速度大得多时，称为强湍流，反之称为弱湍流。

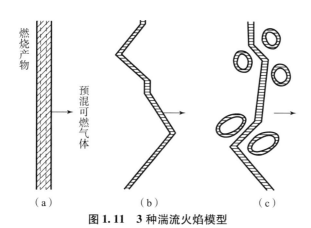

图 1.11　3 种湍流火焰模型

（a）小尺度湍流；（b）大尺度湍流；（c）大尺度强湍流

在扩散火焰的情况下，例如池火，与火焰相互作用的湍流可以由火焰本身和浮力引起的自由对流产生，尤其是存在一个临界尺寸时，如果超过该尺寸，扩散火焰就不再具有层流特性，那么湍流输送过程对于燃料消耗的速率会变得重要。与层流扩散火焰一样，我们无法定义湍流扩散火焰的有效燃烧速度，而湍流扩散火焰一般不会导致爆炸，因此将不再进一步讨论。

1.3.3　扩散燃烧

前面所讨论的各种燃烧问题都是以预先均匀混合好的可燃混合气体作为研究对象的，整个燃烧过程的进展主要取决于可燃混合气体氧化的化学动力过程。但是，这只是燃料燃烧的一种方式，在实际的发动机燃烧室、锅炉、工业窑炉中以及火灾的燃烧中还有另一种方式，例如燃料和氧化剂边混合边燃烧。这时燃烧过程的进展就不只取决于燃料氧化的化学动力过程，还取决于燃料与氧化剂（一般是空气）混合的扩散过程。

根据燃烧过程进展条件的不同，燃烧过程一般可分为化学动力燃烧和扩散燃烧两类。如果过程的进展主要是由燃料的氧化化学动力过程来决定的，即当燃料与空气的混合速度大于燃烧速度时，如前述的均匀可燃混合气体的燃烧，则这种燃烧过程称为化学动力燃烧。

如果过程的进展主要由燃料与空气的扩散混合过程来决定，即化学反应速度大于混合速度，则此种燃烧过程称为扩散燃烧。

扩散燃烧是人类最早使用火的一种燃烧方式。直到今天，扩散火焰仍是我们最常见的一种火焰。野营中使用的篝火、火把，家庭中使用的蜡烛和煤油灯等的火焰，煤炉中的燃烧以及各种发动机和工业窑炉中的液滴燃烧等都属于扩散火焰。威胁和破坏人类文明和生命财产的各种毁灭性火灾也都是扩散火焰构成的。

扩散燃烧可以是单相的，也可以是多相的。石油和煤在空气中的燃烧属于多相扩散燃烧，而气体燃料的射流燃烧属于单相扩散燃烧。

在燃烧领域内，虽然气体燃料的扩散燃烧较之预混气体的燃烧有着更广泛的实际应用，但是很少受到注意与研究。其原因在于它不像预混气体火焰那样有着如火焰传播速度等易于测定的基本特性参数，因而现在对它的研究仅限于测定与计算扩散火焰的外形和长度。

在日常生活中，最常见的预混扩散火焰是蜡烛火焰或不预混的本生灯。

在工业应用中，最广泛采用的以及火灾条件下的扩散燃烧一般是湍流扩散燃烧。现在来研究这样一种湍流扩散燃烧：可燃气体（燃料）与空气分别输送，输送空气的速度非常小，可以认为可燃气体是送入一个充满静止空气的空间。这样，可燃气体自喷燃器流出的速度将决定气流的流动状态。如果气流速度足够大，以致使气流处于湍流状态，那么，这股湍流射流就称为自由沉没射流。

如图 1.12 所示，射流自喷燃器出口喷出以后，在湍流扩散的过程中自周围空间卷吸入空气，这样气流质量不断增加，射流的宽度也不断扩大，而气流速度则不断减小并逐渐均匀，同时在射流宽度上形成各种不同浓度的混合物。

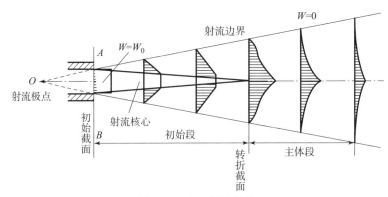

图 1.12 自由沉没射流

在射流初始段的等速度核心区中只有可燃气体，而可燃气体与空气的混合物仅在湍流边界层中存在。在射流的主体段中，任一截面上可燃气体的体积分数分布曲线如图 1.13 所示，可燃气体浓度在射流轴心线上最大，在接近射流边界处浓度逐渐减小，而在边界上气体浓度则为零，且随着远离喷燃器，可燃气体浓度越来越小；相反，空气浓度在射流轴心线上为最小，越靠近射流边界则越大，且离喷燃器越远，空气浓度越大。

这样，在射流边界层上所形成的可燃混合物在不同位置处它们的组成比例（即 a/b）显然是不同的。用研究层流扩散火焰所做的类似分析可以得到：着火时，当混合物的组成比例相当于理论完全燃烧时的化学当量比时，该表面即为气流中稳定的燃烧区，即火焰前锋。由此可见，燃烧区的位置完全由湍流扩散的条件来决定，燃烧速度则由其扩散速度来确定。

现假设在某一截面上可燃气体与空气浓度分布如图 1.14 所示，在离开射流轴心线一定距离的 A 点形成了化学当量比的混合物，在同一截面上通过这些点所组成的圆即形成了燃烧区（火焰前锋），在每个截面上通过这些相应的圆即组成了伸长的圆锥形扩散火焰焰锋（见图 1.15）。通过扩散进入燃烧区的氧气与可燃气体发生反应，释放出相应的热量，而燃烧生成的燃烧产物则向燃烧区（火焰）两侧扩散。所以，在火焰内部是可燃气体与燃烧产物的混合物，没有氧气；而在火焰外侧则是燃烧产物和氧气（空气）的混合物，没有可燃气体。

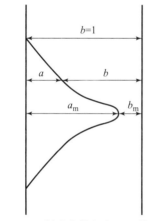

图 1.13　射流主体段中任一截面上可燃气体体积分数分布曲线

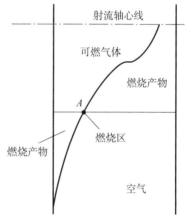

图 1.14　湍流扩散火焰的形成

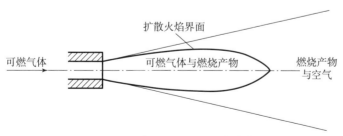

图 1.15　湍流扩散燃烧火焰焰锋

图 1.16 所示为扩散火焰形状与高度随射流速度增加而变化的试验结果。从图 1.16 中可以看出，在流速比较低时，即处于层流状态时，火焰高度随流速的增加大致成正比提高，而在流速比较高时，即处于湍流状态时，火焰高度几乎与流速无关。

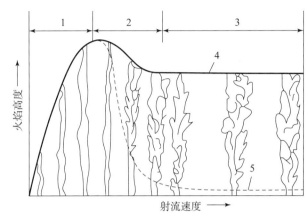

图 1.16　扩散火焰形状与高度随射流速度增加而变化的试验结果

1—层流火焰区；2—过渡火焰区；3—充分发展的湍流火焰区；4—火焰高度包络线；5—破裂点包络线

图 1.16 中还表示出扩散火焰由层流状态转变为湍流状态的发展过程。从图 1.16 中可以看出，层流扩散火焰焰锋的边缘光滑、轮廓鲜明、形状稳定，随着流速（或雷诺数 Re）的增加，焰锋高度几乎成线性增加，直到达到最大值；此后，流速的增加将使火焰焰锋顶端变得不稳定，并开始颤动。随着流速进一步增大，这种不稳定现象将逐步发展为带有噪声的刷状湍流火焰，它从火焰顶端的某一确定点开始发生层流破裂并转变为湍流射流。由于湍流扩散，燃烧加快，迅速地使火焰的高度缩短，同时使由层流火焰破裂转为湍流火焰的那个破裂点向喷燃器方向移动。当射流速度达到使破裂点十分靠近喷口，即达到充分发展的湍流火焰条件后，若再进一步提高速度，火焰的高度以及破裂点长度 S 都不再改变而保持一个定值，但火焰的噪声却会继续增大，火焰的亮度也会继续减弱。最后在某一速度下（该速度取决于可燃气的种类和喷燃器尺寸），火焰会吹离喷管口。

扩散火焰由层流状态过渡为湍流状态一般发生在雷诺数 Re 为 2 000 ~ 10 000 的临界值范围内。过渡范围这么宽的原因是气体的黏度与温度有很大的关系，绝热温度相对高的火焰可以预期在相对高的雷诺数 Re 下进入湍流。相反，绝热温度相对低的火焰将会在相对低的雷诺数 Re 下进入湍流。

试验还发现，扩散层流火焰高度与氧气和可燃气体的化学当量比有关。1 mol 的可燃气体所需要的氧气的摩尔数越多，其扩散火焰高度越高；反之，其扩散火焰高度就越低。环境中氧含量减少时，火焰高度增加。

1.3.4　爆燃转爆轰（DDT）

当分离轻流体和重流体的接触面向轻流体方向加速时，经典泰勒不稳定性发生。相比之下，当加速度在重流体的方向上时，接触面是稳定的，并且保持平坦（例如，地球重力场中的正常水 - 空气界面）。然而，当加速度矢量反转并保持不变时，表面会产生振幅随时间呈指数增长的波。

通过燃料－空气混合物传播的预混合气体火焰是相对低速的波，其在气体中产生大的密度差。在这种情况下，燃烧气体的密度大约是火焰前未燃烧气体的 6～8 倍。如果这种火焰和它所处理的流体被某种外部气体动力过程以这样一种方向冲击性地加速，使得冷的活性气体推动热的产物气体，泰勒不稳定机制将导致火焰表面积显著增加。如果加速足够快，这种火焰面积的增加速度会非常惊人，而且由于反应物转化为产物的总速度与火焰面积成正比，所以从整体上看，有效燃烧速度会显著增加。埃利斯（Ellis）（1928）对容器爆炸中的这种不稳定性进行了最早的观察，如图 1.17 所示。

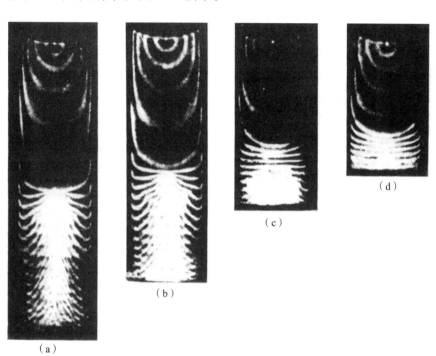

图 1.17　频闪火焰记录［混合物：10 份 CO ＋1 份 O_2，在 15 ℃条件下用水蒸气饱和，管两端封闭；直径 50 mm；长度（a）195 mm；（b）170 mm；（c）120 mm；（d）95 mm。在每个容器的顶部中心点火］（Ellis, O. C. de C.（1928））

考虑一个具有非常大的长径比 L/D（比如一百的数量级）的管子，该管内有一种可燃混合物，其正常燃烧速度高于未燃烧气体的声速，在这种情况下，封闭端的点火会导致火焰加速到一定程度，最终在管中出现爆炸。初始行为示意图如图 1.18 所示。起初，初始火焰增长产生微弱的压力波，由于接触壁面，火焰增长速度减慢，泰勒不稳定机制开始起作用，火焰再次开始加速，此时，火焰前方的气流速度足够快而沿着管壁产生了湍流边界层，在这些情况下，可以观察到火焰沿着边界层燃烧，在火焰传播的后期附近产生细长的锥形火焰前锋，该火焰前锋具有相较于管横截面积非常大的表面积，即在此过程中，有效燃烧速度变得非常高，产生了向系统前导冲击波传播的强冲击波（见图 1.19），最终该强冲击波变得足够强，在前导冲击波后面管道某部分引发均匀爆炸。在高温可燃混合物中，极高的压力会导致爆轰波的传播。典型的情况是观察到爆轰的开始发生在超前激波之后的某个距离，也发生在火焰前缘之前的某个距离，这种爆轰波向先导激波传播，到达激波后，在管道内新鲜未扰动气体中产生 C－J 爆轰波，并产生一个"回复"波，该波从起始点往回传播，直到起始点和火焰之间的所有气体都被消耗掉。通常情况下，与稳定的 C – J 爆轰相比，起爆区附近的压力非常高，这是因为初始爆轰是在一种混合物中发生的，这种混合物已经过了预热，并受到相对较强的冲击波预压缩。

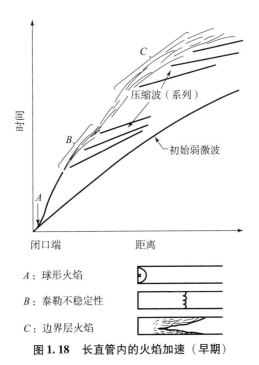

图 1.18　长直管内的火焰加速（早期）

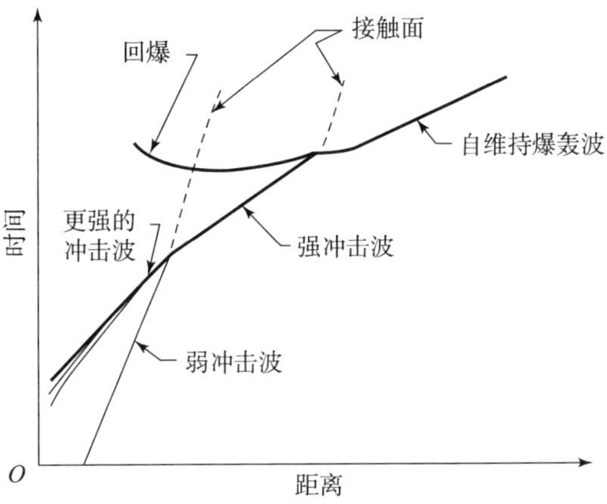

图 1.19　长管内火焰加速引起的起爆（后期）

图 1.20 所示的情况：火焰到壁的热传递足够快，使得火焰在传播一定距离（通常为 10～20 倍直径）后，火焰流动系统以恒定的速度沿管向下行进，并以准稳定的方式进行输送，这是因为热传递将气体温度完全冷却到火焰后一定距离处的壁温时，热气柱长度停止增长，因此不再将未

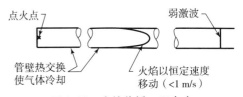

图 1.20　火焰传播 – 无点火

燃烧气体推到火焰前面，如果火焰系统能在管壁上产生湍流边界层前达到这种状态，火焰就不会加速。

影响长管道可燃气体燃爆传播规律的因素有障碍物、管道分叉及截面和管道壁面粗糙度与热效应。

1. 障碍物

当爆炸冲击波经过障碍物时，附近的压力变化较明显且上升显著。无论是燃烧区还是非燃烧区，都存在障碍物激励效应，但激励程度取决于瓦斯爆炸状态与其压力峰值。

管道内设置的障碍物对气相火焰具有加速作用，加速机理可理解为是由障碍物诱导的湍流区对瓦斯燃烧过程的正反馈造成的。管道内火焰传播过程中，湍流效应是产生压力波的主要因素，火焰传播速度大小直接影响爆炸冲击波的生成和加强。由于在障碍物附近形成了高浓度黏性边界层，从而导致湍流使压力波和火焰加速，加速的压力波和火焰又增强湍流，这种正反馈作用使压力波和火焰不断得到加速。在此作用过程中，由于火焰在障碍物附近形成的高浓度黏性边界层作用大于压力波在障碍物附近形成的高浓度黏性边界层，所以障碍物对火焰的加速作用大于对压力波的加速作用。障碍物的存在导致火焰前锋褶皱度增长，增大了火焰前方未燃气体和火焰内部流场的湍流强度，从而增进了火焰的加速。

2. 管道分叉及截面

管道若存在分叉，分叉部位是一扰动源，并诱导附加湍流导致气流湍流度增大，从而使瓦斯爆炸，火焰传播速度迅速提高。分叉管路支管中火焰传播速度在前端是增大的，随后迅速减小；而分叉管道直管端口封闭产生的反射对直管段火焰传播速度影响较小，火焰在分叉管路直管段范围内加速传播。管道截面积突变对瓦斯爆炸传播也有重要影响。管道截面积突然扩大比突然缩小使火焰传播速度增大的程度要大许多，最大火焰传播速度不是在管道截面突然缩小处，而是往后推移至 $L/D=70$ 处。因为火焰进入截面突然扩大区域时，湍流度产生最剧烈；进入截面突然缩小区域时，最大湍流度不是在截面突然缩小处而是往后推移到某一断面处。

3. 管道壁面粗糙度与热效应

管道壁面粗糙度对瓦斯爆炸过程的影响非常大。粗糙管道内瓦斯爆炸火焰的传播速度、峰值压力等物理参数均有大幅度提高。管道壁面热效应对瓦斯爆炸传播特性具有较大影响。

管道内壁贴有绝热材料后，壁面散热大幅减少（约为原来的 1/3），减少的热量一部分通过导热和扩散向未燃气体传递，另一部分通过膨胀做功使压力波强度提高，两者均使火焰传播速度和压力波强度增加，能诱导激波生成。当压力波传播中遇到固体壁面（尤其是端头封闭的巷道或管道）时，会产生反射波。该反射波对火焰的传播具有加速作用。

1.4　物质的燃爆危险特性

1.4.1　气相物质燃爆危险特性

可燃气体的燃爆危险特性表现在 7 个方面。

1. 燃烧性

可燃气体具有可燃烧、点火能量小、燃烧速度快的特点。

2. 爆炸性

如在空气中遇明火发生的爆炸式燃烧、来自高压气瓶的物理性爆炸和可燃气体的爆炸式燃烧。高压容器中可燃气体的临界温度越低，对热越敏感，蒸发越快，形成的压力越高，危险性越大。尤其是高压状态下受热冲击，压力急剧增大，有发生爆炸的可能性。

3. 扩散性

可燃气体均具有较高的扩散性，扩散系数越大、扩散速度越快、火灾蔓延的危险性就越大。比空气轻的气体易逸散在空气中，并与空气形成爆炸性混合物，遇火燃烧或爆炸并蔓延。比空气密度大的气体泄漏时，漂流在地面沟渠、厂房死角处，长期积聚不散，导致遇火燃烧或爆炸。一般地，扩散速度与气体密度的平方根成反比。

4. 化学活泼性

气体物质的化学活泼性越强，燃烧爆炸的危险性就越大。含三键的气体较双键和单键的气体化学活泼性强，危险性大。

5. 压缩性和可膨胀性

受温度、压力的升降而胀缩，比液体的胀缩幅度大。故存于气瓶中的气体应防止由于温度、压力变化而导致的容器破裂或爆炸。

6. 带电性

当气体从管口中喷出时会产生静电，其放电足以引起气体的燃烧或发生爆炸事故。

7. 毒害、腐蚀和窒息性

部分可燃气体有毒性，可通过呼吸道吸入而中毒，有的具有一定的腐蚀性，有些还会扩散到空气中，导致人因缺氧而窒息。

评价可燃气体危险特性的技术参数有以下 8 个。

1. 爆炸极限

可燃气体的爆炸极限是表征其爆炸危险性的一种主要技术参数，爆炸极限范围越宽，爆炸下限浓度越低，爆炸上限浓度越高，则燃烧爆炸危险性越大。可燃气体与蒸气在普通情况（20 ℃及 101 325 Pa）下的爆炸极限范围见表 1.4。

表 1.4 可燃气体与蒸气在普通情况（20 ℃及 101 325 Pa）下的爆炸极限

物质名称	爆炸下限/%	爆炸上限/%	物质名称	爆炸下限/%	爆炸上限/%
甲烷	5.00	15.00	丙酮	2.55	12.80
乙烷	3.22	12.45	氢氰酸	5.60	47.00
丙烷	2.37	9.50	醋酸	4.05	—
乙烯	2.75	28.60	醋酸甲酯	3.15	15.60
乙炔	2.50	80.00	醋酸戊酯	1.10	11.40
苯	1.41	6.75	松节油	0.80	—
甲苯	1.27	7.75	氢	4.00	74.00
二甲苯	1.00	6.00	一氧化碳	12.50	80.00
甲醇	6.72	36.50	氨	15.50	27.00
乙醇	3.28	18.95	二氧化碳	1.25	50.00
丙醇	2.55	13.50	硫化氢	1.30	45.50
异丙醇	2.65	11.80	氧硫化碳（COS）	11.90	28.50
甲醛	3.97	57.00	一氯甲烷	8.25	18.70
糠醛	2.10	—	溴甲烷	13.50	14.50
乙醚	1.85	36.50	苯胺	1.58	—

2. 爆炸危险度

可燃气体或蒸气的爆炸危险性还可以用爆炸危险度来表示。爆炸危险度是爆炸浓度极限范围与爆炸下限浓度之比值，其计算公式如下：

$$爆炸危险度 = \frac{爆炸上限浓度 - 爆炸下限浓度}{爆炸下限浓度}$$

爆炸危险度说明，可燃气体或蒸气的爆炸浓度极限范围越宽，爆炸下限浓度越低，爆炸上限浓度越高，其爆炸危险性就越大。几种典型可燃气体的爆炸危险度见表1.5。

表1.5　典型可燃气体的爆炸危险度

名称	爆炸危险度	名称	爆炸危险度
氨	0.87	汽油	5.00
甲烷	1.83	辛烷	5.32
乙烷	3.17	氢	17.78
丁烷	3.67	乙炔	31.00
一氧化碳	4.92	二硫化碳	59.00

3. 传爆能力

传爆能力是爆炸性混合物传播燃烧爆炸能力的一种度量参数，用最小传爆断面表示。当可燃性混合物的火焰经过两个平面间的缝隙或小直径管子时，如果其断面小到某个数值，由于游离基销毁的数量增加而破坏了燃烧条件，火焰即熄灭。这种阻断火焰传播的原理称为缝隙隔爆。

爆炸性混合物的火焰尚能传播而不熄灭的最小断面称为最小传爆断面。设备内部的可燃混合气被点燃后，通过25 mm长的接合面，能阻止将爆炸传至外部的可燃混合气的最大间隙，称为最大试验安全间隙。可燃气体或蒸气爆炸性混合物，按照传爆能力的分级见表1.6。

表1.6　可燃气体或蒸气爆炸性混合物按照传爆能力的分级

级别	1	2	3	4
间隙 δ/mm	$\delta > 1.0$	$0.6 < \delta \leqslant 1.0$	$0.4 < \delta \leqslant 0.6$	$\delta \leqslant 0.4$

4. 爆炸压力和威力指数

可燃性混合物爆炸时产生的压力称为爆炸压力，它是度量可燃性混合物将爆炸时产生的热量用于做功的能力。发生爆炸时，如果爆炸压力大于容器的极限强度，容器便发生破裂。

各种可燃气体或蒸气的爆炸性混合物，在正常条件下的爆炸压力，一般都不超过1 MPa，但爆炸后压力的增长速度却是相当大的。几种可燃气体或蒸气的爆炸压力及其增长速度见表1.7。

表1.7　可燃气体或蒸气的爆炸压力及其增长速度

名称	爆炸压力/MPa	爆炸压力增长速度/(MPa·s^{-1})
氢	0.62	90
甲烷	0.72	—
乙炔	0.95	80
一氧化碳	0.7	—
乙烯	0.78	55
苯	0.8	3

续表

名称	爆炸压力/MPa	爆炸压力增长速度/(MPa·s⁻¹)
乙醇	0.55	—
丁烷	0.62	15
氨	0.6	—

气体爆炸的破坏性还可以用爆炸威力来表示。爆炸威力是反映爆炸对容器或建筑物冲击度的一个量，它与爆炸形成的最大压力有关，同时还与爆炸压力的上升速度有关。

典型可燃气体和蒸气的爆炸威力指数可参见表1.8。

表1.8 典型可燃气体和蒸气的爆炸威力指数

名称	威力指数	名称	威力指数
丁烷	9.30	氢	55.80
苯	2.4	乙炔	76.00
乙烷	12.13		

5. 自燃点

可燃气体的自燃点不是固定不变的数值，而是受压力、密度、容器直径、催化剂等因素的影响。

一般规律为受压越高，自燃点越低；密度越大，自燃点越低；容器直径越小，自燃点越高。可燃气体在压缩过程中（例如在压缩机中）较容易发生爆炸，其原因之一就是自燃点降低的缘故。在氧气中测定时，所得自燃点数值一般较低，而在空气中测定则较高。

同一物质的自燃点随一系列条件而变化，这种情况使得自燃点在表示物质火灾危险性上降低了作用，但在判定火灾原因时，就不能不知道物质的自燃点。所以在利用文献中的自燃点数据时，必须注意它们的测定条件。测定条件与所考虑的条件不符时，应该注意其间的变化关系。在普通情况下，可燃气体和蒸气的自燃点如表1.9所示。

表1.9 可燃气体和蒸气在普通情况下的自燃点

物质名称	自燃点/℃	物质名称	自燃点/℃	物质名称	自燃点/℃
甲烷	650	硝基甲苯	482	丁醇	337
乙烷	540	蒽	470	乙二醇	378
丙烷	530	石油醚	246	醋酸	500
丁烷	429	松节油	250	醋酐	180
乙炔	406	乙醚	180	醋酸戊酯	451
苯	625	丙酮	612	醋酸甲酯	451
甲苯	600	甘油	348	氨	651
乙苯	553	甲醇	430	一氧化碳	644
二甲苯	590	乙醇（96%）	421	二硫化碳	112
苯胺	620	丙醇	377	硫化氢	216

爆炸性混合气处于爆炸下限浓度或爆炸上限浓度时的自燃点最高，处于完全反应浓度时的自燃点最低。在通常情况下，都是采用完全反应浓度时的自燃点作为标准自燃点。例如，硫化氢在爆炸下限时的自燃点为 373 ℃，在爆炸上限时的自燃点为 304 ℃，在完全反应浓度时的自燃点为 216 ℃，故取用 216 ℃作为硫化氢的标准自燃点。因此，应当根据爆炸性混合气的自燃点选择防爆电器的类型，控制反应温度，设计阻火器的直径，采取隔离热源的措施等。与爆炸性混合气接触的任何物体，如电动机、反应罐、暖气管道等，其外表面的温度必须控制在接触的爆炸性混合气的自燃温度以下。

6. 相对密度

气体的相对密度是指对空气质量之比，各种可燃气体对空气的相对密度可通过下式计算：

$$d = \frac{M}{29}$$

式中：M 为气体的摩尔质量；29 为空气的平均摩尔质量。

与空气密度相近的可燃气体，容易互相均匀混合，形成爆炸性混合物。比空气重的可燃气体沿着地面扩散，并易窜入沟渠、厂房死角处，长时间聚集不散，遇火源则发生燃烧或爆炸。比空气轻的可燃气体容易扩散，而且能顺风飘动，会使燃烧火焰蔓延、扩散。因此，应当根据可燃气体的密度特点，正确选择通风排气口的位置，确定防火间距值以及采取防止火势蔓延的措施。

7. 扩散性

扩散性是指物质在空气及其他介质中的扩散能力。可燃气体（蒸气）在空气中的扩散速度越快，火灾蔓延扩展的危险性就越大。气体的扩散速度取决于扩散系数的大小。几种可燃气体的相对密度和标准状态下的扩散系数可参见表 1.10。

表 1.10　几种可燃气体的相对密度和标准情况下的扩散系数

气体名称	扩散系数/(cm²·s⁻¹)	相对密度	气体名称	扩散系数/(cm²·s⁻¹)	相对密度
氢	0.634	0.07	乙烯	0.130	0.79
乙炔	0.194	0.91	甲醚	0.118	1.58
甲烷	0.196	0.55	液化石油气（丙烷）	0.121	1.56
氨	0.198	0.59			

8. 可压缩性和受热膨胀性

气体与液体相比有很大的弹性。气体在压力和温度的作用下，容易改变其体积，受压时体积缩小，受热时体积膨胀。当容积不变时，温度与压力成正比，即气体受热温度越高，它膨胀后形成的压力也越大。气体的压力、温度和体积之间的关系，可用理想气体状态方程式表示。盛装压缩气体或液体的容器（钢瓶）如受高温、日晒等作用，气体就会急剧膨胀，产生很大压力，当压力超过容器的极限强度时，就会引起容器的爆炸。

1.4.2　液相物质燃爆危险特性

大部分液体的燃烧是由于受热气化形成蒸气以后，按气体的燃烧方式（扩散燃烧或动力燃烧）进行。

液面上的蒸气点燃后则产生火焰并出现热量的扩展，火焰向液面的传热主要靠辐射；而火焰向液体里层的传热方式主要是传导和对流。

可燃液体的燃爆特性主要表现在以下几个方面。

1. 易挥发性易燃性

液体分子变成蒸气离开液体表面逸散到周围空间去的性质即挥发或蒸发。这一性质是由液体物质的性质、相对分子质量小、易挥发、低蒸发热和低的点火能量等性能决定的。这类物质绝大多数为有机化合物，分子中含有碳、氢原子等，能与氧反应生成二氧化碳和水。由于分子质量相对较小、易于挥发，因此挥发出来的蒸气只要很小能量的火花就可以被点燃。与空气中的氧发生剧烈反应而燃烧。

2. 蒸气的易爆性

由于易挥发、蒸发热低，当挥发的易燃蒸气在空气中扩散并达到爆炸极限浓度时，遇火源就像可燃性气体一样发生爆燃。

3. 流动扩散性

易燃液体黏度小、易流淌，即使容器有细微裂纹，也可因毛细管及浸润作用，使易燃液体渗出容器壁外，扩大其表面积，使其蒸发速度加快。蒸气向四周扩散，但由于其密度比空气大，易沉积在低洼处，不易散发，会增大着火的危险性，也是火势扩大和蔓延的主要原因之一。液体流动性强弱与黏度有关，黏度是指液体内部阻碍其相对流动的一种特性，黏度越低，流动性越大。黏度大的液体随温度升高，流动扩散性也增大。

4. 受热膨胀性

盛装易燃液体的容器一旦受热，液体会受热膨胀，蒸气压力随温度提高而增大，当大于容器的强度极限时，容器胀破泄漏甚至引起爆炸事故。夏天，盛装易燃液体的铁桶常出现"鼓桶"现象及玻璃容器发生爆裂，就是由于受热膨胀所致。所以，对盛装易燃液体的容器应留有不小于5%的空隙，以防液体受热膨胀、压力上升而引起爆炸，要远离热源、火源。

5. 带电性

大多数液体的电阻率较高，分子间易摩擦产生静电积累，因此具有静电放电和引燃引爆的危险性。一般可燃性液体的体电阻率为 $10^4 \sim 10^9 \ \Omega \cdot m$。高电阻率的液体（如醚类、脂类、芳香类、石油及其产品等）在灌注、运输和流动过程中，可由分子间相互摩擦而积累静电。

6. 混触危险性

含碳氢的有机可燃液体与强酸或强氧化剂混合接触时，会发生剧烈的化学反应而引起燃烧或爆炸。例如酒精与铬酐、亚硝胺与酸、松节油与硝酸接触均可引起燃烧。

评价可燃液体火灾爆炸危险性的主要技术参数是闪点、饱和蒸气压和爆炸极限。此外，还有液体的其他性能，如相对密度、流动扩散性、沸点和膨胀性等。

1. 饱和蒸气压

饱和蒸气是指在单位时间内从液体蒸发出来的分子数等于回到液体里的分子数的蒸气。在密闭容器中，液体都能蒸发成饱和蒸气。饱和蒸气所具有的压力叫作饱和蒸气压力，简称蒸气压力，以 Pa 表示。

可燃液体的蒸气压力越大，则蒸发速度越快，闪点越低，所以火灾危险性越大。蒸气压力是随着液体温度而变化的，即随着温度的升高而增加，超过沸点时的蒸气压力，能导致容器爆裂，造成火灾蔓延。表 1.11 列举了一些常见易燃液体的饱和蒸气压力。

表 1.11　几种易燃液体的饱和蒸气压

温度/℃	− 20	− 10	0	+ 10	+ 20	+ 30	+ 40	+ 50	+ 60
丙酮	—	5 160	8 443	14 705	24 531	37 330	55 902	81 168	115 510
苯	991	1 951	3 546	5 966	9 972	15 785	24 198	35 824	52 329
航空汽油	—	—	11 732	15 199	20 532	27 988	37 730	50 262	—
车用汽油	—	—	5 333	6 666	9 333	13 066	18 132	24 065	—
二硫化碳	6 463	11 199	17 996	27 064	40 237	58 262	82 260	114 217	156 040
乙醚	8 933	14 972	24 583	28 237	57 688	84 526	120 932	168 626	216 408
甲醇	836	1 796	3 576	6 773	11 822	19 998	32 464	50 889	83 326
乙醇	333	747	1 627	3 173	5 866	10 412	17 785	29 304	46 863
丙醇	—	—	436	952	1 933	3 706	6 773	11 799	18 598
丁醇	—	—	—	271	628	1 227	2 386	4 413	7 893
甲苯	232	456	901	1 693	2 973	4 960	7 906	12 399	18 598
乙酸甲酯	2 533	4 686	8 279	13 972	22 638	35 330	—	—	—
乙酸乙酯	867	1 720	3 226	5 840	9 706	15 825	24 491	37 637	55 369
乙酸丙酯	—	—	933	2 173	3 413	6 433	9 453	16 186	22 918

根据可燃液体的蒸气压力，就可以求出蒸气在空气中的浓度，其计算式为：

$$C = \frac{p_Z}{p_H} \tag{1.36}$$

式中：C 为混合物中的蒸气浓度（％）；p_Z 为在给定温度下的蒸气压力（Pa）；p_H 为混合物的压力（Pa）。

如果 p_H 等于大气压力即 101 325 Pa（760 mmHg），则可将计算式改写为：

$$C = \frac{p_Z}{101\ 325} \tag{1.37}$$

2. 爆炸极限

可燃液体的爆炸极限有两种表示方法：一是可燃蒸气的爆炸浓度极限，有上、下限之分，以"％"（体积分数）表示；二是可燃液体的爆炸温度极限，也有上、下限之分，以"℃"表示。因为可燃蒸气的浓度是在可燃液体一定的温度下形成的，因此爆炸温度极限就体现着一定的爆炸浓度极限，两者之间有相应的关系。例如，酒精的爆炸温度极限为 11 ~ 40 ℃，与此相对应的爆炸浓度极限为 3.3% ~18%。液体的温度可随时方便地测出，与通过取样和化验分析来测定蒸气浓度的方法相比要简便得多。

几种可燃液体的爆炸温度极限和爆炸浓度极限的比较见表 1.12。

表 1.12　几种液体的爆炸温度极限和爆炸浓度极限

液体名称	爆炸浓度极限/%	爆炸温度极限/℃
酒精	3.3 ~ 18	11 ~ 40
甲苯	1.2 ~ 7.75	1 ~ 31
松节油	0.8 ~ 62	32 ~ 53
车用汽油	0.79 ~ 5.16	-39 ~ -8
灯用煤油	1.4 ~ 7.5	40 ~ 86
乙醚	1.85 ~ 35.5	-45 ~ 13
苯	1.5 ~ 9.5	-14 ~ 12

3. 闪点

闪点是指表面挥发出的蒸气浓度足以用小火焰点燃的最低温度或小火焰引起可燃液体蒸气瞬时点燃的最低环境温度。因此，它揭示了液体燃烧所需要的最低环境温度，是评价可燃液体热安全性的重要参数，同一种物质闪点的大小还可反映可燃液体纯度的高低。闪点不是绝对物理量，其值大小与所采用的测定方法有关。可燃液体的闪点越低，越易起火燃烧，相应地，火灾爆炸的危险性也越大。闪点随浓度降低而升高，两种液体混合物的闪点低于两者闪点的平均值。几种常见的可燃液体的闪点见表 1.13。

表 1.13　几种常见可燃液体的闪点

物质名称	闪点/℃	物质名称	闪点/℃	物质名称	闪点/℃
甲醇	7	苯	-14	醋酸丁酯	13
乙醇	11	甲苯	4	醋酸戊酯	25
乙二醇	112	氯苯	25	二硫化碳	-45
丁醇	35	石油	-21	二氯乙烷	8
戊醇	46	松节油	32	二乙胺	26
乙醚	-45	醋酸	40	飞机汽油	-44
丙酮	-20	醋酸乙酯	1	煤油	18
甘油	160	车用汽油	-39		

评价可燃液体燃爆性能的参数还有沸点、相对密度、自燃点、流动扩散系数、电阻率和相对分子质量。沸点越低，蒸发越快，闪点越低，越易形成爆炸混合物，危险性越大。同体积的液体和水的质量之比（即相对密度）越小，蒸发速度越快，闪点也越低，危险性就越大。比水密度大的可燃性液体可存于水中以保证安全。流动性强的液体，着火后火势蔓延快，燃烧面积扩大。流动性强弱与黏度有关。电阻率高，摩擦易产生静电而发生火灾。因此，在灌注、运输和流动过程中，应注意避免摩擦。相对分子质量小、沸点低、闪点低的可燃性液体，其火灾危险性也大。

1.4.3　粉尘燃爆危险特性

粉尘爆炸大致要经历以下几个过程：

（1）接收到火源能量的粉尘粒子表面温度迅速提高，使其迅速地分解或干馏，产生的可燃气释放到粒子的周围气相中。

（2）可燃气体与空气的混合物随后被火源引燃而发生有焰燃烧，这种燃烧开始通常在局部产生，其燃烧热通过辐射传递和对流传递使火焰传播、扩散下去。

（3）火焰在传播过程中，产生的热量促使越来越多的粉尘粒子分解或干馏，释放出越来越多的可燃气体，使燃烧循环逐次地加快进行下去，最终导致粉尘爆炸。

需要指出的是，上述过程是对能释放可燃气体的粉尘爆炸而言的。这类粉尘释放可燃气体，有的通过热分解（如木粉、纸粉等），有的通过熔融蒸发或升华（如樟脑粉、萘粉等）方式。从本质上讲，这类粉尘的爆炸是可燃气体爆炸，只是这种可燃气体"储存"在粉尘之中，粉尘受热后才释放出来。

木炭、焦炭和一些金属的粉尘，在爆炸过程中不释放可燃气体，它们接收到火源的热能后直接与空气中氧气发生剧烈的氧化反应并着火，产生的反应热使火焰传播。在火焰传播过程中，炽热的粉尘或其氧化物加热周围的粉尘和空气，使高温空气迅速膨胀，从而导致粉尘爆炸。

与气体爆炸比较，粉尘爆炸有以下两个特点：

（1）粉尘爆炸比气体爆炸所需的点火能大、引爆时间长、过程复杂。这是由于粉尘颗粒比气体分子大得多，而且粉尘爆炸涉及分解、蒸发等一系列的物理和化学过程。粉尘爆炸的引爆时间较长，这就有可能用快速装置探测爆炸的前兆，并遏制爆炸的发展（抑爆技术）。

（2）爆炸的最大爆炸压力略小于气体爆炸的最大爆炸压力，但前者的爆炸压力上升速度和下降速度都较慢，所以压力与时间的乘积（即爆炸释放的能量）较大，加上粉尘粒子边燃烧边分散，爆炸的破坏性和对周围可燃物的烧损程度也较严重。

粉尘火焰与喷雾或雾状火焰也有明显的不同，因为在粉尘燃烧过程中颗粒的温度会变得非常高。而在同样情况下，液雾火焰中液滴温度会被限制在特定压力条件下液体的沸腾温度，这意味着喷雾或雾状火焰只能通过火焰丰富区域产生的炭黑中明显辐射出来，而粉尘火焰在燃烧过程中的能量可从粉尘颗粒本身辐射出来。存在强有力的理论迹象表明，当燃烧的尘埃云变得非常大和不透明时，能量的辐射传输可能成为其传热的主要机制，这项理论工作表明，在这些条件下，其燃烧速度比辐射损失大的较小火焰上观察到的燃烧速度增加了约一个数量级，且这些结果得到了试验结果的定性支持，试验结果表明，未屏蔽的小煤粉火焰的燃烧速度仅为 10 ~ 30 cm/s，而辐射屏蔽火焰的燃烧速度约为 1 m/s［卡拉津斯基（Krazinski）等人（1979）］。

在危害方面，粉尘爆炸有以下特点：

（1）粉尘初始爆炸产生的气浪会使沉积粉尘扬起，在新的空间内形成爆炸浓度而产生二次爆炸。另外，在粉尘初始爆炸地点，空气和燃烧产物受热膨胀，密度变稀，经过极短时间后形成负压区，新鲜空气向爆炸点逆流，促成空气的二次冲击（简称"返回风"），若该爆炸地点仍存在粉尘和火源，也有可能发生二次爆炸。二次爆炸往往比初次爆炸压力更大，破坏更严重。在连续化生产系统中，这种二次爆炸可能连续出现，形成连锁爆炸，有的可能达到爆轰的程度，以致产生非常大的伤害。

（2）有的粉尘爆炸事故不仅表现出爆炸连续性的特点，而且随着爆炸的延续，反应速度和爆炸压力持续加快和升高，并呈现出跳跃式的发展，因而表现出离起爆点越远、破坏越严重的特点。特别是在爆炸传播途径中遇有障碍物或拐弯处，爆炸压力会急剧上升。有障碍物时，粉尘爆炸的传播受阻，爆炸冲击波向回反射，压力成倍增长。

（3）粉尘（尤其是有机物的粉尘）的爆炸容易引起不完全燃烧，会产生大量的 CO 等不完全燃烧产物。这不但会造成人员中毒，而且在密闭场所还可能引起气体爆炸。

粉尘混合物的爆炸危险性是以其爆炸浓度下限（g/m^3）来表示的。这是因为粉尘混合物达到爆炸下限时，所含固体物已相当多，以云雾（尘云）的形状而存在，这样高的浓度通常只有设备内部或直接接近它的发源地的地方才能达到。至于爆炸上限，因为浓度太高，以致大多数场合都不会达到，所以没有实际意义，例如糖粉的爆炸上限为 $13.5 \ kg/m^3$。

粉尘混合物的爆炸下限不是固定不变的，它的变化与这些因素有关：分散度、湿度、火源的性质、可燃气含量、氧含量、惰性粉尘和灰分、温度等。一般来说，分散度越高，可燃气体和氧的含量越大，火源强度、原始温度越高，湿度越低，惰性粉尘及灰分越少，爆炸范围也越大。

粒度越细的粉尘，其单位体积的表面积越大，越容易飞扬，所需点火能量越小，所以容易发生爆炸，如图 1.21 所示。随着空气中氧含量的增加，爆炸浓度范围则扩大，有关资料表明，可燃物在纯氧中的爆炸极限只有在空气中的 1/3～1/4，如图 1.22 所示。当尘云与可燃气体共存时，爆炸浓度相应下降，而且点火能量也有一定程度的降低，因此可燃气体的存在会大大增加粉尘的爆炸危险性，如图 1.23 所示。爆炸性混合物中的惰性粉尘和灰分有吸热作用，例如煤粉中含 11% 的灰分时还能爆炸，而当灰分达 15%～30% 时，就很难爆炸了。空气中的水分除了吸热作用之外，水蒸气占据了空间，稀释了氧含量而降低了粉尘的燃烧速度，而且水分增加了粉尘的凝聚沉降，使爆炸浓度不易出现；当温度和压力增加，含水量减少时，爆炸浓度极限范围扩大，所需点火能量减小，如图 1.24 所示。

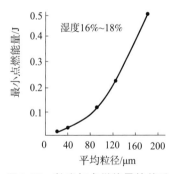

图 1.21　粒度与点燃能量的关系

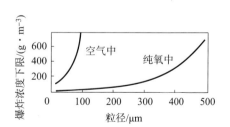

图 1.22　爆炸下限与氧含量及粒径的关系

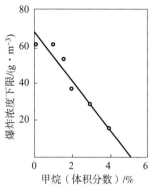

图 1.23　甲烷含量对粉尘
爆炸下限的影响

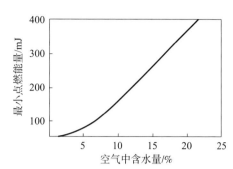

图 1.24　空气中含水量对粉尘爆炸的
最小点燃能量的影响

粉尘的爆炸压力是由于两种原因产生的：一是生成气态产物，其分子数在多数场合下超过原始混合物中气体的分子数；二是气态产物被加热到高温。

各种粉尘的爆炸特性，包括它们的自燃点、爆炸下限及爆炸最大压力，如表 1.14 所示。

表 1.14　粉尘的自燃点、爆炸下限及爆炸最大压力

粉尘类别		云状粉尘的自燃点/℃	爆炸下限/(g·m⁻³)	最大爆炸压力/MPa
金属	铝	645	35	0.603
	铁	315	120	0.197
	镁	520	20	0.441
	锌	680	500	0.088
塑料	醋酸纤维	320	25	0.557
	α-甲基丙烯酸酯	440	20	0.388
	六次甲基四胺	410	15	0.428
	石炭酸树脂	460	25	0.415
	邻苯二甲酸酐	650	15	0.333
	聚乙烯塑料	—	25	0.564
	聚苯乙烯	490	20	0.299
	合成硬皮	320	30	0.401
其他	棉纤维	530	100	0.449
	玉蜀黍淀粉	470	45	0.49
	烟煤	670	35	0.312
	煤焦油沥青	—	80	0.333
	硫	190	35	0.279
	木粉	430	40	0.421

1.4.4 凝聚相燃爆危险特性

这里主要介绍凝聚相炸药的燃爆特性。衡量炸药爆炸性能的主要参数有爆热、爆温、爆速、爆压、威力、猛度等。衡量炸药对外界作用敏感程度的参数有热感度、机械感度、电感度、爆轰感度。

1. 敏感易爆性

这是炸药的一个重要特性。通常能引起爆炸品爆炸的外界作用有热、机械撞击、摩擦、冲击波、爆轰波、光、电等。炸药对外界的作用比较敏感，火焰、撞击、摩擦、针刺或电能等较小的、简单的初始能量就能引起爆炸。不同炸药对外界作用的敏感程度不同，差别也很大。引爆炸药所需的起爆能越低，则敏感度越高，其危险性也就越大。从炸药的本质看，炸药平时处在稳定的平衡状态，而且或多或少具有抵抗外界作用而不发生爆炸的能力。其敏感度大小取决于炸药种类、化学结构、物理化学性质等内在因素，如炸药键能越小，破坏就越容易，其敏感度就越高，反之亦然。炸药的活化能越小，其敏感度就越高。除此之外，还有炸药的爆热、热容量和导热性等均影响炸药的敏感度。它同时还取决于炸药的结晶、密度、温度、压力、细度和杂质等外在因素，如结晶形状不同，敏感度也不相同。一般地，炸药结晶颗粒较大，敏感度较高，炸药密度增大，敏感度随之降低，环境温度升高，炸药的敏感度提高，炸药中含有杂质时会影响炸药的敏感度，尤其是硬度较高、有尖棱的杂质会提高炸药的敏感度。

2. 自燃危险性

一些火药在一定温度下不用火源即可加速反应，并达到一定的温度自行发生化学反应而着火或爆炸。如双基药长时间地堆放在一起时，由于火药的缓慢热分解放出的热量及产生的二氧化氮气体不能及时散发出去，火药内部就会产生热积累，而自行发生爆炸，因此在储存过程中应特别注意。不同爆炸品的爆发点不同。

3. 机械作用危险性

炸药在受到外界的撞击、震动、摩擦等机械作用时，均有可能发生燃烧或爆炸。

4. 静电火花危险性

爆炸品为不良导体，其电阻率在 10^{12} $\Omega \cdot cm$ 以上，火药的电阻率约为 10^{18} $\Omega \cdot cm$。在包装、生产和运输过程中易产生静电，一旦产生的静电在没有有效的接地措施时，会表现出高的静电电位，最高可达几万伏，一旦满足放电条件就会放电而引爆炸药。

5. 爆炸破坏性

炸药一旦爆炸，爆炸中心温度极高，高压气体产物迅速膨胀产生强烈的冲击波，使周围建筑遭到破坏，人员遭受伤害。

6. 火灾危险性

爆炸的同时会伴有燃烧。由于炸药均为含氧化合物或混合物，反应时不需外界供给氧气，爆炸产生的高温和爆炸产物可点燃周围的可燃物，造成重大火灾事故。

7. 毒害性

一方面，有些炸药如苦味酸、TNT、硝化甘油、雷汞、叠氮化铅等本身就具有毒性；另一方面，炸药爆炸时还会产生大量的有毒气体，如 CO、NO、NO_2、HC 化合物等，会引起人体中毒或窒息。

8. 不需外界供氧

很多炸药都是含有氧元素的化合物，因此在发生爆炸时，自身可发生剧烈的氧化还原反应，不需外界提供氧气。

1.5　爆炸事故类型

爆炸是物质的一种非常急剧的物理、化学变化，伴有物质所含能量的快速转变，即变为该物质本身、产物、周围介质的压缩势能或动能。因此，它的一个重要特点是大量能量在有限的体积内突然释放或急速转化。这种能量在极短时间和有限体积内大量积聚，造成高温高压等非正常状态，对邻近介质形成急剧的压力突跃和随后的复杂运动，显示出不正常的移动或机械破坏效应。一般将爆炸现象区分为两个阶段：先是将某种形式的能量以一定的方式转变为原物质或产物的压缩能；随后物质由压缩态膨胀，在膨胀过程中做机械功，进而引起附近介质的变形、破坏和移动。由物理变化引起的爆炸称为物理爆炸；由化学变化引起的爆炸称为化学爆炸，本节将结合爆炸事故案例，介绍几类常见的爆炸事故类型。

1.5.1　裸装炸药爆炸

裸装炸药爆炸是热、机械等直接作用于凝聚炸药引起的爆炸现象。被引发的爆炸物产生爆轰的条件和爆轰形成的过程，取决于点火能量的特性以及爆炸物的性质和状态。当以热能引发爆轰过程时，往往在爆轰发生之前要经过一个不稳定的燃烧阶段，而后由燃烧转变为爆轰。机械引爆的特点是爆炸物在机械冲击下产生"热点"，这是引爆的活化中心。"热点"迅速地进行化学反应并且以爆轰特有的速度向爆炸物的深处传播。凝聚相炸药爆炸会产生本质上的理想冲击波，在大多数情况下，爆炸物会受到一定的约束，在一定程度上削弱冲击波，而如果知道所涉及的材料数量和约束程度，可以采取直接方式来估计冲击波和破片损害。

这种爆炸可能会在制造、运输、储存和使用等过程中发生。此外，在化学工业过程中，如果出现意外情况使得一些不必要的高敏感度物质发生压缩，则化学反应釜、蒸馏器、分离器等也会发生意外爆炸，比如，贾维斯（Jarvis）等人（1971）做了关于丁二乙烯蒸馏塔因塔中高浓度乙烯乙炔的意外积累而爆炸的详细调查报告。如果高敏感度物质被大量处理或储存在相对密切接触的容器中，就会发生灾难性的爆炸事故，且目前已有案例。例如，1921 年，德国奥堡市试图通过炸药来分解 2 000 t 的硝酸铵 – 双硫酸盐以制作肥料［里斯（Lees）（1980）］，结果直接将其一并引爆发生严重事故，造成约 430 人死亡，留下了一个直径 130 m、深 60 m 的坑，在半径 6 km 的范围内造成了严重破坏（见图 1.25），虽然对此事故进行了三次官方调查，但由于相关人员均在事故中去世，导致事故发生的确切问题一直没有解决，在这次事故发生前，普遍认为这种物质虽能放热但不能爆炸，甚至在目前的实验室规模测试中，由于其最小装药直径比通常用于敏感度测试的直径大得多，试验测试结果也仍然表明这种物质是不可爆的。

另一起值得关注的爆炸是在 1947 年 4 月 16 日的得克萨斯城［威顿（Wheaton）（1948）和费赫利（Feehery）（1977）］爆炸事故。一所储存了 4 500 t 硝酸铵的大型仓库意外失火，火势失控，最终导致硝酸铵被引爆，半径一英里（1 英里 = 1.609 km）内所有房屋都被摧毁，约有 516 人死亡，其中许多人被列为失踪，财产损失约为 6 700 万美元（1947），这次灾难造成的破坏情况如图 1.26 和图 1.27 所示。

图 1.25　奥堡爆炸损坏鸟瞰图

图 1.26　1947 年 4 月 16 日得克萨斯城灾难中受损鸟瞰图

图 1.27　得克萨斯州孟山都化工厂受损

随着第一次世界大战期间烈性炸药的广泛使用，也发生了更多因烈性炸药和装有烈性炸药的弹药等导致的大规模意外爆炸事件。为了提高爆炸物的安全性，美国采用了数量 - 距离（$Q - D$）表，其最初数据来源是基于对一系列此类灾难性爆炸事件的汇编和研究。

1.5.2　带壳爆炸物爆炸

1. 燃料蒸气

燃料泄漏到外壳处与空气混合形成可燃混合物，一旦意外引入点火源将导致爆炸。

这种爆炸有两种不同的情况。一种情况是，如果外壳的长径比 L/D 小于 1，且内部没有杂乱的设备、隔板等，则外壳通常会发生简单的超压爆炸，在这种情况下，压力上升速度较慢，首先受到破坏的是结构强度较低的窗户或墙壁。如果这种情况发生在一个简单框架结构建筑中，则天花板会上升，所有的墙壁几乎同时倒塌。卡罗尔（Carroll）（1979）关于这种爆炸的报告场面如图 1.28 所示。在钢制容器如仓库或锅炉中发生爆炸时，外壳会先有变成球形的趋势，直到撕裂后内容物泄漏。虽然这些爆炸会对外壳造成严重破坏［撒尼尔（Senior）（1974）］，但其产生的冲击波通常很弱，因为在一般情况下，建筑物、仓库或锅炉的强度不是很大，它们释放的超压通常很低（7 ~ 70 kPa），因此，可以将这种爆炸情况看作是一种能量密度很低的爆炸源引起的爆炸。

图 1.28　超压爆炸场面［完整的墙壁已经倒塌，房顶已被掀翻（**Carroll（1979）**）］

另一种情况发生在长径比 L/D 比较大或有大量障碍物的围护结构中，如内部有隔墙的大型建筑等，在这种情况下，点火后的火焰传播引起火焰前方的气体运动，在气流与障碍物分离的地方产生大规模湍流，导致有效火焰面积的快速增加，进而导致压力快速上升和湍流火焰进一步相互作用，该过程可能导致外壳的某些位置发生气相爆轰，且在这些位置上，内部压力会很快（<1 ms）变得非常高（约 1.5 kPa），造成局部的巨大破坏。这种情况的特征是，破坏最严重的部位并不在靠近点火源的位置上，而通常在远离点火源的地方。这些爆炸会产生强烈的冲击波和高速的破片，因此相较于简单的超压爆炸来说，它对周围造成的破

坏更加严重。

设计可以完全抑制爆炸的壳体几乎是不可能的，如果壳体内充满可燃蒸气或气体并点燃，都可能爆炸，可由下述实例证明。奥斯特罗特（Ostroot）（1972）记录了 200 多起由于各种故障引起的燃气和燃油锅炉的简单超压燃烧爆炸。海尔文森（Halversen）（1975）提到了一起油轮爆炸的例子：大多数油轮爆炸发生在低长径比的空间，如上所述是简单的压力爆炸，但一些油轮爆炸确实会造成与典型高长径比外壳相同的高度局部化损坏，其中油轮爆炸实例的结果如图 1.29 显示。由于油轮满载且基本无风，使得甲板上形成可燃蒸气云，被某种点火源意外点燃，产生的火焰进入了货舱，从爆燃过程升级为爆炸，根据报道及目击者称，整个油轮的甲板上升约 250 m，4 km 外建筑物窗户被破坏，2 km 外也产生了严重破坏，事故造成 6 人死亡，3 人失踪，58 人受伤，共造成 2 160 万美元的损失（1977）。这次爆炸是因泄漏的燃料蒸气在外部被点火造成的，不过也有许多油轮爆炸是因清洁用高压水喷雾产生的静电火花引起的（见图 1.30）。

图 1.29　油轮爆炸场面（1976 年 12 月 16 日洛杉矶港的利比里亚油轮 S. S. Sansinena 在其船舱内发生爆炸后的残骸）

图 1.30　油气爆炸后的 Kong Haakon VII 油轮

商业建筑也经常发生爆炸事故，其间显著存在波和火焰的加速传播。NTSB（1976）讨论了相关建筑爆炸的典型事例，如图 1.31 所示。一栋 25 层商业建筑的电梯井（位于左面）发生内部天然气爆炸，导致其周围所有砖块和几乎所有窗户都被炸毁。事故发生在 1974 年 4 月的纽约市。

图 1.31 建筑爆炸典型事例［NTSB（1976）］

2. 粉尘

发生在外壳内部的粉尘爆炸可以说是灾难性的事故。几乎所有的有机粉尘、某些无机或金属粉尘在空气中都是可燃的，并且可以在外壳内发生爆炸（粉尘通常定义为直径小于 76 μm 的材料），然而，导致粉尘爆炸与导致气体或蒸气爆炸的过程是不同的。浓度在一定范围内的粉尘云才具有爆炸性，其本质是不透明的，而且浓度通常远高于人类所能承受的浓度，因此，该条件通常只存在于管道或工艺设备内。一般情况下，在某些设备中发生粉尘爆炸，首先会发生小规模爆炸，造成设备的破裂，并将燃烧的粉尘抛到工作场所中，然后，第一次爆炸产生的气体运动和设备振动会导致杂乱工作场所中的层状粉尘飘散到空中，导致燃料发生第二次严重爆炸，爆炸穿过工作场所并造成重大损失。在另一个典型过程中，粉尘会自燃或者因覆盖了热物体开始阴燃（如电机外壳或灯具），若有人员发现了火灾，并试图用化学灭火器或水管将其扑灭，则会激起大片粉尘云，以部分粉尘燃烧作为点火源引发爆炸。

室内粉尘爆炸与气体爆炸或蒸气爆炸具有两种相同情况。一方面，在低长径比的密闭容器中可能会导致简单的超压爆炸；另一方面，在高长径比的结构中，会发生火焰加速情况，导致火焰有效传播速度与爆轰速度一样高，在这种情况下，会造成严重的局部破坏，破片可以飞到很远的地方，且外部的冲击波可能会非常大。

封闭空间粉尘爆炸现象可能比蒸气爆炸或气体爆炸现象更久远，这是因为使用气体和蒸气作为燃料的时间并不长。粉尘爆炸主要发生在锅炉、化学工业、制药工业［尼克森（Nickerson）（1976）］、煤矿、谷仓、饲料和面粉厂等。其中，埃尔迪斯（Aldis）、莱（Lai）（1979）和安东尼（Anthony）（1979）记述了关于粮食粉尘爆炸研究。

自工业革命以来，煤矿内爆炸事件时有发生，大多数工业国家都在研究爆炸发生过程，其中爆炸的动力学过程已经得到合理的解释：在采矿过程中造成甲烷释放并意外点火，若工作场所布满粉尘，就会转变为煤尘爆炸（其中，清除矿井中所有的煤尘成本是很高昂的）。齐布尔斯基（Cybulski）（1975）将灾难性事件定义为造成 50 人以上死亡的爆炸事件，并通过研究世界范围的统计数据显示，在 1900 年至 1951 年间发生了 135 起煤矿爆炸灾难，共有20 448 人死亡，平均每场灾难都有 151 人死亡；在 1931 年至 1955 年间，美国平均每年有117 人死于煤矿爆炸，虽然通过研究和理解爆炸，以及改进减轻爆炸影响方法等，使得平均死亡人数有所减少，但直到今天乃至未来，煤矿爆炸还是会不可避免地发生。

谷仓和各种铣削行业的粉尘爆炸也一直存在问题。普莱斯（Price）和布朗（Brown）（1922）回顾了可追溯至 1876 年的相关事件，均为第一次爆炸扬起沉积的粉尘层，引发灾难性的二次爆炸。美国每年会发生 30~40 起谷仓爆炸，甚至在 1977 年 12 月，在 5 天之内相继发生两次灾难性的爆炸［拉思罗普（Lathrop）（1978）］：1977 年 12 月 22 日，韦斯特维戈大陆谷物加工厂发生爆炸，造成 36 人死亡，约 3 000 万美元的资本损失；1977 年 12 月 27日，加尔维斯顿农民出口谷仓发生爆炸，造成 18 人死亡，造成 2 400 万美元的资本损失。这两次爆炸极大地削弱了美国的粮食出口能力。

由于产品价格昂贵且防尘技术先进，化学和制药工业中粉尘爆炸的发生通常会受限于工艺设备，但如果设备没有得到保护，就会发生严重的损坏。

1.5.3　压力容器爆炸

1. 简单故障（惰性气体）

实际上很少发生简单的压力容器故障。其中故障的发生可能有两种方式，一种是容器在结构上有缺陷，一种是由于不当处理而受到腐蚀或应力，使得容器随时可能出故障。还有可能是用错误的电路连接或者外部火灾来加热容器，使得气体压力增加，容器的强度降低，直到发生破裂。这种情况下可以用易碎容器的技术计算出最大冲击波，而由于容器破裂得相对缓慢，实际的爆炸不会那么强烈，但这种爆炸产生的破片也可能相当危险。

还有可能发生低压压力容器的爆炸。比如一个大型锅炉在内部压力上升至 10~15 kPa时会发生爆炸，这种压力上升可能是由于本章前面几节所描述的锅炉燃烧爆炸引起的，也可能是由于大型管道或顶部破裂引起的大量蒸气泄漏，其中在后一种情况下，蒸气进入锅炉的速度在正常情况下不足以控制压力上升。在这两种爆炸中，锅炉往往首先呈圆形，可能只表现出膨胀而不受到任何表面破坏，如果事故加剧，锅炉外壳可能会被破坏，但一般来说，这种事故对周围环境的损害很小。

2. 燃烧造成失效

压缩空气管路很容易发生燃烧爆炸，其中燃料是油或木炭。它会表现出高长径比容器爆炸时典型的高度局部化破坏模式。如曾经发生过一起事故，由于工艺不当，导致压缩机油蒸气在管道中与富氧空气混合被引爆，其中许多局部管弯头后几米长液压级管道裂成长丝。

萨瑟兰（Sutherland）和韦格特（Wegert）（1973）曾介绍由高压乙炔的放热分解（以及

随后的爆炸）引起的一种特殊管道爆炸，爆炸穿过了约 7 英里的管道，但由于设计适当，管道并没有爆炸，且阻断爆炸的装置使爆炸在进入工艺单元之前就停止了传播。

3. 内容物燃烧之后失效

这种类型的爆炸所造成的破坏与上面"简单故障（惰性气体）"类型的爆炸相似。其主要的区别在于火球的大小取决于释放的气体燃料量，而当加压的气体燃料储存在罐子中时，每单位体积储存的能量要比液化燃料少得多，因此，这些火球远没有 BLEVE（沸腾液体膨胀蒸气爆炸）中产生的火球严重。

4. 在失效之前化学反应失控

化学反应釜爆炸主要是因为正在发生的放热反应失控（如催化剂过多、冷却不足、搅拌不足等）。这种类型的爆炸应与容器内容物爆炸形成对比。在化学反应釜中反应失控的情况下，压力恢复得非常缓慢，容器通常以延展的模式破裂，如果内容物是气态的，那么这个破裂就相当于压力容器的爆炸；如果内容物是液态的，且通常高于闪蒸温度，爆炸就像 BLEVE。韦森特（Vincent）（1971）曾描述了一个硝基苯胺反应釜的灾难性爆炸和一个储存不纯甲酚容器中失控的反应。通常只有化学工业领域较为关注失控的化学反应堆爆炸，但虽为孤立事件，也可能涉及公共利益，需要更多的关注。

5. 失效之前核反应堆失控

针对核反应堆失控或堆芯熔毁，我们已经预想了许多后果。其中问题包括内部燃烧爆炸对安全壳造成的灾难性破坏［帕尔莫（Palmer）（1976）］，或一个简单的压力爆炸。由于核反应堆的构造方式特征，使得意外事故不可能产生任何类似原子弹爆炸的情况。而最严重的事故场景是堆芯熔毁、反应堆容器或安全壳结构熔化以及与环境中较冷液体混合发生的物理爆炸。然而，核反应堆失控会导致安全壳的灾难性爆炸，它本身引起的危险意义不大，而是随之而来的放射性物质长期释放，会对爆炸现场的环境等造成更巨大又长久的破坏影响。

1.5.4　沸腾液体膨胀蒸气爆炸（BLEVE）

这种特殊类型的爆炸源于一种比较具体的事件类型，即蒸气压力远高于大气压力时而发生的延展性容器破裂，发生的顺序如下：由于某种原因，这种延展性容器发生了破裂，由于材料是韧性的，撕裂过程相对缓慢，只产生少量的较大破片，又由于金属破片背后的液体蒸发非常迅速，使得破片被抛出非常远的距离，在这种情况下，液体闪蒸产生的气体反向推力作用到破片上，可以产生相对较高的初速度，而破裂所产生的冲击波通常是很小的。埃斯帕扎（Esparza）和贝克（Baker）（1977）曾表明，在这种情况下的流体闪蒸是一个非常缓慢的过程，压力上升很小，如果知道容器爆炸瞬间闪蒸液体上方自由蒸发空间的体积，就可以很好地估计最大的冲击波。

1. 外部加热

如果容器内液体是可燃的，且 BLEVE 是由外部火灾引起的，则会发生复杂的燃料积聚。BLEVE 产生一个火球，其持续时间和大小由 BLEVE 发生时封闭在容器中的流体总质量决定。如果储罐相对较大，这个火球的辐射会导致暴露在外的皮肤表面烧伤，以及附近的可燃材料着火。

到目前为止，最严重的 BLEVE 发生在铁路运输事故中，包括可燃高蒸气压力液体，如液体石油气（LPG）、丙烷、丙烷、丁烷、氯乙烯等。典型的情况是，将许多罐车连接在一起的货运列车脱轨，油箱混乱堆放，车上的油箱破裂或被刺穿，释放出的气体点燃加热邻近的罐车，导致油罐车上的安全阀打开，从而产生更多的着火点，这些被加热的油罐车热传导最终导致发生 BLEVE，并抛出油罐车破片（见图 1.32）、小型冲击波以及火球。

图 1.32　火箭发射后新月城 BLEVE 的罐车部分

希尔维特（Siewert）（1972）曾记录 84 起这样的事故，并提出破片所经过的距离可以在对数正态概率尺度上绘制成一条直线，而且 95% 的随机破片都是在半径 700 m 范围内发现的。如美国某铁路油罐车 BLEVE 产生的火球，最初接触到半径约 60 m 的地面，点燃半径约 350 m 范围内的易燃物品，因此，即使爆炸造成的破坏不是很严重，但这种类型的事故也可能是灾难性事故。当然，化工厂的火灾也经常会导致储罐或桶在火灾过程中发生 BLEVE。

2. 化学反应釜失控

含有高压液相的化学反应器经过放热化学反应可能会发生 BLEVE。

1.5.5　无约束的蒸气云爆炸

无约束的蒸气云爆炸也是由一系列特殊的事件组成的。首先第一个事件是大量的可燃碳氢化合物泄漏到地面或地面以上的开放大气中，这种情况可能发生在化工厂的综合设施中，也可能发生在运输环境中，还有可能发生在较远区域中，如管道爆炸。在上述情况中，一旦发生泄漏，就可能发生这样 4 种情况：①发生的泄漏可能在本质上无害而消散，无须考虑点火；②泄漏可能会在释放后立即被点燃，但只会发生火灾，一般不会爆炸；③泄漏物可以分散在一大片区域内，经过一段时间后可燃云被点燃，导致发生一场大火；④上述第三种情况发生后，火焰传播在某种程度上达到足以产生危险冲击波的程度。达文波特（Davenport）（1977）记录了第一、三、四种情况发生的统计数据。由于直接点火通常不会造成爆炸危险，因此通常认为第二种情况是一种单独的情况。

由于在适当气象条件下，点火发生前可燃气体泄漏至开放空间，会产生非常大的可燃混合云，因此无约束的蒸气云爆炸可能是大规模且非常危险的。其中最严重也是研究最广泛的无约束蒸气云爆炸发生在 1974 年 6 月，英国弗利克斯伯勒附近的尼普罗化工厂，调查发现一条 0.5 m 直径的临时连接管失效，导致在 850 kPa 的压力下通过两条直径为 0.7 m 的软管释放出约 45 t 环己烷，温度为 155 ℃，这种燃料迅速蒸发并在整个工厂区域内生成大规模的蒸气云，且可能是在距离释放点一段距离的氢气厂炉子发生点火。点火能量并不是很高，在火焰加速过程发生之前，厂区发生了一场大火，产生了冲击波，对工厂和一英里外的房屋造成了严重破坏。这次事件造成 28 人死亡，89 人受伤，工厂及其周边地区的损失约为 1 亿美元。

1972 年 1 月东圣路易斯事件是在运输中发生无约束蒸气云爆炸事故的典型案例。在一般情况下，火车车厢在山顶发出，通过相应操作将车厢引导至正确的轨道，而轨道上有制动器，可在车厢到达适当位置时使车厢减速，但是，由于在发出一节装有丙烯的车厢时，刹车没有能够正常工作，使其以很高的速度撞上了其他车厢，导致丙烯车油箱被破坏，并沿着铁路行驶了大概 500 m 同时泄漏出丙烯，最终形成燃料云并被点燃发生火灾，而后发生了严重的爆炸，造成 176 人受伤，财产损失约 760 万美元。

还有一起罕见事故发生在 1970 年密苏里州富兰克林县［NTSB（1972）］，其中蒸气云作为一个单位被引爆。事件大概过程是：一条地下管道爆裂，而管道中含有的压力为 7 MPa 的丙烷在管道上方形成一个喷泉，使得燃料 - 空气混合物顺风而下，在一个大型山谷内弥散开来，当云层高度约为 6 m 时，位于山谷另一端的混凝土建泵房发生了内部爆炸，直接引爆了燃料云。

密苏里州富兰克林县的 TNT 当量是由伯根斯（Burgess）（1973）根据泄漏燃料总量的燃烧能量计算出来的，约为 7.5%。萨蒂（Sadee）（1977）确定了弗利克斯伯勒发生爆炸的 TNT 当量大约为 5%，而东圣路易斯发生爆炸的 TNT 当量大约为 0.2%，同样也是基于泄漏燃料的燃烧能量计算的。根据粗略的经验，建议假设爆炸的 TNT 当量相当于可能发生最大溢出的燃料燃烧能量的 2%，上限约为 10%，来估计无约束蒸气云爆炸的破坏能力（关于估计火球特性和影响的方法，见第 4 章）。

当然有很多例子表明，石油泄漏点燃后并不会产生破坏性的冲击波［NTSB（1973）］。如 1974 年，印第安纳州格里菲斯发生了最大规模的石油泄漏事故，直径为 0.46 m 的管道连接到一个体积为 45 000 m² 的地下蓄液池，压力为 19.6 kPa 的液体丁烷因意外情况由喷嘴喷出，一直持续了 7 小时后，烟羽被点燃，而点火后火焰传回源头，在没有产生破坏性冲击波的情况下燃烧起来。

参 考 文 献

［1］TOWNSEND D I. Hazard Evaluation of Self - Accelerating Reactions［J］. Chemical Engineering Progress，1977：80 - 81.

［2］TUCK C A. NFPA Inspection Manual［R］. Fourth Edition. Boston，Massachusetts：National Fire Protection Association，1976.

［3］KRAZUISKI J L，BUCKIUS R O，KRIER H. Coal Dust Flames：A Review and Development of a Model for Flame Propagation［J］. Prog. Energy Comb. Sci.，1979：31 - 71.

［4］JARVIS H C. Butadiene Explosions at Texas City - 1［J］. Chemical Engineering Progress，1971：41 - 44.

［5］JARVIS H C. Butadiene Explosions at Texas City - 1［J］. Loss Prevention，1971：57 - 60.

［6］ LEES F P. Loss Prevention in the Process Industries：Hazard Identification，Assessment and Control ［R］. London，England：Butterworths，1980.

［7］ WHEATON E L. Texas City Remembers ［R］. San Antonio，Texas：Naylor Company，1948.

［8］ FEEHERY J. Disaster at Texas City ［R］. Amoco Torch，1977.

［9］ OSTROOT G. Explosions in Gas and Oil Fired Furnaces ［J］. Loss Prevention，1972：112 – 117.

［10］ HALVERSON，LCDR F H. A Review of Some Recent Accidents in the Marine Transportation Mode ［J］. Loss Prevention Journal，1975：76 – 81.

［11］ ALDIS D F，LAI F S. Review of Literature Related to Engineering Aspects of Grain Dust Explosions ［R］. U. S. Department of Agriculture Miscellaneous Publication，No. 1375，1979.

［12］ ANTHONY E J. Some Aspects of Unconfined Gas and Vapor Cloud Explosions ［J］. J. Hazardous Materials，1977：289 – 301.

［13］ ANTHONY E J. The Use of Venting Formulae in the Design and Protection of Building and Industrial Plant from Damage by Gas or Vapor Explosions ［J］. J. Hazardous Materials，1977：23 – 49.

［14］ CYBULSKI. Coal Dust Explosions and Their Suppression ［R］. Translation TT73 – 54001. Springfield，Virginia：U. S. Department of Commerce NTIS，1975.

［15］ PRICE D J，BROWN H H. Dust Explosions：Theory and Nature of Phenomena，Causes and Methods of Prevention ［M］. Boston，Massachusetts：NFPA，1922.

［16］ BROWN J A. A Study of the Growing Danger of Detonation in Unconfined Gas Cloud Explosions ［R］. Berkeley Heights，New Jersey：John Brown Associates，Inc. ，1973.

［17］ LATHROP J K. Fifty – Four Killed in Two Grain Elevator Explosions ［J］. Fire Journal，1978，72（5）：29 – 35.

［18］ SUTHERLAND M E，WEGERT H W. An Acetylene Decomposition Incident ［J］. Loss Prevention ，1973，7：99 – 103.

［19］ VINCENT G C. Rupture of a Nitroaniline Reactor ［J］. Loss Prevention，1971，5：46 – 52.

［20］ ESPARZA E D，BAKER W E. Measurements of Blast Waves From Bursting Frangible Spheres Pressurized with Flash – Evaporating Vapor or Liquid ［R］. National Aeronautics and Space Administration：NASA Contractor Report 2811 Contract NSG – 3008，1977.

［21］ SIEWERT R D. Evacuation Areas for Transportation Accidents Involving Propellant Tank Pressure Bursts ［R］. NASA Technical Memorandum X – 68277，1972.

［22］ DAVENPORT J A. A Survey of Vapor Cloud Incidents ［R］. CEP，1977.

［23］ SADEE C，SAMUELS D E，O'BRIEN T P. The Characteristics of the Explosion of Cyclohexane at the Nypro（UK）Flixborough Plant on July 1，1974 ［J］. Journal of Occupational Accidents，1977，1：203 – 235.

第 2 章

爆炸冲击波的特征

2.1 引　言

一般来说，能量在极短时间内从极小的体积中释放，产生一个远离爆炸源的有限振幅的压力波，我们就说在大气中发生了爆炸。当然，破坏性爆炸可能会发生在各种不同的介质中，比如空气中、水中或者土壤中。其中，水中或土壤中的爆炸大都是出于军事等目的人为制造的。在本书中，我们只关注空气中产生的爆炸。

有许多过程会导致空气中的爆炸。表 2.1 是一份爆炸源的列表，其中包括自然爆炸、人为爆炸和事故爆炸。表 2.1 按照能量释放的类型列出，包括用于表征爆炸特性和研究爆炸源的理论模型，通常情况下这些模型都是由真实过程理想化得来的。

表 2.1　爆炸的类型 ［Strehlow（斯特雷洛）和 Baker（贝克）（1976）]

爆炸源理论模型	自然爆炸	人为爆炸	事故爆炸
理想点源	打雷	核武器	凝聚相爆炸（有约束/无约束）
理想气体	火山喷发	凝聚相高能炸药	外壳内的燃烧爆炸
真实气体	流星坠落	爆破	气体和蒸气
自相似（无限能量）	—	云爆武器（FAE）	粉尘爆炸
爆破球坡面添加（火花）	—	枪炮弹药	压力容器
活塞	—	推进剂	沸腾液体膨胀蒸气爆炸（BLEVE）
反应波	—	激光火花	无约束蒸气云爆炸

本章 2.2 节和 2.3 节从爆源特性出发，分别介绍理想爆炸和非理想爆炸的冲击波的形成过程及传播规律，2.4 节介绍常见爆炸场景中冲击波参数的经验计算方法，2.5 节将介绍冲击波参数的试验测试技术。第 3 章将着重介绍冲击波载荷对结构的作用过程以及冲击波危险性的评估。

2.2　理想爆炸

2.2.1　爆炸源特性

空气中爆炸冲击波的特性会受到爆炸源特性的强烈影响。爆炸源的特性包括：总能量

E，能量密度 E/V 和能量释放速率（即功率），爆炸源的特性决定了所产生的冲击波的超压、持续时间等。表 2.1 列出的爆炸源中有四类爆炸源具有非常高的能量密度和功率，它们产生的冲击波具有相似的特征，都能达到引起结构完全破坏的超压和冲量水平。有研究发现，定义这些"理想"爆炸产生的爆炸波可以不考虑能量密度和爆炸源的功率，而完全由一个参数定义，即总源能量。这四类"理想"的爆炸源分别是点源、核武器、激光火花和凝聚相炸药。本书对核武器和激光火花爆炸不做过多讨论。

点源爆炸是一种具有重要理论意义的数学近似。而凝聚相炸药的能量密度很高，会产生理想冲击波，且现存的关于理想冲击波的试验数据大多都是通过引爆凝聚相炸药积累的，因此讨论凝聚相炸药产生的爆炸对研究意外爆炸非常重要。

下面介绍几种军用和民用的凝聚相炸药，大部分在室温下是固体，还有些是液体或者半固体（凝胶状）。典型的军用固态炸药是 TNT；典型的民用爆破炸药包括各种甘油炸药。硝化甘油是一种烈性液态炸药，很少直接使用，通常作为甘油炸药和高能推进剂的一种组分。大多数凝聚相炸药的能量密度范围非常小，通过表 2.2 第三列的 TNT 当量就可以看出来。根据单位质量的能量计算，能量最高的爆炸混合物可能是液氢和液氧的化学计量混合物（虽然此混合物极不稳定），其能量密度可达 16 700 kJ/kg。这个值表明，不可能存在威力是 TNT 的 3.7 倍以上的炸药（TNT 的能量密度为 4 520 kJ/kg）。对于指定的炸药种类和初始装药密度来说，大多数凝聚相炸药产生的爆炸具有以恒定速率传播的性质，此速率称为爆速 D。通常情况下，炸药的爆速范围是从爆破药的 1.5 km/s 到军用炸药的 8 km/s。表 2.2 列出了一些常见的烈性炸药的特性。

表 2.2 某些烈性炸药的换算系数（TNT 当量）

炸药	能量密度 /(kJ·kg⁻¹)	TNT 当量	密度 /(Mg·m⁻³)	爆速 /(km·s⁻¹)	爆压 /GPa
RDX	5 360	1.185	1.65	8.70	34.0
HMX	3 680	1.256	1.90	9.11	38.7
亚硝胍	3 020	0.668	1.62	7.93	—
PETN	5 800	1.282	1.77	8.26	34.0
Pentolite 50/50 （50% PETN，50% TNT）	5 110	1.129	1.66	7.47	28.0
叠氮化银	1 890	0.419	5.10	—	—
特屈儿	4 520	1	1.73	7.85	26.0
TNT	4 520	1	1.60	6.73	21.0
Torpex （42% RDX，40% TNT，18% Al）	7 540	1.667	1.76	—	—
C-4 （91% RDX，9% 塑化剂）	4 870	1.078	1.58	—	—
特里托纳尔	7 410	1.639	1.72	—	—

注：本表中的能量密度和 TNT 当量值基于报告的爆轰或爆炸比热试验值，计算值通常比表中第一列给出的值稍大。

2.2.2　冲击波特性

当冲击波在空气中传播或与结构相互作用时，压力、密度、温度和介质质点速度会发生迅速的变化。冲击波波阵面的到达时间、速度和整段时间内的超压变化是相对容易测量的，密度的变化以及质点速度随时间的变化测量起来相对困难，同时对温度变化的测量也没有可靠的方法。

通常情况下，我们定义和测量的是在空气中不受干扰地传播的冲击波性质。

图 2.1 显示了理想冲击波的一些特性。在冲击波波阵面到达之前，压力为环境压力 p_0。在冲击波波阵面到达时间 t_a 时，压力上升至峰值 $p_s^+ + p_0$（在理想冲击波中是突然上升的）。之后压力在总时间 $t_a + T^+$ 时衰减到环境压力，之后又衰减为负值 p_s^- 的部分真空，最终在总时间 $t_a + T^+ + T^-$ 时恢复至环境压力 p_0。p_s^+ 通常被称为侧向峰值超压，或者简称为峰值超压。压力高于 p_0 的时间称为正相时间 T^+，低于 p_0 的时间称为负相时间

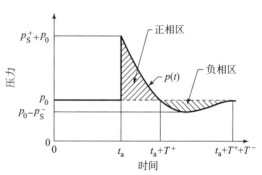

图 2.1　理想冲击波结构

T^-。正相和负相的比冲量都是重要的冲击波参数，定义如下：

$$i_s^+ = \int_{t_a}^{t_a + T^+} [p(t) - p_0] dt \tag{2.1}$$

$$i_s^- = \int_{t_a + T^+}^{t_a + T^+ + T^-} [p_0 - p(t)] dt \tag{2.2}$$

在大部分的爆炸研究中，我们通常只考虑与正相相关的冲击波参数（因此正号经常省略），而忽略冲击波的负相。但是最近有一些研究表明负相冲击波和二次爆炸可能对冲击波的空间分布相当重要。理想的冲击波参数（超压和冲量）基本上不能代表爆炸施加在结构上的真实载荷，所以需要定义一些其他特征来描述更加接近真实情况的爆炸载荷，或者提供载荷的上限。这些特征包括：密度 ρ；质点速度 u；冲击波波阵面速度 U；动压 $q = \rho u^2 / 2$。

动压 q 通常被认为是冲击波的特性，它在研究阻力效应和弹头着靶的过程中起着重要作用。某些情况也涉及阻力比冲量，定义为：

$$i_d = \int_{t_a}^{t_a + T} q dt = \frac{1}{2} \int_{t_a}^{t_a + T} \rho u^2 dt \tag{2.3}$$

虽然可以确定冲击波中的势能或动能，但是在空气爆炸中并不经常考虑这些特性。对于水下爆炸，"能流密度"这个定义更常用。定义如下：

$$E_f = \frac{1}{\rho_0 a_0} \int_{t_a}^{t_a + T} [p(t) - p_0]^2 dt \tag{2.4}$$

式中，ρ_0 和 a_0 是冲击波波阵面在水中的密度和声速。

在冲击波前沿，波的特征参数通过兰肯 – 雨贡纽（Rankine – Hugoniot）方程组相互关

联。三个守恒方程中最常用的两个是动量守恒方程和能量守恒方程：

$$\rho_s(U - u_s) = \rho_0 U \tag{2.5}$$

$$\rho_s(U - u_s)^2 + p_s = \rho_0 U^2 + p_0 \tag{2.6}$$

在这些方程中，下标 s 指的是紧跟着冲击波前沿后的峰值，而总压力或者是绝对峰值压力由下面的公式给出：

$$p_s = p_s + p_0 \tag{2.7}$$

2.2.3 点源冲击波

"点源"冲击波是在均匀大气中的一个无穷小的点上瞬间释放能量而产生的。研究者对点源冲击波的性质进行了许多研究，包括在"真实气体"中和在"理想气体"（$\gamma = 1.4$）中的起爆，水中的起爆也有研究［科尔（Cole）（1965）］。点源冲击波研究可追溯到第二次世界大战［贝斯（Bethe）等人（1944）、泰勒（Taylor）（1950）、布林克利（Brinley）和柯克伍德（Kirkwood）（1947）以及马基诺（Makino）（1951）］。科罗贝尼克夫（Korobeinikov）等人（1961）、樱井（Sakurai）（1965）、李（Lee）等人（1969）和奥本海默（Oppenheim）等人（1971）对其进行了总结，本书将对此进行简要回顾。

点源冲击波从爆源开始传播算起基本上可分为三个区域。第一个是"近场"区，其中冲击波压力非常大，在该区域，冲击波结构允许自相似解，且解析公式较为成熟［贝斯等人（1944）、泰勒（1950）、布林克利和柯克伍德（1947）以及马基诺（1951）］。该区域之后是中间区域，这一区域具有重要意义，因为该区域的超压和冲量足够高，足以造成重大破坏，但不能采用解析的方式求解，必须通过数值求解。中间区域之后是远场区域，该区域存在解析近似值，因此，若能在一个远场位置得出超压－时间曲线，就可以很容易地为其他远场区域构建类似的超压－时间曲线。

有理论证据表明，在远场区域一定会形成"N"形波，并且正相阶段的冲击波是自持的，冲击波结构不受内部流动的影响。然而，由于大气不是均质的，更趋向于环绕先导冲击波，因此在试验上很难确定这种"N"波是否真的存在。

2.2.4 标度律

通过标度律来研究爆炸冲击波的特性是一种常见的做法，即以小规模爆炸试验的结果为基础来预测大规模爆炸产生的冲击波特性。在海拔为零处的大气条件下进行的试验结果，也可以用于预测在高海拔下产生的冲击波的特性。贝克等人（1973）推导出了冲击波特征标度律，本节我们将介绍这些常用规律。

最常见的定律是霍普金森－克兰兹（Hopkinson - Cranz）或"立方根"标度律。这一定律由霍普金森（1915）和克兰兹（1926）独立提出。该定律指出，如果两个炸药种类相同且几何形状相似，只有大小不同，那么当它们在相同的大气条件下爆炸时，就会在相同的标度距离上产生相似的冲击波。通常使用有量纲参数 $Z = R/E^{1/3}$ 作为标度距离，其中 R 为到爆源中心的距离，E 为炸药的总能量（有的文献中这一项采用的是爆炸物的质量）。图 2.2 为霍普金森－克兰兹冲击波标度律的示意图。观测点与特征长度为 d 的爆源的距离为 R，会受到峰值超压为 p，持续时间为 T 的冲击波。$p - T$ 曲线的积分是冲量 i。霍普金森－克兰兹标度律表明，在同样的大气环境下，特征长度为 λd 的相似爆炸源爆炸时，距离其中心为 λR

处的观测点会观测到波形相似的冲击波，其峰值超压为 p，持续时间为 λT，冲量为 λi。所有的特征参数都是与相同的因子 λ 成比例的。在霍普金森－克兰兹标度律中，压力、温度、密度和速度在相应的时间内保持不变。霍普金森－克兰兹标度律在过去进行的众多爆炸试验中已经得到了充分验证。

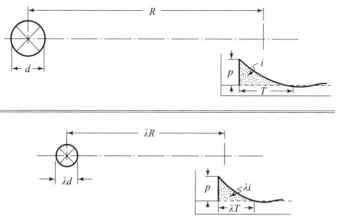

图 2.2　Hopkinson－Cranz 冲击波标度律

萨赫斯（Sachs）（1944）标度律被普遍应用于预测高空爆炸冲击波的特性。斯珀拉扎（Sperrazza）（1963）给出了萨赫斯定律的详细证明。萨赫斯定律指出，无量纲超压和无量纲冲量可以表示为无量纲标度距离的唯一函数，其中的无量纲参数包括爆炸前环境大气条件的量。萨赫斯标度压力是爆炸压力与环境大气压力之比，即

$$\overline{p} = (p/p_0) \tag{2.8}$$

萨赫斯标度冲量定义为：

$$\overline{i} = \frac{ia_0}{E^{1/3}p_0^{2/3}} \tag{2.9}$$

其中 a_0 表示环境声速。这些量是无量纲标度距离的函数，其定义为：

$$\overline{R} = \frac{Rp_0^{1/3}}{E^{1/3}} \tag{2.10}$$

杜威和斯珀拉扎（1950）最早给出了萨赫斯定律的主要试验证明。

贝克（1973）给出了计算烈性炸药当量的标准换算系数（TNT 当量）。利用这些换算系数和标度距离 $\overline{R} = Rp_0^{1/3}/E^{1/3}$，我们绘制了无量纲峰值超压 $(p_s - p_0)/p_0$ 相对于 $\overline{R}$ 的曲线，如图 2.3 所示，数据来源于许多已发表的资料，值得注意的是，虽然这些数据的来源不同，但其结果的分散程度较低，贝克（1973）首先观察到了这一现象，他的曲线基于彭托利特（Pentolite）（50% PETN/50% TNT）的试验数据，看上去位于其他曲线的中间。为了进一步验证结论，图 2.4 涵盖了一个更大的超压－标度距离区域，显示了不同试验结果的总体分散程度。在这条曲线中，阴影区域代表其他不同曲线覆盖的总范围。图 2.5 显示了贝克（1973）提供的冲量曲线，其试验数据来源于不同的资料。

对于冲击波的远场行为一直存在争议。贝克（1973）认为冲击波远场参数与 $1/R$ 相关，然而贝瑟（Bethe）（1947）、桑希尔（Thornhill）（1960）和古德曼（Goodman）（1960）认

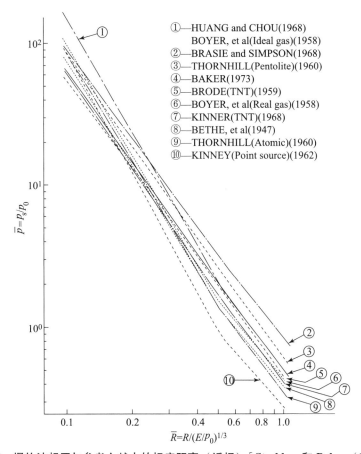

①—HUANG and CHOU(1968)
　　BOYER, et al(Ideal gas)(1958)
②—BRASIE and SIMPSON(1968)
③—THORNHILL(Pentolite)(1960)
④—BAKER(1973)
⑤—BRODE(TNT)(1959)
⑥—BOYER, et al(Real gas)(1958)
⑦—KINNER(TNT)(1968)
⑧—BETHE, et al(1947)
⑨—THORNHILL(Atomic)(1960)
⑩—KINNEY(Point source)(1962)

图 2.3　爆炸波超压与参考文献中的标度距离（近场）[Strehlow 和 Baker（1976）]

为应与 $1/R(\ln R)^{1/2}$ 相关，波采尔（Porzel）（1972）则认为试验数据显示为与 $1/R^{4/3}$ 相关。为了进行比较，我们在图 2.4 中将 $\bar{R} > 10^2$ 时无量纲超压与 $1/\bar{R}(\ln\bar{R})^{1/2}$ 以及 $1/\bar{R}$ 相关的两条曲线，分别用虚线和实线表示，它们在远场的差别其实是很小的。这个问题没有实际意义，由于这样两个原因：首先，沃伦（Warren）（1958）发现在远场测量的超压数据分散程度比较大，这无疑是由于真实大气中的折射和聚焦效应引起的。他还发现，先导冲击波会在远场消失，而压力会缓慢上升，这也是意料之中的，这种现象是由于大气的不均匀性造成的。其次，冲击波在远场造成的破坏很小。因此，对其进行研究的实际意义不大。

在有关化学爆炸和核爆炸的文献中，在不同标度距离范围内，关于爆炸参数的记录也很多。一些比较完整的文献来源包括：与烈性炸药相关的古德曼（1960）、贝克（1973）、施威斯达克（Swisdak）（1975）、金戈里（Kingery）（1966）；与核爆炸相关的金戈里（Kingery）（1968）、格拉斯通（Glasstone）（1962），以及多兰（Dolan）（1977）。表 2.2 中的换算系数包括了一些现有的烈性炸药。只需将测得的爆热与 TNT 或彭托利特的爆热进行比较，就可以容易地获得其他烈性炸药的爆炸参数。在比较位于自由空气中爆炸源的数据和位于反射良好的地面爆炸源的数据时，我们需要较为谨慎。如果地面反射系数为 1.8，那么像 TNT 这种化学爆炸在地面的爆炸数据与在空气中爆炸的数据具有相关性，即在地面爆炸所产生的能量大概是在空气中爆炸的 1.8 倍。

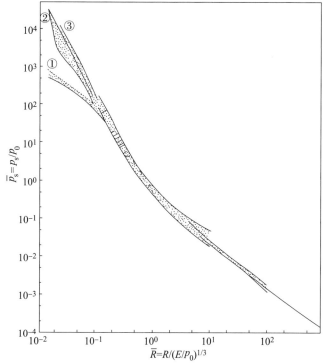

①烈性炸药；②核爆炸；
③点源。右下角的虚线表示
$1/[\bar{R}(\ln \bar{R})^{1/2}]$相关性，实线
表示$1/\bar{R}$依赖性。

图 2.4　爆炸波超压与爆炸波标度距离的关系（参考图 2.3）

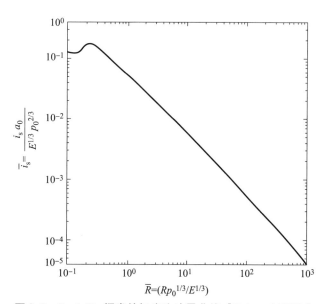

图 2.5　Pentolite 爆发的标度比冲量曲线［Baker（1973）］

　　如果地面是一个完美的反射面，没有能量会因为地表震动或者形成爆坑而耗散，那么能量的反射系数应该是 2，爆炸的下半球所产生冲击波的全部能量，都反射到上半球产生的空气冲击波中。理想的反射系数 2 和经验观测到的反射系数 1.8 之间的差异，就是地表震动或

者形成爆坑而耗散掉造成的。

由于我们常用 TNT 作为比较烈性炸药爆源和核爆炸源产生的冲击波的基础，因此，其在海拔为零、标准大气条件下的标准曲线非常有用。

2.2.5　波的能量分布特性

描述爆炸冲击波传播过程最重要的特征之一是系统中的能量分布，以及能量分布随时间的变化规律。最初，所有的能量都以势能的形式储存在爆炸源中。在爆炸瞬间，势能重新分配，在系统的不同区域分配不同的动能和势能，这个时候系统既包括了其内部原来含有的全部材料，也包括了先导冲击波。这个系统是不稳定的，一方面因为前导冲击波前沿不断地卷入新材料，另一方面是因为系统各部分各种形式的能量的相对分布会随时间变化。

为了更详细地讨论这个问题，我们将对这个系统进行一定程度上的理想化。假设：①爆炸波严格按球形向无限远范围的均质大气中传播；②爆源由两部分组成，包括含能材料（爆源）和惰性约束材料，在爆炸过程中这些材料不会彼此互相混合或者与外部的大气混合；③冲击波的形成过程只看作是环境大气的能量分散过程。根据这些假设，随着爆炸传播，爆炸源的势能会在不同的时间和位置以不同的形式分布。这些形式包括以下 6 种。

（1）波的能量。

波的传播包含内能：

$$E_P = \int_V \rho C_V (\theta - \theta_0) \, \mathrm{d}V \tag{2.11}$$

和动能：

$$E_K = \int_V \frac{1}{2} \rho u^2 \, \mathrm{d}V \tag{2.12}$$

式中，V 是由前导冲击波所包围的大气体积。该体积不包括爆炸产物或者惰性约束材料所占的体积。因此，在爆炸后期，当爆炸源和约束材料的动能为零，冲击波振幅又小到可以忽略不计时，系统中波的总能量（$E_T = E_P + E_K$）一定随时间保持恒定。因此，这种远场中波的能量是每个爆炸过程的一个独特性质。

（2）大气中的残余能量（耗散能量）。

在大多数爆炸中，外部大气的一部分被有限振幅的冲击波穿过，这个过程不是等熵过程，当它回到初始压力后，大气的温度会上升，后期这些剩余能量也将达到恒定值，贝瑟（1944）称之为耗散能量。

（3）破片（约束材料）的动能和势能。

初始阶段，由于爆炸加载的作用，约束材料将被加速，并且由于塑性流动和热传导等过程，材料中也将储存一些势能，所有材料最终将减速到零，此时所有材料中储存的势能主要是会增加破片的热能。

（4）爆炸源材料的动能。

在任何涉及有限体积爆炸源的爆炸中，爆炸过程将使源材料或其产物运动。当所有的运动在近场停止时，源材料的动能最终将衰减为零。

（5）爆炸源材料的内能。

爆炸源最初以内能的形式包含了爆炸过程中的所有能量，随着爆炸过程的进行，一部分内能被重新分配到其他地方，另一部分通常保留在爆源的高温产物中。虽然这些储存的能量最终会通过混合而消耗掉，但是这个过程相对于冲击波的传播过程来说是较为缓慢的，为了达到研究目的，我们可以假设产物中储存的剩余能量在爆炸后期接近一个常数值。

（6）辐射能。

辐射能量会迅速耗散到爆炸系统的其余部分，并在爆炸过程的较早期达到一个恒定值。

图 2.6 说明了冲击波的能量是如何随着时间的变化而重新分配的。注意，当冲击波在后期成为远场波时，系统中包含波的内能和动能、大气中的残余能量（耗散能量）、破片中的势能和产物的势能，此外，在通常情况下还会有部分能量以辐射的形式从系统中损失掉。一般只有核爆炸的情况下，辐射损失才占据总能量中的大部分。关于图 2.6，可以做一些简要的说明：

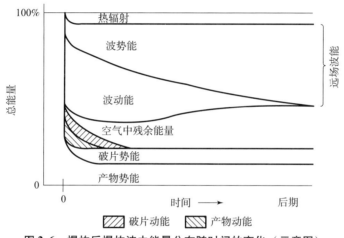

图 2.6　爆炸后爆炸波中能量分布随时间的变化（示意图）

$\big[$**Strehlow 和 Baker（1976）**$\big]$

在远场中，实际上只有总能量的小部分以波的能量形式出现。占最初总能量的比例取决于爆炸过程本身的性质。例如，核爆炸的 TNT 当量大约是预期总能量的 0.5 ~ 0.7。更重要的一点是，在实际的爆炸事故中爆炸源的体积非常大，通常释放储存能量的速度相对较慢，因此对于这种爆炸，人们认为能量释放效率是与释放过程中的性质相关的函数。布林克利（1969 和 1970）用理论方法讨论了这个问题，即能量缓慢释放代表很大一部分爆炸源能量转化为冲击波能量而损失掉，但这一结论未经试验证明。此外，阿丹奇克（Adamczyk）和斯特雷洛（Strehlow）（1977）对爆炸球体的研究表明，爆炸源与周围最终的能量分布是爆炸时球面压力与温度的强函数。

2.3　非理想爆炸

2.3.1　非理想爆炸简介

表 2.1 中的意外爆源的能量密度大多比理想爆源低得多，能量释放的时间有限，还需要

一定的约束来产生爆炸。化学反应器容器爆炸通常涉及内部失控的化学反应，这种失控化学反应部分与约束效应有关，并会一直进行到压力超过容器的爆破压力为止。封闭空间内的气体和粉尘爆炸，在没有约束的情况下，通常只会引起火灾。如果容器的约束足够坚实，那么惰性气体的简单压力容器失效也可能成为爆炸源。在各种意外爆炸的类型中，少数不强烈依赖于约束的非理想爆炸源是无约束蒸气云爆炸，还有物理爆炸。

2.3.2 球面波、能量密度和能量聚集时间

大量系统研究表明，产生非理想冲击波的爆源有两个基本性质，即爆炸源能量会在某个有限时间段内聚集在某个有限体积空间区域中，爆炸源的这两种非理想性都会导致冲击波的非理想性。

考虑图 2.7 中所示的两个极端情况，将能量 Q 以两种方式加到一个有限尺寸的球形区域中。第一种情况是，如果加入的速度非常缓慢，低于声音穿过这个球的速度，区域内压力就保持恒定，对周围环境做的功为 $E_S = p_0 (V_f - V_0) = NR (\theta_f - \theta_0)$（见图 2.7（b））。在这种情况下，虽然对周围环境做了功，但是没有冲击波产生。第二种情况是，如果加入的速度非常快，在发生体积膨胀之前，区域内压力快速上升至 p_2，此时 $Q = NC_V (\theta_2 - \theta_0)$（见图 2.7（c））。气体是理想多方气体时，方程式（2.13）是布罗德（Brode）（1955）给出的计算储存在爆炸球体中能量的公式。如果用球体中的初始能量将这个表达式无量纲化，则可以得到球体中能量密度的表达式（2.14）。

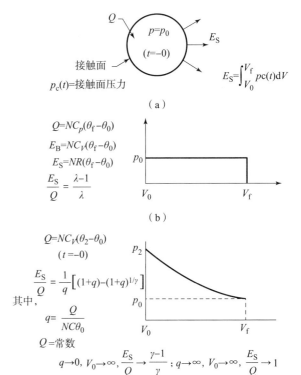

图 2.7 固定 γ 理想气体的能量聚集
（a）示意图；（b）恒压能量加入；
（c）定容绝热膨胀

$$Q = \frac{(p_2 - p_0) V}{\gamma - 1} \tag{2.13}$$

$$q = \frac{NC_V (\theta_2 - \theta_0)}{NC_V \theta_0} = \frac{\theta_2}{\theta_0} - 1 = \frac{p_2}{p_0} - 1 \tag{2.14}$$

如果要计算对于理想过程这个能量传播到周围环境中去的部分，以及在理想过程中爆炸球缓慢膨胀克服与其瞬时压力相等的反向压力，那么就会得出

$$\frac{E_S}{Q} = \frac{1}{q} \left[(1 + q) - (1 + q)^{1/\gamma} \right] \tag{2.15}$$

这是布林克利（1969）和贝克（1973）给出的，适用于计算爆炸球体中储存的以布罗德（Brode）能量所表示的部分能量。E_S 表示球体爆炸可以对周围环境做的最大功。对于点

爆炸源中固定的 Q，当 q 趋近无穷时，E_S/Q 趋于 1；当 q 趋于 0 时，E_S/Q 趋于 $(\gamma-1)/\gamma$。从上面可以看出，对于恒压（慢速）聚集能量的情况，传递给周围环境的能量是由下面的方程给出的：

$$E_S/Q = (\gamma - 1)/\gamma \tag{2.16}$$

这里不考虑爆炸源的体积。虽然这两个过程完全不同，但这也是能量无限快速地聚集到一个非常大的体积内的极限情况。值得注意的是，在这两种极限情况下，q 趋于 0，没有爆炸发生。

对于非理想爆炸源行为很重要的第二个特性是能量添加到爆炸源区域所需的时间。可以通过实际添加能量的时间除以添加能量前声波从爆炸源中心传播到边缘的时间来进行无量纲化：

$$\tau = \frac{t_e a_0}{r_0} \tag{2.17}$$

在方程式（2.17）中，τ 是能量添加的有效无量纲时间，t_e 是能量添加的有效时间，a_0 是添加能量之前爆炸源区域内的声速，r_0 是爆炸源区域的半径。

为了确定 τ 和其他参数的重要性，斯特雷洛等人研究了爆炸球的性质：具有一系列特征时间的均匀缓慢添加的能量（本质上模拟是一个火花）、从爆炸源中心向外传播的匀速火焰和加速火焰、从爆炸区域边缘向中心传播的匀速火焰（内向爆炸）。图 2.8 使用了奥本海默（1973）提供的拉格朗日有限元微分，包含了这些类型的能量添加的示意图，以便与爆炸球进行比较。

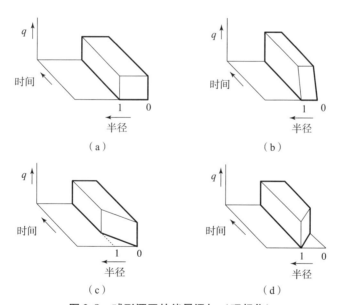

图 2.8　球形源区的能量添加（理想化）
（a）爆炸球；（b）斜坡加载（火花）；（c）爆炸（恒速火焰）；（d）内爆

对图 2.8 所示的每种能量添加类型进行了系统研究。总的来说，在近场区域，爆炸源的性质对冲击波的超压和冲量会产生显著影响。然而研究发现，如果爆炸源区域能量密度足够高，且爆炸源能量添加的特征时间 t 足够短，则这些非理想爆炸源可以得到与理想爆炸源在远场等效的超压。目前已经发现能量密度大于 8 的爆炸球会得到与理想爆炸源在远场等效的超压［里克（Ricker）（1975）］。此外，对于从爆炸源中心向外传播的匀速火焰，如果要获得超压条件下的远场等效性，则需要约 45 m/s 的有效法向燃烧速度［斯特雷洛（1979）］。另外，能量的比例正冲量 $\bar{i}$ 是守恒的，在能量比例距离大于 0.3 时，可以不考虑爆炸源区域的性质。

由非理想爆炸源产生的冲击波还有其他一些重要的特性。如果能量加载得足够缓慢，例如当燃烧爆炸的有效火焰速度小于 45 m/s 或加入的有效时间大于 0.5 时，即使能量的比例正冲量守恒，近场也不会产生冲击波。图 2.9 中图形化地说明了这一点。

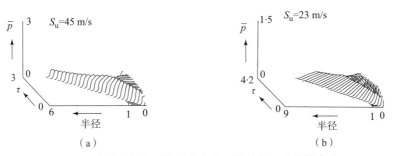

图 2.9　高速和低速燃烧波产生的爆炸波超压分布的变化

（a）高速波（注意冲击结构）；（b）低速波（注意现场无冲击）

低能量密度源的另一个典型特征是，冲击波的负相与正相是大小相当的，这与理想爆炸源产生的冲击波明显不同，瑞利（1878）最早注意到了这一点。在理想的爆炸源冲击波中，存在负相，但与正相相比通常很小，负相冲量产生的影响通常也很小。图 2.10 显示了能量密度相对较低的爆炸球体在不同位置处的压力时间曲线。在这个图中，$R=1.0$ 是爆炸源区域边缘的初始位置（不是能量的比例半径）。

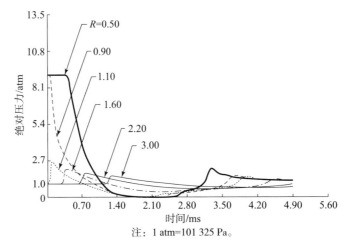

注：1 atm=101 325 Pa。

图 2.10　$q=8$ 的爆破球体的压力 – 时间变化曲线（注意负相区）

注意：R 位于爆炸源区域之外可能会出现一个很大的负相值。对于低能量密度源爆炸，这种大的负相引起的破坏与人们通常所观察到的炸药爆炸有显著不同。另外，请注意，在冲击波的负相后存在第二个激波，当爆炸源包含一个气相燃烧波或将其模拟为能量的匀速增加时，也可以看到同样的效应。

试验证实了这一结果对于含氮、氩等惰性气体的爆炸球是适用的。图 2.11 取自埃斯帕扎和贝克（1977）试验，它正确地显示了易碎玻璃球体内爆炸会完全相同的冲击波的性质。

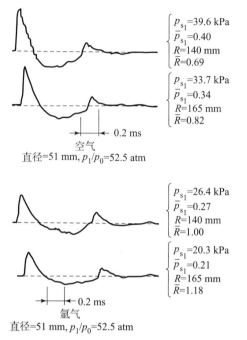

p_{s_1}=39.6 kPa
$\bar{p}_{s_1}$=0.40
R=140 mm
$\bar{R}$=0.69

p_{s_1}=33.7 kPa
$\bar{p}_{s_1}$=0.34
R=165 mm
$\bar{R}$=0.82

0.2 ms

空气

直径=51 mm, p_1/p_0=52.5 atm

p_{s_1}=26.4 kPa
$\bar{p}_{s_1}$=0.27
R=140 mm
$\bar{R}$=1.00

p_{s_1}=20.3 kPa
$\bar{p}_{s_1}$=0.21
R=165 mm
$\bar{R}$=1.18

0.2 ms

氩气

直径=51 mm, p_1/p_0=52.5 atm

图 2.11　含有高压空气或氩气的易碎玻璃球爆裂产生的压力 –时间历程示例〔Esparza 和 Baker（1977）〕

2.3.3　非球面冲击波特征

1. 二维分析

实际爆炸很少是球对称的。例如，燃料比空气重的燃料 – 空气云是外形低平的块状，不是半球状的。尽管爆裂成两片的压力容器产生的冲击波可能是轴对称的，但也不会是球面对称的。邱（Chiu）（1976）给出了一种处理非对称爆炸的方法，该理论基于惠特曼（Whitman）的"射线 – 冲击理论"和布林克利 – 柯克伍德理论，通过假设冲击波的几何形状，从理论上将冲击波的几何关系和动力学解耦，得到一组常微分方程，这个理论可以应用于加压椭球容器的爆炸，也可应用于由爆炸线爆炸产生的冲击波，结果与试验观测结果一致。

在另一种处理方法中，斯特雷洛（1981）将单声极源理论应用于计算任意形状的无约束云爆燃所产生的最大超压，他发现，即使爆燃速度相当高，冲击波的最大超压也会随着燃料云的长宽比的增加而迅速减小。这些结果将在接下来的"无约束蒸气云爆炸"一节中进行更详细的讨论。

2. 二维数值技术

对于可以进行二维简化的非球形爆炸（轴对称），可以采用几种数值方法来研究。这些格式要求已知本构关系或状态方程。随着计算流体力学、热学和化学科学领域的迅速发展，通过数值模拟技术来研究爆炸过程已经越来越流行，这里只简单地描述一些常见的数值模拟方案。

"单元粒子法"（PIC）是一种为可压缩流体问题设计的有限差分方法。在该方法中，将流场划分为拉格朗日网格或欧拉网格。选定的网格单元中是一个粒子系统，粒子的分布和粒子质量说明了爆源的初始浓度和流动状态。没有输运项的运动方程在网格中求解，输运项允许粒子根据粒子的速度作为示踪物在网格之间移动。虽然在大部分情况下，PIC 方法被其他更有效更准确的方法取代，但它具有重大的历史意义。

"单元流体法"（FLIC）与 PIC 有些相似，不同之处在于用无质量粒子作为标记物。每一个时间步的计算都有两个基本的数值计算步骤。第一步，对各个单元计算网格的速度和比内能的中间值，该步骤也包括由压力梯度引起的加速度的影响。第二步，计算输运效应 ［金特里（1966）］。自从金特里（1966）奠定了基础以来，这个算法已经得到了相当大的扩展和改进，并且可在各种情况下计算各种冲击波问题。

阿姆斯登（1973）首先描述了两种用于估算爆炸的数值方法。这两个方法为：

一种是 ICE（The Implicit Continuous – fluid Eulerian method）——隐式连续流体欧拉方法，它可以应用于一维、二维或三维条件下与时间相关的问题。

ICE – ALE 算法，也就是 ICE 和另一种方法 ALE 的结合。该方法有三个阶段：第一阶段是典型的显式拉格朗日计算。在第二阶段，迭代方法为动量方程提供了压力，为质量方程提供了密度，这排除了为求稳定而需要声信号传播速度准则的要求，允许更大的时间步长。第三阶段是对计算网格进行重新划分。"标记"粒子可以用来定位自由表面或观察整体流动。

另一种适用于二维爆炸的算法是有限元法。在有限元中，感兴趣的结构或流体区域被划分为一般形状的"单元"，每个单元都有若干节点，每个单元上都有一个插值函数，插值函数的参数是未知的。有限元法中最常用的两种形式是变分法和残差法。在变分法中，采用极值原理来推导出要解的方程，例如，极值原理可能是能量的最小化或黏性耗散最小化。对于残差法，要求近似解与真实解之间的差值很小，得到了一个待求解的一般方程，在给出一般方法后，将一种特殊形式的插值函数代入方程中，得到数值结果。

鲍利（Bowley）和普林斯（Prince）（1971）描述了有限元法应用于计算随时间变化的可压缩流体冲击波（这对于计算爆炸附近的流场是必要的），他们研究了通过管道的跨声速和超声速流动。

总而言之，许多用于计算二维爆炸问题的数值方法似乎都能满足计算要求，但是目前对数值模拟结果的准确性还缺乏足够的试验验证。

最后可以得出结论，由于数值模拟方法可以简化非常复杂的工程实际问题，数值计算变得越来越重要。随着更完善的算法的设计，以及经过实验室或现场试验获得的基本数据，能更好地描述物理现象，可以预期数值模拟方法会有很大的改进。

3. 试验测试结果

大多数真实的爆炸源都是非球形的，有的可能是规则的几何形状，如圆柱形或方形，有的也可以是形状完全不规则的。目前进行过的试验，除了圆柱形，很少有其他形状的固体炸药爆炸源。对于圆柱形装药，如图 2.12 所示，其冲击波形也是十分复杂的。从压力 – 时间曲线也能看到多道冲击波，如图 2.13 所示，在近场的衰变方式与球面波完全不同。

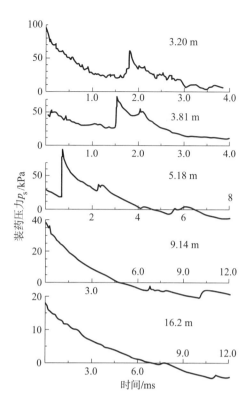

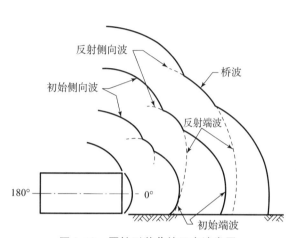

图 2.12　圆柱形装药的示意波发展

图 2.13　沿装药轴的圆柱形
装药压力 – 时间记录

由于反射面（如地面上的平壁）的反射而引起的非球面性已经得到了广泛的研究。图 2.14 显示了强波的冲击波波阵面，其中 C 为爆炸炸药，I 表示入射冲击波波阵面的连续位置，R 表示反射波波阵面。虚线 ρ 是"三相点"u 的轨迹，关于冲击波的反射行为将会在第 3 章展开描述。

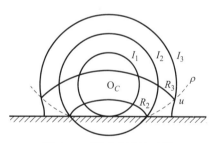

图 2.14　强冲击波的反射

以上例子只是非球面冲击波的几个例子。大多数真实爆炸产生的冲击波是非球面的。当然，随着冲击波的发展，不对称的现象会逐渐消失，而且大部分情况下，在距离爆炸源足够远的位置，非球面冲击波会发展成球面波。为了确定究竟多远的位置会发展为球面波，必须针对不同的情况进行分析试验。

2.3.4　非理想爆炸能量估计及标度律

我们在前面已经指出，总能量 E 是爆炸源的一个重要性质，所有的爆炸标度律都含有总能量 E，它是描述和评价爆炸严重程度最重要的参数。虽然给定烈性炸药的种类、质量和体积就可以知道爆炸总能量，但对于意外爆炸和非理想爆炸来说，总能量通常是很难确定的。

在评估意外爆炸所造成的冲击波损害时，通常的做法是按照"TNT 当量"来表示爆炸所造成损害的严重程度，即按照相当于多少磅（1 磅 = 0.454 千克）或千克或千吨 TNT 造成的损害来表示，这样做实际上是把冲击波的强度等同于一定质量的 TNT 爆炸产生的冲击波强度，从本章前面给出的 TNT 和其他爆炸源冲击波特性的比较中可以清楚地看出，这不是一个完全准确的做法，只有对于烈性炸药以及能量密度较低爆炸源的远场来说是合理的。但由于 TNT 当量法使用广泛，我们在这里不妨简要介绍一下。

在事故发生后，通过爆炸破坏情况确定 TNT 当量，即从距爆炸中心相同距离观察到同样的破坏景象所需的 TNT 质量。如果爆炸是化学爆炸，那么通常计算的 TNT 当量百分数，即计算混合物的反应热或该物质释放的燃烧热来确定燃料或化学物质的最大 TNT 当量，从而确定 TNT 当量百分数。扎帕塔基斯（Zabetakis）（1960）、布雷西（Brasie）和辛普森（Simpson）（1968）、斯特雷洛（Strehlow）（1973）、艾克勒（Eichler）和纳帕登斯基（Napadensky）（1977）等人都遵循了基于烈性炸药的 TNT 当量概念的方法，其中相应的破坏效应与在惰性气体中测量的不同炸药的相对爆热直接相关。TNT 当量的计算公式为：

$$(W_{TNT})_{计算} = \frac{\Delta H_C \cdot W_C}{4.520 \times 10^6} \qquad (2.18)$$

$$\% TNT = [(W_{TNT})_{爆炸}/(W_{TNT})_{计算}] \times 100 \qquad (2.19)$$

在方程式（2.18）中 $(W_{TNT})_{计算}$ 是最大 TNT 当量，单位为 kg；ΔH_C 是碳氢化合物的燃烧热（或者放热混合物的反应热），单位为 J/kg，W_C 是作为爆炸源的碳氢化合物或混合物的质量，单位为 kg；4.520×10^6 是 TNT 的爆热，单位为 J/kg。同样，道氏化学公司（Dow，1973）在其安全与损失预防指南中，提倡评估化工厂的潜在危险性时，首先针对所评估的爆炸物质的数量计算反应的 ΔH，然后乘以一个系数，该系数由物质的其他已知属性（例如该物质的爆炸敏感度）决定。

在某些情况下，非理想爆炸的标度律比严格意义上的能量标度律——萨赫斯（Sachs）或霍普金斯 – 克兰兹标度律更精确，前一标度律是严格的能量标度律，后一标度律也考虑到了爆炸源的方向和炸药性质。与萨赫斯标度律相比，霍普金斯 – 克兰兹标度律更适合衡量一些非理想爆炸的近场效应，特别是对某些不对称爆炸源。

埃斯帕扎和贝克（1977）为空气中的非理想爆炸提出了更通用的标度律，其中包括描述非理想爆炸源细节的参数。将他们的工作加以延伸，可以为非理想爆炸得出一个一般规律：

$$\left.\begin{aligned}
\overline{p} &= (p/p_0) \\
\overline{t_a} &= \left(\frac{t_a a_0 p_0^{1/3}}{E^{1/3}}\right) \\
\overline{T} &= \left(\frac{T a_0 p_0^{1/3}}{E^{1/3}}\right) \\
\overline{i} &= \frac{i a_0}{E^{1/3} p_0^{2/3}}
\end{aligned}\right\} = f_j\left[\left(\frac{p_1}{p_0}\right), \frac{R p_0^{1/3}}{E^{1/3}}, \gamma_1, \left(\frac{a_1}{a_0}\right), \left(\frac{\dot{E}}{E^{2/3} a_0 p_0^{1/3}}\right), l_i\right] = f_j(\overline{p_1}, \overline{R}, \gamma_1, \overline{a_1}, \overline{\dot{E}}, l_i)$$

$$(2.20)$$

其中 t_a 是超压的到达时间，T 是超压的持续时间，γ_1 是爆炸源中气体的比热比，p_1 是爆炸源内部的绝对压力，a_1 是爆炸源中的声速，$\dot{E}$ 是能量释放速率，l_i 是足够来定义爆炸源的几何形状和方向的长度比，下标 0 和 1 分别指环境条件和爆炸源中的条件，符号上的横代表无量纲量。

方程（2.20）本质上是萨赫斯标度律的扩展，在其基础上添加了附加的参数来描述爆炸源。这种表示标度律的方法代表方程左边的量是因变量，每个因变量都是右边 6 个量的函数。每个因变量的函数关系 f_i 是不同的，它必须通过试验或分析来确定。埃斯帕扎和贝克（1977）的试验数据部分证实了这一定律对于爆炸球是适用的，并给出了比例超压、到达时间、持续时间、正相和负相冲量以及二次冲击特性的典型函数 f_i。

2.4　爆炸冲击波参数经验计算

2.4.1　球形压力容器爆炸

当一个充满气体的压力容器爆炸时，冲击波从容器表面传播，这种冲击波可能达到很高的强度并会造成破坏。

在大多数关于气体容器爆炸的研究中，我们假设容器是脆性的，即容器在爆炸时会产生大量的破片，这些破片的动能来自容器中的总能量，忽略破片对冲击波的影响。波耶尔（Boyer）等人（1958）测量了充满空气、氦气和六氟化硫的球形玻璃容器爆炸时产生的冲击波。埃斯帕扎和贝克（1977）测量了充满空气、氩气和氟利昂蒸气的球形玻璃容器爆炸产生的冲击波，他们发现这种波的负压比冲量几乎和正压比冲量一样大，但在通常情况下对烈性炸药来说，负压冲量相比于正压冲量是可以忽略不计的。

也有一些数值研究。例如，波耶尔等人（1958）使用了一个有限差分的计算机程序来计算充满空气、氦气和六氟化硫的球体爆炸后附近的流场。他们得到的 6 个结果与试验结果一致。周（Chou）等人（1967）、黄（Huang）和周（Chou）（1968）还开发了一个数值程序来生成爆炸的压力球的数据，他们使用了哈特（Hartee）方法与兰金 – 雨贡纽（Rankine – Hugoniot）方法，使得冲击波波位置的定义比波耶尔等人的方法更加清楚。

贝克（1977）补充和扩展了斯特雷洛和里克（1976）的工作，包括更多的球形压力容器爆炸的例子，应用了相同的有限差分计算机程序（CLOVD），球体中的压力在 5～37 000 个大气压之间。温度是周围大气的 0.5～50 倍，容器内气体比热比的数值不同，可用 1.2、1.4 和 1.667 几种情况进行研究。

在用于超压和比冲量计算的分析中，忽略了容器及其破片的影响。也就是说，容器中气体的所有能量都进入流场，而不是转化为容器破片的动能。此外，认为周围的环境是空气，假设所有的流体都服从理想气体状态方程。要确定超压和冲量，我们必须知道容器中气体的初始绝对压力 p_1、绝对温度 θ_1 和比热比 γ。周围空气的参数也必须要知道，包括大气压力 p_0、声速 a_0、比热比 γ_0。对于所有要计算的球体爆炸，都假定这些大气的参数为常数。表 2.3 给出了所计算案例的初始条件。

表 2.3　压力球爆发的初始条件

例子	$\dfrac{p_1}{p_0}$	$\dfrac{\theta_1}{\theta_0}$	γ_1
1	5.00	0.500	1.400
2	5.00	2.540	1.400
3	5.00	10.000	1.400

例子	$\dfrac{p_1}{p_0}$	$\dfrac{\theta_1}{\theta_0}$	γ_1
4	5.00	50.000	1.400
5	10.00	0.500	1.400
6	10.00	50.000	1.400
7	100.00	0.500	1.400
8	100.00	50.000	1.400
9	150.00	50.000	1.400
10	500.00	50.000	1.400
A	94.49	1.000	1.400
B	94.49	1.167	1.200
C	94.49	0.840	1.667
11	37 000.00	0.500	1.400
12	37 000.00	5.000	1.400
13	37 000.00	10.000	1.400
14	1 000.00	1.000	1.400
15	1 000.00	4.000	1.667
16	1 000.00	0.500	1.400
17	5.00	5.000	1.400

1. 超压计算

气体容器爆炸产生的超压 – 距离关系与容器内气体的压力、温度和比热比强相关。相对于容器外的空气，爆炸球内部是高温高压的，因此超压特性与烈性炸药产生冲击波的超压特性非常相似。

为了便于比较和使用，结果按照无量纲的形式给出，其中 $\bar{p}_s$ 是无量纲的侧向超压，$\bar{R}$ 是基于布罗德（Brode）公式（方程式（2.14））的能量标度距离，$\bar{i}_s$ 是能量标度的冲量。$\bar{p}_s$ – $\bar{p}$ 曲线（见图 2.15）是将结果数值平滑之后的图像，图中较高的压力和温度曲线位于烈性炸药曲线附近，较低的压力和温度曲线则离烈性炸药的曲线较远。

当一个理想的球体"爆炸"时，冲击波在球体气体和空气之间的接触面上有其最大的超压。由于爆炸初期的流动是一维的，爆炸压力比与冲击压力之间的关系可以用来计算 $t = +0$ 时空气冲击波的压力。这种关系在方程式（2.21）中已给出。

$$\frac{p_1}{p_0} = \frac{p_{s0}}{p_0}\left\{1 - \frac{(\gamma_1 - 1)(a_0/a_1)\left(\frac{p_{s0}}{p_0} - 1\right)}{\sqrt{(2\gamma_0)\left[2\gamma_0 + (\gamma_0 + 1)\left(\frac{p_{s0}}{p_0} - 1\right)\right]}}\right\}^{\left(\frac{-2\gamma_1}{\gamma_1 - 1}\right)} \tag{2.21}$$

在方程中，p_{s0}/p_0 是在爆炸瞬间无量纲的空气冲击波压力，p_1/p_0 是无量纲球内压力，

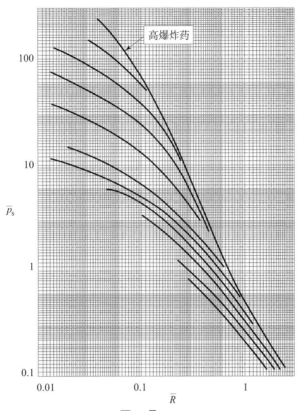

图 2.15　球形爆炸中 $\overline{p}_s$ 与 $\overline{R}$ 的关系（用于计算超压）

a_0/a_1 是声速比。球体的无量纲冲击超压是 $\overline{p}_{s0} = (p_{s0}/p_0 - 1)$。通常情况下 p_{s0}/p_0 在方程式（2.21）中是未知的，需要通过迭代的方法得到。

事实上，图 2.15 上的曲线大致平行，特别是在较低的压力下，这允许我们构造一个图形程序来估计任何球爆炸的 $\overline{p}_s$-$\overline{R}$ 关系。通过量纲分析显示，任何球形理想气体爆炸的冲击波场都可以通过测定球体内和周围空气的特性来描述：特性包括 p_1/p_0、$R_{p_0}^{1/3}/E^{1/3}$、a_1/a_0、g_1 和 γ_0。要使用这些量，只需在图 2.15 上找到初始冲击压力 $\overline{p}_{s0}$ 和球体半径 $\overline{R}$，之后就可以通过图 2.15 中的曲线来得到更大尺度下的超压和半径的关系。

球体的能量标度半径 $\overline{R}$ 可以通过如下方程计算：

$$E = \frac{p_1 - p_0}{\gamma_1 - 1}V_1 = \frac{4\pi}{3}\frac{p_1 - p_0}{\gamma_1 - 1}r_1^3 \qquad (2.22)$$

因为

$$\overline{R_1} = \frac{r_1 p_0^{1/3}}{E^{1/3}} \qquad (2.23)$$

所以

$$\overline{R_1} = \left[\frac{3(\gamma_1 - 1)}{4\pi\left(\dfrac{p_1}{p_0} - 1\right)}\right]^{1/3} \qquad (2.24)$$

$\overline{R} = \overline{R}_1$ 处的空气冲击压力可以利用 p_1/p_0、a_1/a_0、γ_1 和 γ_0 求解方程式（2.21）得到，所

有的无量纲量在这里都被使用到。为了简化计算，球体内气体 γ 为 1.4（通常是空气、氮气、氧气、氢气等）和 1.667（通常为氦气、氩气、氖气等）。计算结果如图 2.16 和图 2.17 所示。

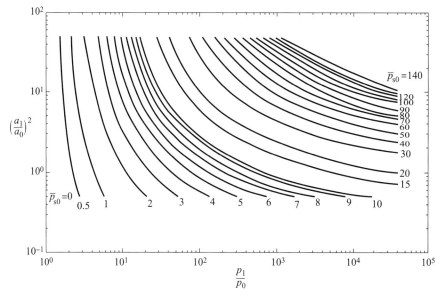

图 2.16 $\overline{p}_{s0}$ 恒定时的容器温度与容器压力（$\gamma_1 = 1.4$）

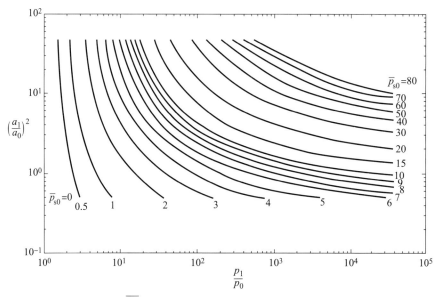

图 2.17 $\overline{p}_{s0}$ 恒定时的容器温度与容器压力（$\gamma_1 = 1.667$）

2. 比冲量计算

图 2.18 中显示了按照表 2.3 所示的各种初始条件下 $\overline{i} = i\,a_0/p_0^{2/3}E^{1/3}$ 与 $\overline{R}$ 的关系曲线。在 $\overline{R}$ 小于 0.5 时，并没有什么规律性，图 2.19 中选取了 $\overline{i}$ 与 $\overline{R}$ 关系中最大的 i 值，在 $\overline{R}$ 大于 0.5 时，所有的曲线都位于烈性炸药（彭托利特）曲线周围约 25% 的范围内，因此彭托利特曲线被选为该区域 $\overline{i}$ 与 $\overline{R}$ 曲线的代表性曲线。

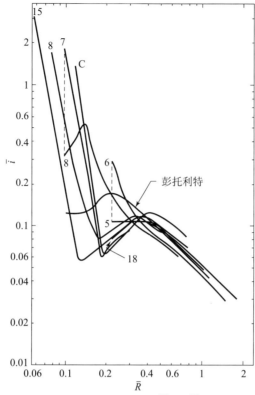

图 2.18　爆破球的 $\bar{i}$ 和 $\bar{R}$

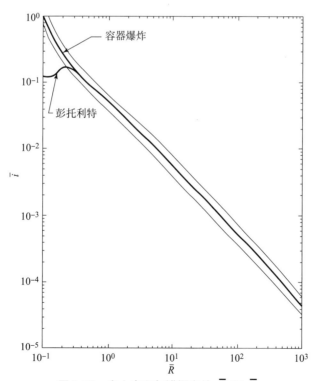

图 2.19　火山岩和气罐爆发的 $\bar{i}$ 和 $\bar{R}$

对于压力容器的爆炸，应使用图 2.19 或图 2.20 中的 $\bar{i}$ 与 $\bar{R}$ 的关系。对于在 10^{-1} 到 10^{0} 范围内的 $\bar{R}$，图 2.20 中的 $\bar{i}$ 与 $\bar{R}$ 曲线更为合适。图 2.20 是图 2.19 的左上角的放大图，这些曲线的精确度可以达到约 ±25%。对于给定的距离，可以计算 $\bar{R}$，$\bar{i}$ 可以从图 2.19 或图 2.20 中得到，之后就可以计算出 i，或者反过来，人们可以选择可接受的最大比冲量，并找到比冲量小于该值的最小距离。

埃斯帕扎和贝克（1977）的一些试验至少在少数情况下验证了用上述方法计算出的冲击波超压和冲量与试验数据吻合，他们使用氩气和空气作为球体内的气体，并在试验中使用易碎的玻璃球做容器。

在第二项研究中，埃斯帕扎和贝克（1977）的爆炸玻璃球中含有可以骤然蒸发的氟利昂。在爆炸之前，氟利昂要么是以略高于其蒸气压的液

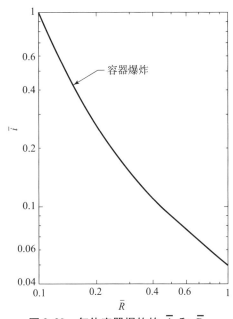

图 2.20 气体容器爆炸的 $\bar{i}$ 和 $\bar{R}$

体形式存在，要么是以略低于其压力的气体形式存在，当含有氟利昂气体的球体爆炸时，冲击波相当强，但形状更像衰减的正弦波，而不是后边出现稀疏区的冲击波，我们可以观察到三个明显的压力峰。显然，膨胀的氟利昂通过膨胀的共存曲线，在爆炸期间部分冷凝，当球体中含有液相氟利昂时，冲击波就会很微弱，由于骤然蒸发的过程还不够快，产生的气体不能对冲击波产生太大影响，使得与同样初始压力下的空气爆炸相比几乎可以忽略不计。然而，在所有研究的情况下，液态氟利昂低于其均匀相变温度，即小于 $0.9\theta_{c}$，θ_{c} 为临界温度。当含液体的球体在均匀相变温度以上时，爆炸球的爆炸效果是未知的。

2.4.2 带泄爆结构的爆炸

爆炸发生在一个有泄爆口并能使冲击波减弱的容器内是很常见的，这种结构可能是在考虑到冲击波衰减的情况下建造的，也可能是出于其他原因而提高了壁面强度。我们在这里讨论在这种爆炸中所产生的冲击波的有关知识。

1. 烈性爆炸的泄爆

埃斯帕扎等人（1975）用烈性炸药在抑爆结构内部引爆，从而测得关于抑爆结构外部爆炸超压和比冲量的相关数据。抑爆结构是一种泄压建筑，可以减少内部爆炸时外部的爆炸压力和冲量、破片危害和内部爆炸产生的热效应。

结构外的冲击波特性取决于爆炸物的质量 W（或能量 E）、结构的体积和有效泄爆面积比 a_e，W 通常用以磅或千克为单位的 TNT 表示。对于其他炸药，如果知道总能量 E，TNT 当量可以表示为（见表 2.2）。

$$W_{\text{TNT}}(\text{kg}) = \frac{E(\text{J})}{4.520 \times 10^{6}}(\text{J/kg 的 TNT}) \tag{2.25}$$

有效泄爆面积比是根据结构内墙体和屋顶计算的。对于单层结构，泄爆面积比是泄爆面

积除以墙壁和屋顶的总面积。对于多层结构，

$$\frac{1}{a_e} = \sum_{i=1}^{N_p} \frac{1}{a_i}$$ (2.26)

式中，N_p 代表板壁层数。如果结构由角钢、Z 型钢、开孔钢板或工字梁等组成的，a_e 通过图 2.21 中的信息来确定。在每个投影长度上大约有一个空隙的嵌套角板，由于侧向压力被破坏时，泄爆的效率是多孔板的 2 倍（$N=2$）。对于更小的嵌套角度，使得每个投影长度大约有两个开口，这样泄爆的效率可以是多孔板的 4 倍（$N=4$）。

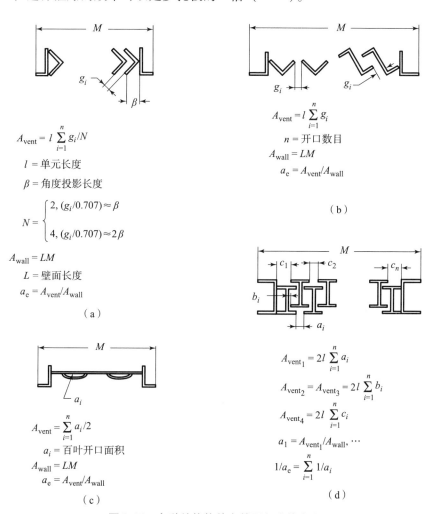

图 2.21 各种结构构件有效面积比的定义
（a）嵌套角；（b）并列角；（c）百叶片；（d）工字梁

通过模型分析发现：

$$p_s = f_1\left(Z, \frac{X}{R}, a_e\right)$$
$$\frac{i_s}{W^{1/3}} = f_2\left(Z, \frac{X}{R}, a_e\right)$$ (2.27)

式中，p_s 是侧向超压，i_s 是侧向比冲量，X 是建筑的特征长度，R 是从建筑中心到边缘的距离，$Z = R/W^{1/3}$。

几组具有角钢、Z 型钢、开孔板和工字梁等抑制结构的 p_s 和 i_s 数据经曲线拟合显示在图 2.22 和图 2.23 上（S 是标准差），只能在 Z、R/X、a_e 处于图中所显示的范围内才能使用该曲线。

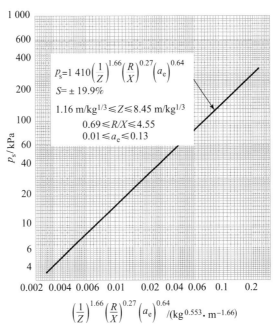

图 2.22　抑制结构外部侧压力曲线拟合

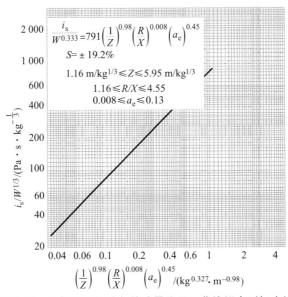

图 2.23　在抑制结构外部的冲量作用下曲线拟合到标度侧

2. 可燃气体、粉尘爆炸的泄爆

比起在泄爆室中烈性炸药的意外爆炸，更常见的是涉及可燃气体混合物或悬浮粉尘在结构内部的爆炸。外部结构可以设计在有较低差压时可以打开的泄爆口，或者在较低差压的情况下通过可开启的门或窗泄爆，尽管目前已经对室内产生的压力进行了广泛的试验和分析研究，但是对于发生这种爆炸的泄爆室所产生的冲击波的特性，基本上没有数据，也没有经过验证的预测方法。

2.4.3　无约束蒸气云爆炸

目前已经有许多关于无约束蒸气云爆炸的综述。斯特雷洛（Strehlow）（1973）、布朗（Brown）（1973）、芒戴（Munday）（1976）、安东尼（Anthony）（1977）、达文波特（Davenport）（1977）、维克马（Wiekema）（1980）和古甘（Gugan）（1970）都详细讨论了无约束蒸气云爆炸的一般问题，达文波特的报告表明，大量碳氢化合物泄漏之后，可能发生各种情况，包括不引爆，引爆后只产生火灾，或引爆后产生火灾和爆炸，从而产生破坏性的冲击波。前面的章节讨论了一旦发生火灾就可能导致爆炸的爆炸源动力学行为。本章详细地讨论了柯尼斯陶塔斯（Knystautas）等人（1979）首次研究的 SWACER 机制。这是目前研究无约束蒸气云中发生爆炸的最可行的机制。

1. 自由云爆和冲击波行为

很多文献中有关于引爆燃料空气云的爆炸超压的数据，因为这种类型的燃料空气爆炸（即云爆武器 FAE）具有军事应用。根据相关材料［鲍文（Bowen）（1972）、罗宾森（Robinson）（1973）］，FAE 武器中使用的燃料是环氧乙烷、甲基乙炔/异丙二烯/丙烯（MAPP）、普通硝酸丙酯或环氧丙烯。在 FAE 武器中，燃料通常装在壳体里，中心药柱爆炸后被抛撒到空气中，然后经过一段时间的延迟以便燃料与空气充分混合后，由一个或多个雷管引爆。根据相关材料［基万（Kiwan）和阿巴克尔（Arbuckle）　（1975）、罗宾森（Robinson）（1973）］，FAE 产生的燃料云大致是圆盘状或环状的，直径要远大于高度。根据报告，环氧乙烷 – 空气爆炸时最大超压值约为 2 MPa。由于大多数碳氢化合物的燃烧热比TNT 的爆热大得多（见表 2.4），由此 FAE 武器威力很大。

表 2.4　蒸气云事故中可燃气体的燃烧热

原料	分子式	低热值/（MJ·kg^{-1}）	e_{HC}/e_{TNT}^*
甲烷	CH_4	50.00	11.95
乙烷	C_2H_6	47.40	11.34
丙烷	C_3H_8	46.40	11.07
正丁烷	C_4H_{10}	45.80	10.93
异丁烷	C_4H_{10}	45.60	10.90
苯	C_6H_6	40.60	9.69
环己烷	C_6H_{12}	43.80	10.47
乙烯	C_2H_4	47.20	11.26

原料	分子式	低热值/$(MJ \cdot kg^{-1})$	e_{HC}/e_{TNT}^*
丙烯	C_3H_6	45.80	10.94
异丁烯	C_4H_8	45.10	10.76
氢	H_2	120.00	28.65
氨	NH_3	18.61	4.45
环氧乙烷	C_2H_4O	26.70	6.38
氯乙烯	C_2H_3Cl	19.17	4.58
乙基氯化物	C_2H_5Cl	19.19	4.58
氯苯	C_6H_5Cl	27.33	6.53
丙烯醛	C_3H_4O	27.52	6.57
丁二烯	C_4H_6	46.99	11.22

在美国国防部核能机构赞助的工作中，燃料－氧气混合物被用作小当量核武器的模拟装置，科洛莫克斯（Choromokos）（1972）很好地总结了这种类型的模拟装置。甲烷－氧气混合物形成可燃气体，在爆轰之前装进大型聚酯薄膜气球中，用直径为 33.5 m 的球形气球和直径为 38.1 m 的半球形气球进行了小规模和大规模试验。后一个气球成功爆轰了，TNT 当量为 18 000 千克。

2. 球形云爆燃

斯特雷洛（1979）等人系统地研究了法向燃烧速度对球形云爆燃的影响。他们计算了中心点燃的球形爆轰和爆燃波的冲击波特性，以便进行比较。此外，他们还研究了火焰加速对冲击波结构的影响。

这些计算中的能量密度 q 均为 8，并假设爆炸源区域的产物气体 $\gamma_1 = 1.2$，这个值非常准确地模拟了大多数满足化学计量比的碳氢化合物－空气混合物的爆炸。出于数值稳定性的原因，波能量增长必须具有有限的厚度，通过计算机运算，确定了最佳厚度，这样不仅可以得到稳定的计算结果，而且可以在波到达爆炸源区域末端之前得到适当的自相似解。他们发现当选择波的幅度为 $0.1r_0$ 时可以满足这些要求，其中 r_0 为爆炸源区域的初始半径，因此他们的计算中波幅度均为 $0.1r_0$。对于所有波能量增长的情况，法向燃烧速度除以能量增长前的当地声速得到参考马赫数 Ma_{SU}，使用的 Ma_{SU} 从 0.034 到 8.0（对于这个能量密度，理论 C－J 爆轰波马赫数上限为 5.2）。图 2.24 显示了从低速能量增长到超声速能量增长的输出图像。图 2.25 显示了包括爆轰和开口爆炸在内的所有具有实用意义的超压标度距离曲线。图中给出了能量密度为 8 的爆炸球体的曲线以及彭托利特的参考曲线。在图 2.25 中，水平虚线表示根据泰勒（1946）的活塞运动理论预测的火焰超压，其中活塞运动被转化为火焰系统的等效法向燃烧速度。

这种转换可以得到方程式：

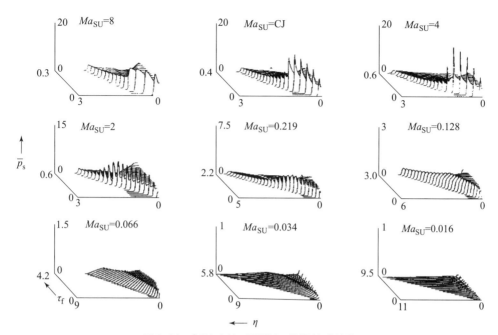

图 2.24　恒速火焰（爆炸）的爆炸波结构

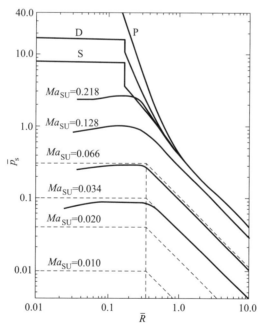

图 2.25　能量密度为 $q=8$、各种正常燃烧速度的爆燃爆炸的最大波超压与能量标度距离的关系
（标记为 P 的曲线适用于 Pentolite，所有其他固体曲线均使用 CLOUD 程序计算。
标有 D 的曲线表示爆轰，S 表示具有相同能量密度的球形爆炸。）

$$\overline{p}_{\mathrm{f}} = \frac{2\gamma_0\left[1 - \dfrac{\rho_2}{\rho_1}\right]\left(\dfrac{\rho_1}{\rho_2}\right)^2 Ma_{\mathrm{SU}}^2}{1 - \left[1 - \dfrac{\rho_2}{\rho_1}\right]^{2/3}\cdot\left(\dfrac{\rho_1}{\rho_2}\right)^2 Ma_{\mathrm{SU}}^2}\left[1 - Ma_{\mathrm{SU}}\dfrac{\rho_1}{\rho_2}\right] \tag{2.28}$$

其中 ρ_1 是火焰前端物质的密度，ρ_2 是火焰后端物质的密度，假设超压很低，此时比值 ρ_2/ρ_1 可以作为火焰中压力增长为零时密度的变化。图 2.25 中垂直虚线表示当能量增长得很慢，没有压力上升，云能量密度为 8 时云的最终半径。这条垂直线外的虚线是根据公式 $\overline{p}_{\mathrm{s}} \propto 1/\overline{R}$ 预测的超压。结果表明，该方法具有较好的一致性，泰勒声学理论能够较好地预测低燃烧速度球形爆炸的爆炸特性。

在图 2.26 中，对于所有情况，能量的标度正冲量都绘制在能量标度的半径上。目前还不知道为什么火焰的冲量会低 20% 到 30%，但它们都在图 2.19 的误差线范围内。

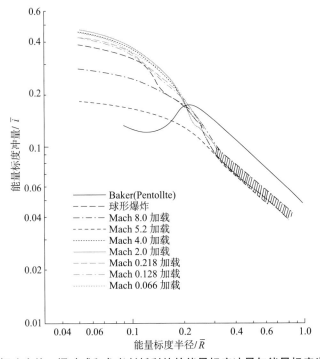

图 2.26　恒速火焰、爆破球和参考彭托利特的能量标度冲量与能量标度半径的关系

对于火焰加速的情况也进行了数值计算。在这种情况下，他们任意选择中心区域的初始火焰速度和边缘区域的终端火焰速度，并把这两个速度与其间的等加速区联系起来，开发了数值程序，设置加速区域的宽度和位置，得到的 9 个算例总结在图 2.27 中。图中右上角和左上角是匀速火焰在整个爆炸源区域内传播的参考情况。标记为连续的曲线表示整个爆炸源区域低速到高速的加速过程是连续的，标记为不连续的曲线表示低速到 25 单元处的高速的加速过程是不连续的，（爆炸源区域共有 50 个单元）那些标记为 1~10、11~20 等的曲线，表示当区域 1~10、11~20 等包含加速火焰时的情况。图 2.28 显示了这 9 个算例中比例超压与能量尺度半径的关系。从这个图中可以看出，任何加速过程的最大超压总是小于系统中最高速度火焰产生的最大超压。因此，对于严格的球面火焰，加速过程本身不会导致超压，如果想预测爆炸源区域火焰产生的超压，就必须知道最高有效火焰速度。

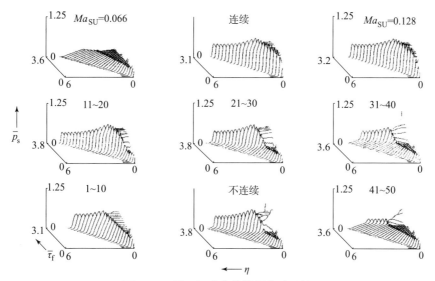

图 2.27　用于加速火焰的爆炸波结构

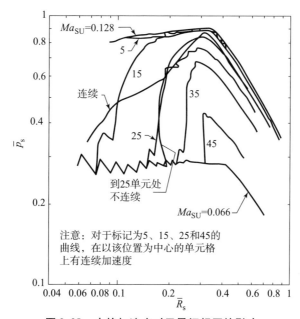

图 2.28　火焰加速度对无量纲超压的影响

这些计算还表明，如果球面火焰要造成严重的爆炸损害，则必须有很高的有效燃烧速度。例如从图 2.25 中我们可以看到，0.3 bar（1 bar = 0.1 MPa）的超压是由火焰马赫数 Ma_{SU} 为 0.666 或有效法向燃烧速度为 23 m/s 时产生的，由于碳氢化合物 – 空气混合物的法向燃烧速度在 0.40 ~ 1 m/s 范围，如果想通过燃料空气云点火产生的爆燃引起破坏性的冲击波，那么火焰必须通过某种机制产生相当显著的加速。

3. 任意形状的燃料云爆燃产生的冲击波

众所周知，在发生事故的情况下，可燃物大量释放产生的蒸气云从来不是球形的（甚至是半球形的）。蒸气云通常大致呈薄饼状或雪茄状，长宽比在 50 到 1 之间，此外，燃料蒸气云通常是从云团边缘点燃的，不过在重新启动熄火的汽车发动机时的点火点一般位于泄漏的燃料气团中心。

斯特雷洛（1981）将球面学单极声源理论应用于大量非球形燃料云的爆燃。简单地说，就是球形的单极源产生一个超压，这个超压由爆炸源区域质量增加速率对时间的一阶导数唯一决定：

$$p - p_0 = \ddot{m}\left[t - \frac{r}{a_0}\right]/(4\pi r) \tag{2.29}$$

式中，r 是半径，括号中的 $t - r/a_0$ 表示了声波从这个简单的声源区域传播开的轨迹。对于云团的爆燃燃烧，其有效质量源是燃烧产生的体积增加。通过乘以空气密度 ρ_0 就可以转换为质量，即：

$$\dot{m}(t) = \rho_0 \dot{V}(t) = \rho_0\left(\frac{V_b - V_u}{V_u}\right)[S_u(t) \cdot A_f(t)] \tag{2.30}$$

式中，$S_u(t)$ 是法向燃烧速度，$A_f(t)$ 是有效火焰区域。对于恒压燃烧，$(V_b - V_u)/V_u = q/\gamma$，其中 q 是燃烧源区域的能量密度。利用恒压燃烧和理想气体声速的定义，$a_0^2 = \gamma p_0/\rho_0$，于是可得到：

$$\bar{p} = \frac{q}{4\pi a_0^2 r}\frac{\mathrm{d}}{\mathrm{d}t}[S_u(t) \cdot A_f(t)] \tag{2.31}$$

从方程式（2.29）和方程式（2.30）可以看出，这里的 $\bar{p}$ 是声学超压。注意，方程式（2.31）表明，具有恒定火焰面积的匀速火焰不会产生声学超压，在压力波从源区传播开来之前，必须有一个不断加速的火焰或一个不断增长的火焰区。

将方程式（2.31）应用于匀速球面火焰，得到了与泰勒（1946）［方程式（2.28）］推导的火焰压力解析表达式相同的表达式。匀速球面火焰产生超压的原因是，在燃烧过程中，火焰面积一直都以某一增长速率在增大。

斯特雷洛（1981）做了一些简化假设，并计算了两种形状的长宽比对燃料云外产生的最大超压的影响。他在分析中使用的假设是，云的总能量或总体积不变，燃烧速度相同，从观测点到云中心的距离相同，其中 $\bar{p}/\bar{p}_{\mathrm{SPH}}$ 的值是一具有一定长宽比的云点燃产生的超压除以中心点燃的球形云团产生的超压。

斯特雷洛（1981）也指出方程式（2.31）不包含可调整的系数，因此，我们可以计算火焰加速度以及火焰面积的增长速率，来计算指定半径处产生的指定超压。表2.5是假设爆燃燃烧发生在距离观测点 100 m 处产生 10 kPa 的超压。这里需要注意，想要产生破坏性的冲击波，所需的火焰加速度或火焰面积的增长速率要达到很大的数值。

表2.5　在 100 m 半径处产生 10 kPa 的要求

(1) $\mathrm{d}S_u/\mathrm{d}t = 0$		(2) $\mathrm{d}A_f/\mathrm{d}t = 0$	
$S_u/(\mathrm{m \cdot s^{-1}})$	$\dfrac{\mathrm{d}A_f}{\mathrm{d}t}/(\mathrm{m^2 \cdot s^{-1}})$	$A_f/\mathrm{m^2}$	$\dfrac{\mathrm{d}S_u}{\mathrm{d}t}/(\mathrm{m \cdot s^{-2}})$
1	1.7×10^7	100	1.7×10^5
10	1.7×10^6	10 000	1.7×10^3
100	1.7×10^5	1 000 000	17.0

因此，简单声源理论应用于无约束燃料云爆燃表明：

（1）由于火焰没有完全被可燃混合物包围，要通过一次爆燃产生破坏性冲击波是十分困难的。托马斯（Thomas）和威廉姆斯（Williams）（1966）通过试验已经证实了这一点。

（2）在其他条件相同的情况下，产生的最大超压与较小尺寸燃料云与观测者的距离之比成正比。

（3）爆炸压力在各个方向上分布相当均匀，即爆炸大致呈球形。

（4）如果要产生破坏性的冲击波，燃料云一定要非常大。

从一系列对大量可燃物泄漏并延迟点火后产生破坏性冲击波的各种事故描述可以看出：

（1）在泄漏量的阈值以下的泄漏不会产生破坏性的爆炸。古甘（1980）的事故记录表明，H_2、H_2-CO 混合物、CH_4 和 C_2H_4 泄漏高于 100 kg 但是不超过 2 000 kg 的情况下会观测到破坏性爆炸。而其他燃料在泄漏超过 2 000 kg 时才会观测到破坏性爆炸。

（2）在大多数发生破坏性爆炸的事件中，在爆炸发生前燃烧已经进行了相当长的一段时间。

（3）在许多事件中，危害是具有高度指向性的。

通过这些观察结果加上简单的爆燃燃烧的声源理论可以得出以下结论：

（1）存在一个点火能量的阈值，在此阈值之下，只要点火不直接引发爆轰，就不会发生爆炸。

（2）点火后首先出现火灾，该事实表明，需要很大规模的火焰加速才能形成冲击波。由于在爆炸产生时，火焰一般通过燃料云边缘燃烧，即使爆燃速度很高，也必须运用简单的声源理论。因此，爆炸必定是起因于某种有效的超声速燃烧过程，或者起因于火焰有效表面积的迅速增加。

（3）简单的爆燃燃烧声源理论表明，爆燃过程本身不能产生很高的定向效应。然而实际上，燃料云的爆轰确实产生高度定向冲击波。

这项工作的最终结果和 SWACER 效应的发现必然导致以下结论：在蒸气云爆炸中观察到的破坏性爆炸波，是由火焰加速燃烧引起的，结果至少导致爆轰，或至少达到超声速传播。

4. 估算冲击波超压

本节前面关于燃料云爆炸产生的冲击波的讨论表明，如果要保守地估计潜在的损害，就必须假定云的一部分发生爆炸。然而，通过 FAE 的计算我们已知使用球形云是不够的。人们期望在所有存在可爆燃料云的区域，不论云的长宽比是多少，都可以达到完全的 C-J 爆炸压力，因此，我们不能使用图 2.25 来估计具有任何实际长宽比的薄饼形状的蒸气云的近场爆炸危害。

拉朱（Raju）（1981）计算了宽高比分别为 5 和 10 的饼状蒸气云爆炸产生的超压和冲量，他的研究结果如图 2.29 ~ 图 2.32 所示。这些结果是针对具有所述高宽比的蒸气云的。

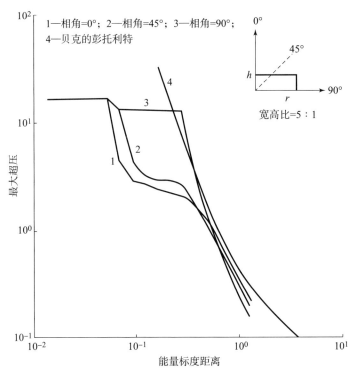

图 2.29 宽高比为 5 的饼状云的最大超压与能量标度距离的关系
（在爆轰中心点火的情况下，能量密度 =8）

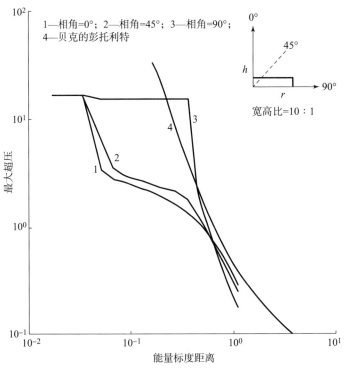

图 2.30 宽高比为 10 的饼状云的最大超压与能量标度距离的关系
（在爆轰中心点火的情况下，能量密度 =8）

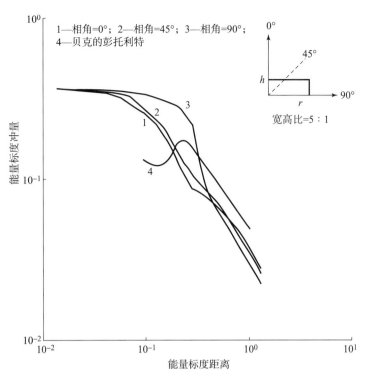

图 2.31　宽高比为 5 的饼状云的能量标度冲量与能量标度距离的关系
（其中爆轰中心点火，能量密度 =8）

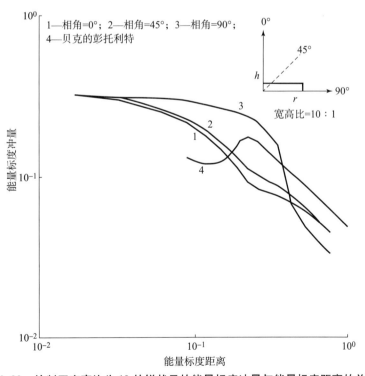

图 2.32　绘制了宽高比为 10 的饼状云的能量标度冲量与能量标度距离的关系
（其中爆轰中心点火，能量密度 =8）

需要注意的是，在饼状蒸气云主轴方向上，超压和正相冲量都比图 2.25 和图 2.26 中用彭托利特曲线或球状云爆轰曲线所预测的要高得多。另外，在远场，超压和正冲量都低于球形云曲线的预测值，或者在 0° 或 45° 方向上。这一观测结果与计算椭球形爆炸产生的冲击波结构是一致的。

图 2.29 至图 2.32 中显示的超压和冲量可以用来估计饼状蒸气云爆炸的近场预期超压和冲量。

2.4.4　物理爆炸

物理爆炸也称为蒸气爆炸。当两种不同温度的液体剧烈混合时，或者当一种粉碎的热固体材料与一种冷液体快速混合时，就会产生蒸气爆炸。蒸气爆炸不涉及任何化学反应，而是当较冷的液体迅速转化为蒸汽且无法快速排出时，就会发生物理爆炸，并形成冲击波。

也有人试图估算这种物理爆炸或蒸气爆炸的能量。一些研究人员简单地使用由计算总热量得到的 Q 作为爆炸能量，这里的总热量可以是冷却较热流体或固体，使其从它的初始温度降低到冷流体的初始温度所释放出的热量，在此过程中，由于冷流体的迅速气化而发生爆炸。从液体到固体的相变，通常涉及热物料的冷却，这即假设 $E_s/Q = 1$，并对源能量给出了人为的偏高预测。安德森（Anderson）和阿姆斯特朗（Armstrong）（1974）计算了几个真实的或模拟的物理爆炸的 Q，他们假设恒定体积热量增加，然后紧接着等熵膨胀，与阿丹奇克（Adamczyk）和斯特雷洛（Strehlow）（1977）的第二种情况相同，即恒定体积加热量，然后保持两种液体之间平衡的膨胀，后者比前者释放更多的能量。

由于涉及相变，安德森和阿姆斯特朗（1974）使用了不同于阿丹奇克和斯特雷洛（1977）的能量方程，并证明：

$$Q = m\left[C_{pf}(\theta_{in} - \theta_f) + h_{gf} + C_{ps}(\theta_f - \theta_{in}) \right] \tag{2.32}$$

式中，m 是热（液体）材料的质量，C_{pf} 是热液体的比热，C_{ps} 是热固体的比热，θ_{in} 是热材料的初始温度，θ_f 是热材料的凝结温度，h_{gf} 是热材料的熔化热。

当然，平衡膨胀或等熵膨胀后的热量定容增加方程更为复杂。安德森（Anderson）和阿姆斯特朗（Armstrong）（1974）展示了几种热液体与冷液体混合的计算示例，例如熔融钠（Na）中的熔融氧化铀（UO_2）、水中的熔融钢和水中的熔融铝，其结果总结如图 2.33 所示。在该图中，上面的曲线表示"流体平衡膨胀"，下面的曲线表示"绝热膨胀"，绝热膨胀可能是更现实的上限，不应用图中标记为 1、3 和 5 的曲线估算爆炸源能量，因为爆炸中的膨胀过程必须是快速的，平衡条件无法维持。对于模拟熔融铝燃料包壳落入水中的核反应堆事故的条件，安德森和阿姆斯特朗（1974）计算如下：

$$Q/m = 2\ 025\ \text{J/g （Al）}$$
$$E_s\ （等熵）/m = 550\ \text{J/g （Al）}$$
$$E_s\ （绝热）/m = 310\ \text{J/g （Al）}$$

得到的 E_s/Q 的范围是 $0.153 < E_s/Q < 0.272$。类似地，他们计算了一个铸钢厂事故的模拟，其中钢水与水发生反应：

$$Q/m = 822\ \text{J/g （Al）}$$
$$E_s\ （等熵）/m = 280\ \text{J/g （Al）}$$
$$E_s\ （绝热）/m = 160\ \text{J/g （Al）}$$

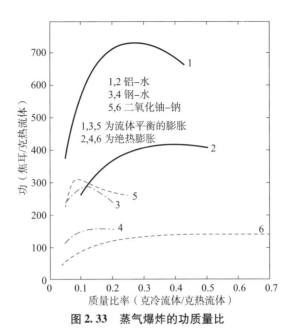

图 2.33　蒸气爆炸的功质量比

得到的 E_S/Q 的范围是 $0.195 < E_S/Q < 0.341$，E_S/Q 的比值表明，在将源能量转化为爆炸波方面，物理爆炸似乎不如气体爆炸效率高。

2.4.5　闪蒸蒸发液的压力容器故障

许多液体储存在容器中，储存压力足以使其保持基本液态。例如，通常在"室温"下储存的燃料丙烷或丁烷、必须在低温下储存的甲烷（LNG）、也在室温下储存的制冷剂（如氨或氟利昂），如果装有此类液体的容器发生故障，由此产生的突然压力释放可能会导致液体上方的空余空间中的蒸气膨胀，并导致液体部分闪蒸，如果膨胀速度足够快，蒸气可能会向周围空气中传播冲击波。

由于闪蒸液体的性质不同于理想气体，因此估算气体容器爆炸能量的方法可能不适用，这种情况下，容器中流体的完整热力学性质作为状态的函数，如压力、比容、温度和熵，可以用来估计爆炸当量。

对于从热力学状态 1 到热力学状态 2 的任何过程，所做的特定功定义为：

$$e = u_1 - u_2 = \int_1^2 p\mathrm{d}\nu \tag{2.33}$$

式中，u 是内能，ν 是比体积。假设容器破裂后发生等熵膨胀过程，该过程如图 2.34 中的压力 – 比体积（$p-\nu$）和图 2.35 中的温度 – 熵（$q-s$）所示。

这两幅图中显示的特定初始状态 1 位于过热蒸气区域，等熵膨胀至环境压力 p 后的最终状态 2 也位于过热蒸气区域。图 2.34 中的交叉阴影区域是方程式（2.33）的积分，因此表示比能量 e。两个图中还显示了饱和液体和饱和蒸气线，它们以湿蒸气区域为界。对于闪蒸蒸发流体来说，压力和比体积之间的函数关系非常复杂，并且无法解析地获得方程式（2.33）中的积分，不过，还有许多流体的热力学性质表可查询，内能 u 或焓 h 定义为：

$$h = u + p\nu \tag{2.34}$$

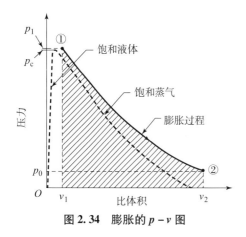

图 2.34 膨胀的 $p-v$ 图

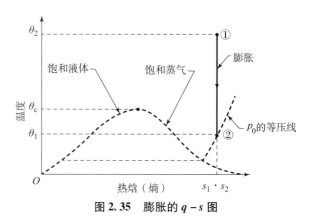

图 2.35 膨胀的 $q-s$ 图

对于整个湿蒸气区和过热区，u 和 h 作为压力和比体积，或温度和熵的函数，均可查阅工程手册。当初始或最终状态落在湿蒸气区域内时，蒸气的性质就成了重要的参数，定义为：

$$x = \frac{v - v_f}{v_g - v_f} = \frac{s - s_f}{s_g - s_f} = \frac{u - u_f}{u_g - u_f} = \frac{h - h_f}{h_g - h_f} \qquad (2.35)$$

式中，下标 f 表示流体（饱和液态），下标 g 表示气体（饱和蒸气态）。此外，在湿蒸气区域内，给定的压力唯一地定义了相应的温度，反之亦然。

在含有闪蒸液体的容器中，状态 1 和状态 2 可能存在三种状态变量组合，包括：

情况 1：状态 1 和状态 2 下均为过热蒸气（如图 2.34 和图 2.35 所示）。

情况 2：状态 1 为过热蒸气，状态 2 为湿蒸气。

情况 3：状态 1 为湿蒸气（包括饱和液体和饱和蒸气），状态 2 为湿蒸气。

对于这些组合中的任何一种，估算 e 和总爆炸当量 E 的过程基本相同，但根据状态 1 所在的位置，查询热力学表格的程序有所不同。基本程序如下：

第一步：估计初始状态变量，包括 p_1、v_1、s_1、u_1、h_1。

第二步：假设系统等熵膨胀到大气压 p_a，$s_2 = s_1$，确定 v_2、u_2、h_2。

第三步：根据方程式（2.33）计算比功 e。

第四步：将 e 乘以容器中初始流体的质量 m，计算总爆炸当量 E。

在第四步中，我们使用比体积的基本定义，从已知的容器体积 V_1 中获得流体的质量 m，

$$m = \frac{V_1}{v_1} \qquad (2.36)$$

E 由下式算出：

$$E = m(u_2 - u_1) \qquad (2.37)$$

上述所列举的三个案例有如下区别：在情况 1 和情况 2 中，初始状态条件必须从流体的过热表中获得，通常在查询时需要同时了解压力和温度。对于情况 1，$p_2 = p_0$，$s_2 = s_1$，也需要使用过热表获得最终状态条件；而在情况 2 中，饱和蒸汽表必须与最终质量 x_2 一起使用，最终质量 x_2 由最终熵 s_2 确定；在情况 3 中，所有值均在饱和蒸汽表中，初始质量 x_1 通常由真实或虚构的初始比体积确定，这大概是闪蒸液体容器破裂中最常见的，对于部分填充的容

器，假想初始比体积可以通过方程式（2.36）简单获得，容器的容积用 V_1 表示。液体的质量用 m 表示。

为用刚才描述的过程来估算爆炸当量，需利用一些流体热力学性质的数据表，对于冷却剂，包括 ASHRAE《制冷剂基本原理手册》（1972），对于蒸汽，基南（Keenan）等人（1969）的著作、Din（1962）的著作中包括了许多流体，包括丙烷和乙烯等燃料，以及古德温（Goodwin）等人（1976）的著作中的乙烷。在许多情况下，这些表格不直接包括内能 u，而是包括 h、p 和 v。然后必须使用方程式（2.34）来计算 u。

2.5　爆炸冲击波参数测试技术

爆炸具有短时、单次和强冲量的特点，常伴随着烟雾、尘粒和光电辐射等干扰并且引起电网波动，加上爆炸现场与测试地点相距数十米至数千米，要如实地采集到如此复杂环境下的瞬变信号是有很大困难的。因此，爆炸过程的监测技术与一般常规测量方法有很大的不同。常用于爆炸场的诊断技术有高速摄像技术、闪光 X 射线技术、红外测温技术、雷达测速技术和弹道追踪技术等，可用于对爆炸过程中的爆炸力学参量的测量，例如时间和速度的测量、压力和应力的测量、变形和应变的测量，以及温度的测量。

2.5.1　高速摄像技术

高速摄像机是爆炸场实况记录的关键设备，它的性能好坏将直接影响到整个爆炸过程研究的成败，所以掌握它的性能，对于高速摄像机选型和应用十分重要，如图 2.36 所示为运用高速摄像机拍摄的武器爆炸图。工业相机是机器视觉系统中的一个关键组件，其最本质的功能就是将光信号转变成为有序的电信号。选择合适的相机也是机器视觉系统设计中的重要环节，相机的性能不仅直接决定所采集到的图像分辨率、图像质量等，同时也与整个系统的运行模式直接相关。

图 2.36　国防试验中的应用

（一）高速摄像机的分类

高速摄像机综合使用了光、机、电、光电传感器和计算机等一系列技术，按摄像速度高低可分为低高速摄像机（24～300 幅/s）、中高速摄像机（300～1 000 幅/s）、高速摄像机（1 000～100 000 幅/s）、超高速摄像机（100 000 幅/s 以上）；按其记录图像介质不同可分为模拟式高速摄像机和数字式高速摄像机。

模拟式高速摄像机发展历史长，品种多，主要有光机式高速摄像机和光电子类高速摄像机两类。使用几何光学原理及高速运转的机械构件实现对快速运动现象进行观测记录的设备，统称为光机式高速摄像机；使用电光效应、光电效应及冲量电光源的高速摄像机属于光电子类高速摄像机，常见的模拟式高速摄像机及其主要性能如表 2.6 所示。

表 2.6　模拟式高速摄像机及主要性能

序号	型号	国别	摄像频率/（幅·s⁻¹）	画幅尺寸/（mm×mm）	胶片规格/mm	容片量	备注
1	GS－240/35	中国	50～240	18×22	35	150 m	间歇式
2	Photo－sonics	美国	6～360	18×24	35	120～300 m	
3	Red Lake 164－5	美国	16～500	7.5×10.4	16	120 m	
4	LBS－200	中国	200～2 000	18×22	35	150 m	棱镜补偿
5	LBS－16A	中国	8 000	7.5×10.4	16	120 m	棱镜补偿
6	Red Lake HYCAM－16	美国	11 000	7.4×10.4	16	300 m	32 面棱镜为 4 400 幅/s
7	Pentazet－16	德国	3 000	7.4×10.4	16	30 m	12 面棱镜补偿
8	Pentazet－335（ZL－1）	德国	2 000	18×24	35	50 m	反射镜补偿
9	Himac 16HD	日本	8 000	7.4×10.4	16	120 m	16 面棱镜为 3 200 幅/s
10	Hyspeed－16	英国	10 000	7.4×10.4	16		
11	CKC－1M	苏联	7 500	7.4×10.4	16	120 m	
12	СФР	苏联	2.5×10^6	j5，j10	35	60～240 幅	转镜
13	GSJ	中国	2.5×10^6	j5，j10	35	60～240 幅	转镜
14	ZDF－50	中国	5×10^6	10×18	35	110 幅	等待
15	Cordin	美国	2×10^6	18×25	35	80 幅	等待

数字式高速摄像机以某种金属氧化物半导体（如 CCD、CMOS）作为感光芯片，采用大容量集成电路存储芯片作为记录介质，实现快速变化现象的捕获、记录和即时重放。数字高速摄像机技术发展速度快，目前数字高速摄像机的图像分辨率可以达到 2 048 Pixel × 2 048 Pixel，摄像频率已达到每秒两千万幅以上，常见的数字式高速摄像机及其主要性能如表 2.7 所示。

表 2.7　数字式高速摄像机及其主要性能

序号	型号	生产商	国别	感应器	最高摄像频率/(幅·s^{-1})	最高分辨率/(Pixel × Pixel)	快门时间/ms
1	VISARIO	Weinberger	瑞士	CMOS	10 000	1 536 × 1 024	15
2	HG – 100K	Redlake	美国	CMOS	100 000	1 504 × 1 128	5
3	Motion Scope PCI 10000S	Redlake	美国	CMOS	10 000	1 280 × 1 024	2
4	Phantom V5.0	Photosonics	美国	CMOS	60 000	1 024 × 1 024	5
5	Fastcam SA – 1	Photron	日本	CMOS	675 000	1 024 × 1 024	2
6	Cordin 535	Cordin	美国	CCD	1 000 000	1 000 × 1 000	800

　　模拟式高速摄像机的记录介质为胶片，目标的图像经胶片记录后，还必须经过冲洗、影印、放大、判读等一系列后续处理才能得到观察图像和试验数据，技术环节多，实时性差，使用极为不便，尤其是爆破施工环境恶劣时，对设备的大小、体积、质量、功耗、操作的方便性和维修的简便性都有十分严格的要求，模拟式高速摄像机难以满足这些要求。

　　数字式高速摄像机使用全固态的记录，图像存储在摄像机内的数字存储器中或其他的控制器中，克服了胶片作为记录介质所固有的弊病。由于数字存储是全电子的，所以记录的图像可以直接由计算机处理，图像可以实时观看、处理以及质量无损失地反复拷贝。具有良好的兼容性、实时性，以及使用方便性。因此，数字式高速摄像机被广泛应用于爆炸、冲击等场景中。

（二）数字式高速摄像的组成及原理

　　数字式高速摄像机主要由光学成像物镜、光电成像器件、图像存储器件、控制系统和图像处理系统组成。

　　1. 光学成像物镜

　　光学成像物镜的作用是使运动目标的像落在光电成像器件的成像面上。光学成像物镜要有足够大的口径，以保证在很短的曝光时间内，光电成像器件都有足够的光照度。此外，光学成像物镜的分辨率、像差、焦距等参数必须与光电成像器件相匹配。

　　2. 光电成像器件

　　光电成像器件的作用是对高速运动目标图像快速采样并将其转换成电量。光电成像器件现多采用高速成像 CMOS（互补金属氧化物半导体）或 CCD（电荷耦合器件）。

　　3. 图像存储器件

　　图像存储系统用来暂时或永久地存储摄像系统所获取的数字图像，完成图像的快速存储，在高速摄像系统中一般采用数字化的存储方式，由计算机直接控制进行记录、存储和重放，存储图像的数量和大小与存储器的容量大小成正比。

　　4. 控制系统

　　控制系统包括控制镜头光圈、焦距机构和相机内部的时钟控制电路。负责控制拍摄频率、画幅大小、电子快门频率、图像信息存储、触发方式以及与主控制计算机的数据传输。在实际操作中，这些参数的设置和具体控制都是通过安装在相机上的软件操作来实现的。

5. 图像处理系统

高速摄像系统记录的序列图像，需要通过专门的判读和处理软件来进行定性的观测和定量的分析，以求得拍摄对象的一系列运动参数。在多数情况下，定量分析比定性观测更为重要，需要在序列图像中测量出拍摄对象的实际变化量，这就要求我们通过专门的应用软件来完成对图像质量的改善、判读和提取时间、空间等有效信息，并由此计算出拍摄目标的运动参数，达到测量试验的目的。

CMOS（Complementary Metal Oxide Semiconductor）图像传感器是固态传感器中的一类成像芯片。相对于电荷耦合器件 CCD（Charge Coupled Device）图像传感器，其主要优点是：把光敏元件、放大器、A/D 转换器、存储器、数字信号处理器和计算机接口电路统统集成于同一块芯片上，结构简单，功能多，成品率较高，价格相对低廉，图 2.37 为其主要功能模块。但是 CMOS 光敏成像时，其暗电流的电子热噪声随时间的累积效应比 CCD 图像传感器要大。而对于高速摄像来讲，由于曝光时间很短，电子噪声累积效应可以忽略，加上它体积小、功能多、高速成像性能好、价格低等优势，目前在高速摄像机中得到广泛应用。

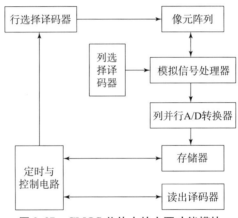

图 2.37　CMOS 芯片中的主要功能模块

（1）像元阵列在外界照射下发生光电效应，并在像元内产生相应的电荷。

（2）行选择逻辑单元选通相应的行像元，通过各自所在列的信号总线将图像信号传输到对应的模拟信号处理单元和 A/D 转换器，并且转换成数字图像信号输出给存储器。行选择逻辑单元既可对像元阵列逐行扫描也可以隔行扫描。虽然隔行扫描可以提高图像的场频，但是它会降低图像的清晰度。

（3）模拟信号处理器的主要功能是对信号进行放大处理，提高信噪比。

（4）定时与控制电路单元的主要功能是控制行选择和列选择逻辑单元，并为像元阵列单元提供置位信号和整个芯片的时钟信号，一般采用数字锁相环进行稳频和实现其他功能。

CMOS 图像传感芯片是整个高速摄像机的关键器件，它在很大程度上决定了高速摄像机性能的优劣。它的主要指标是像素和响应时间，因为这决定了图像的分辨率和拍摄频率。

（三）高速摄像机的基本性能参数

高速摄像机性能参数决定了所采集到的图像分辨率、图像质量等，直接与高速摄像机应用方法相关，其主要参数如下。

1. 摄像频率

摄像频率是指每秒钟拍摄所获得的图像幅数。摄像频率是运动分析中一个必须考虑的重要参数。

2. 分辨率

分辨率（像元总数）是指摄像机一次采集图像（一幅图像）的像素点数（Pixels）。一般是直接与图像传感器的像元总数对应的，用水平和垂直方向总像素数表示。像素是图像最小可辨认单元，目前高速摄像机分辨率范围为 $64 \times 16 \sim 2\,048 \times 2\,048$ Pixels。摄像机的分辨率是摄像机最主要的性能指标之一，其大小受图像传感器限制。

3. 像元尺寸

像元尺寸和分辨率共同决定了相机靶面的大小。目前摄像机像元尺寸一般为 $3 \sim 10$ μm，一般像元尺寸越小，制造难度越大，图像质量也越不容易提高。

4. 像素深度

像素深度是指存储每个像素所用的位数。常用的是 8 bit、10 bit、12 bit 等。像素深度决定了彩色图像的每个像素可能有的颜色数，或者决定了灰度图像的每个像素可能有的灰度级数。例如一个像素共用 8 bit 表示，则像素的深度为 8 bit，每个像素可以是 256 种颜色中的一种。在这个意义上，往往把像素深度说成是图像深度。一个像素的位数越多，它能表达的颜色数目就越多，它的深度就越深，但在同样的分辨率情况下，图像文件越大。

5. 光谱响应特性

光谱响应特性是指图像传感器对不同光波的敏感特性，一般响应范围是 $350 \sim 1\,000$ nm。一些相机在靶面前加了一个滤镜，滤除红外光线，如果系统需要对红外感光时可去掉该滤镜。

6. 曝光方式和快门速度

对于线阵相机都是逐行曝光的方式，可以选择固定行频和外触发同步的采集方式，曝光时间可以与行周期一致，也可以设定一个固定的时间。面阵工业相机有帧曝光、场曝光和滚动行曝光等几种常见方式，数字工业相机一般都提供外触发启动的功能。快门速度一般可到 $1 \sim 10$ μs，高速工业相机还可以更快。

高速摄像机中各项参数是互相关联、互相制约的。实际工程中所具备的条件往往很有限，所以只能根据实际情况，寻求一个合理、切实可行的折中方案，以求空间分辨率和时间分辨率达到最佳状态。

2.5.2　闪光 X 射线技术

闪光 X 射线系统是一种高速辐射摄影系统，是一项现代化的测试技术，广泛应用于高速运动现象的研究。例如，弹丸在膛内的运动聚能、破甲射流的形成及对目标的侵彻过程、带壳战斗部破片的形成炸药及火工品的爆炸过程及结构设计等方面的研究。特别近几十年来，专业人员应用闪光 X 射线设备对弹道学、爆炸力学等诸领域中的实际问题进行了广泛的研究。

（一）X 射线的产生及其基本性质

X 射线是由高速电子撞击到靶（阳极）上产生的韧致辐射。它是一种电磁波辐射，对于以波长为 λ 的 X 射线辐射的光子能量 E 为：

$$E = hc\lambda^{-1} \tag{2.38}$$

式中，h 是普朗克常数；c 是光速。不难看出，X 射线管是由作为电子源的阴极和作为靶的阳极所构成的。加在两个电极上的电压是用于加速电子的，故光子的能量是与加速电压有关的，其中最大的光量子能量 $E_{max} = eV$（此处 e 是电子的电荷量，V 是阴阳极的电压）。而从研究发射的 X 射线频谱可知，它可分为连续辐射和特征辐射两种形式。

1. 连续辐射

图 2.38 是在恒压源下产生连续辐射线的频谱曲线。它的总辐射强度 I 为：

$$I = \int_{\lambda} I(\lambda)\,\mathrm{d}\lambda \tag{2.39}$$

由经验可知

$$I_0 = kiZV^n \tag{2.40}$$

式中，k 是系数；i 是电流；V 是电压；Z 是靶材料的原子序数；指数 n，在 MV 量级时，$n \approx 2$。如果电压 V 以伏特为单位，电子束能量转换成 X 射线辐射能量的效率 η 近似写成：

$$\eta \approx 10^{-9} ZV \tag{2.41}$$

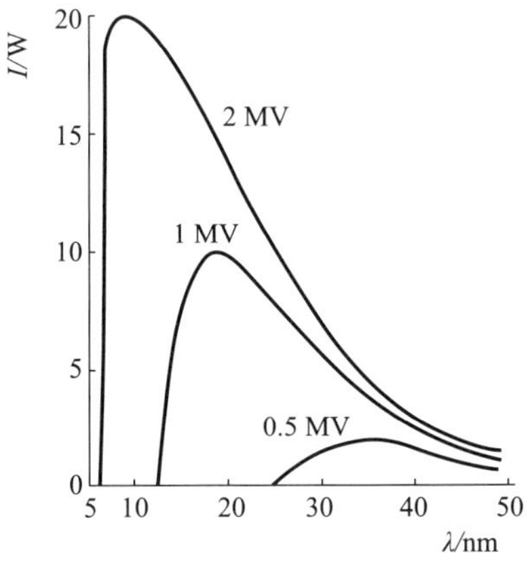

图 2.38　不同管电压下的连续 X 辐射

这种转换效率是很低的，一般只有千分之几。即电子束的绝大部分能量被转化为热能。

当阳极电压高于 0.5 MV 时，电子束方向的辐射强度最大；当电压低于 100 kV 时，在电子束方向没有 X 射线，而与电子束成 60°~80°的方向上辐射强度最大，即连续辐射谱具有角分布的特性。

2. 特征辐射

由于带有足够动能的电子碰撞，阳极原子壳层中的电子可能被激发。激发电子的空位将被更高能层的电子所代替，由于能级的差异而释放出一个光子。这种辐射叠加在连续辐射谱线上，称为特征辐射。

如图 2.39 所示，阳极材料所特有的 X 射线线系谱是与不连续的电子能级相关的。特征辐射最主要的跃迁发射在较高的能级差额之间。从 L 层到 K 层（Kα 辐射）跃迁的典型能量列于表 2.8 中。应当注意到，与连续辐射谱不同，特征辐射是各向同性的。

表2.8　典型元素的原子序数及跃迁能量

元素	原子序数	能量/keV
Al	13	1.5
Cu	29	8.9
Mo	42	20.0
W	74	69.3
U	92	115.0

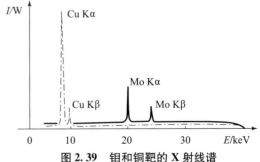

图 2.39　钼和铜靶的 X 射线谱

3. X 射线的吸收

当 X 射线束通过厚度为 x 的物质时，遵守材料吸收衰减的指数定律：

$$I_2 = I_1 \exp(-\mu x) \tag{2.42}$$

I_1 和 I_2 分别是射入和射出的强度。X 射线强度的损失是由于与物质中原子相互作用的结果。它们作用的方式有：①光电效应；②相干散射；③非相干散射（康普顿散射）；④电子对效应。这些作用方式与射线的能量和物质的原子序数密切相关。

（二）闪光 X 射线装置

闪光 X 射线照相技术大多用于观察研究高速（$10^2 \sim 10^4$ m/s）运动现象，这时要求曝光时间在 $10^{-6} \sim 10^{-7}$ s 范围内，图像的运动模糊才可以忽略。常规 X 射线装置的曝光时间是以秒计算的，其管电流为毫安量级。闪光 X 射线装置必须采用高压冲量电源，为满足照相的剂量要求，管电流应达到 $10^3 \sim 10^4$ A。要产生如此大的电流，必须有一个发射大量电子的源和以正离子补偿电子的空间电荷效应。这可采用气体放电、真空放电和场致发射来实现。实际应用中，大多采用真空放电形式。

1. 闪光 X 射线管

闪光 X 射线管是使用低于 10^{-3} Torr（1 Torr = 133.322 Pa）的真空管，分为封闭管和动态管两种类型。封闭管在使用中不需要附加抽气系统，它的操作控制比较简单。而动态管是可拆卸的，可以改变阳极和输出窗口的材料、结构，以及调整电极间的距离。特别是大功率冲量下工作的管子，阳极工作的次数有限，使用动态管更为有利；其次，动态管的工艺要求比较简单，只是由于它附有抽真空系统而显得有些不便。

最简单的二极管式闪光 X 射线管，有发射电子的冷阴极和作为靶的阳极。当两个电极间再加一个触发点火电极时，就构成了三极管式的闪光 X 射线管。图 2.40 和图 2.41 表示了几种典型的电极系统。它们的共同特点是：冷阴极有锐利的边角和尖端，以促进场发射电流的建立；阳极的设计则是尽量使辐射强度最大，而平行于照相方向的辐射投影面积最小（接近点源）。

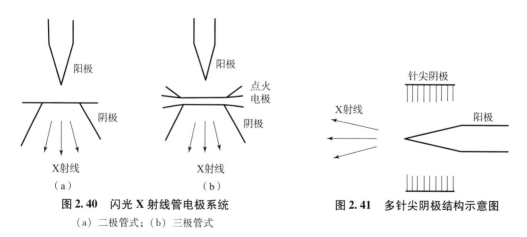

图 2.40　闪光 X 射线管电极系统　　　　图 2.41　多针尖阴极结构示意图

（a）二极管式；（b）三极管式

阴极材料大多采用不锈钢、镍等，多针尖阴极则常用钨丝制成。钨是高原子序数物质，又有高的熔点，作为阳极靶材料，它是优先选用的，但如果需要在某些特征谱线下工作，就应选择相适应的靶材料。

作为阳极的形式可分为透射式和反射式两种。透射式适合于 1 MV 以上的电压，它的靶一般用钨或钽箔，其厚度取决于电子的能量。透射式靶不易得到小的焦点。反射式靶用于几百千伏的电压下是合适的。如反射式锥形阳极可获得良好的聚焦。锥顶角一般在 30°左右，电子轰击在锥面上，在辐射最强的方向，焦点直径最大等于锥基的直径。

2. 冲量高压电源

冲量高压电源的规模和形式，以及输出参数的要求，决定了所需 X 射线的能量和剂量。下面简要介绍几种基本电源形式。

（1）单个电容器放电电源。

将一个三极管式的管子和一个电容器连接起来就构成了最简单的冲量 X 射线发生器，如图 2.42 所示。电容器先充正电压 U，然后射线管触发点火，在阴、阳极间引起放电，伴随着产生 X 射线。从放电开始到阴阳极间形成电弧，管阻抗从无穷大下降到 10 Ω 左右，此放电过程相当于一个高阻尼谐振电路放电。阳极电压 U、电流 i、X 射线强度 I 与时间 t 的关系描绘在图 2.43 中，电压和电流的相位相反，当电流达到极值时，已发展到电弧放电

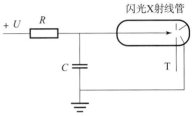

图 2.42　单个电容器放电电路

T—触发电极

过程，这时已没有 X 射线发射。当电压高于 100 kV 时，射线管的绝缘较困难，则可采用带有火花隙 S 的线路。为了有较高的电压加到射线管上，必须尽量降低火花隙的电阻和电感。

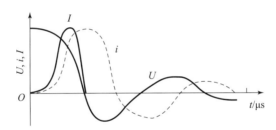

图 2.43　阳极电压 U、电流 i、射线强度 I 与时间 t 的关系

（2）冲量变压器电源。

冲量变压器电源的 X 射线装置线路如图 2.44 所示。充电到 U 的电容器，通过火花隙 S 经变压器初级放电，在阳极上可得到理论值为 nU 的冲量高压。此处 n 是变压器次级和初级的匝数比，一般 n 为 20 左右。

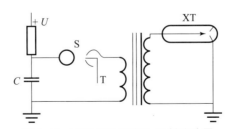

图 2.44　变压器电源产生 X 射线冲量

（S 为火花隙，T 为触发电极，XT 为 X 射线管）

为提供放电过程中的大电流，电容器的容量必须足够大。在此条件下，即便采用自感很低的初级线圈，电流冲量上升时间也需要 $10^{-7} \sim 10^{-6}$ s，冲量宽度达数微秒。如果需要，可把熄火放入次级电路，以减少上升时间和脉宽，一般可达到亚微秒的冲量宽度。

3. Marx 发生器电源

Marx 发生器是闪光 X 射线装置中使用较普遍的一种电源。尽管 Marx 发生器有很多结构形式，其基本概念都是先给电容器并联充电，然后使其串联放电，输出一个幅值很高的冲量电压。图 2.45 描绘了一台 4 级 Marx 发生器闪光 X 射线装置的接线原理图。电容器 C 通过电阻（R_1、R_2、$\cdots$、R_7）并联充电到 U，第一对火花隙由外部触发点火 T，尔后的火花隙相继击穿，即电容器经火花隙 S 串联放电。当级数为 n 时，Marx 空载输出电压的理论值可以达到 n 倍的充电电压。但由于分布电容的影响，空载输出电压低于 nU。实际上，为使发生器达到高的输出效率，应尽量降低放电回路的电感和电阻。

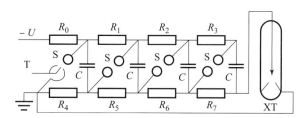

图 2.45　Marx 发生器电源的闪光 X 射线装置接线原理图

4. Blumlein 线

Blumlein 线是由三个同轴圆柱导体（见图 2.46）或由三块平行金属板组成，导体之间填有绝缘电介质。它的前级电源多数采用 Marx（也可使用其他类型电源）。仔细调整主开关 S，当 Blumlein 线充电至一定电压，主开关击穿放电，Blumlein 线输出一短冲量高压加到 X 射线管（XT）上。从电磁波在 Blumlein 线中的传输、反射和透射可知，如果 X 射线管（负载）阻抗 $R_r = 2Z$（此处 Z 是传输线的特性阻抗），理论上负载两端将呈现一个冲量方波，冲量幅度等于充电电压；脉宽 $T = 2l\sqrt{LC}$（此处 L 和 C 分别为传输线单位长度的电感和电容，l 是传输线的长度）。采用分布参数的 Blumlein 线结构的优点，不仅有助于获得短的冲量宽度，而且可以得到大的功率输出。

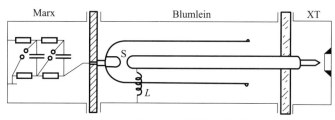

图 2.46　Blumlein 线结构原理图

5. 高能闪光 X 射线装置

采用加速器技术可以获得高能量、高强度的闪光 X 射线辐射。例如：

（1）PHERMEX（Pulse High Energy Radiographic Machine Emitting X – rays）是美国洛斯·阿拉莫斯实验室研制的一台驻波加速器。目前达到 50 MV、100 A，焦斑直径为 1 mm，

脉宽为 200 ns，在 1 m 处的剂量达到 100 Rad（拉德）。

（2）FXR（Flash X – ray Radiography）是美国利弗莫尔实验室研制的一台感应直线加速器。20 MV、2.3 kA、焦斑直径为 4 mm、冲量半宽高为 60 ns，在 1 m 处的剂量达 500 Rad。

（三）闪光 X 射线成像

一套用于拍摄瞬态过程的闪光 X 射线照相试验装置示意图如图 2.47（a）所示，包括控制单元、高压脉冲发生器、X 射线管、成像单元等部分。试验原理如下：由拍摄事件或独立的触发装置给出一个触发信号至控制单元，经过设定的延迟后，控制单元向脉冲发生器发出同步信号使之产生高压电脉冲信号，该脉冲导致 X 射线管发出 X 射线脉冲，发出的 X 射线脉冲穿过拍摄对象并被一定程度吸收后，在增感屏辅助下导致底片曝光，从而记录下拍摄对象形成的影像。

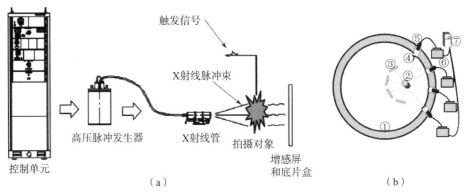

图 2.47　闪光 X 射线照相系统工作示意图和爆炸分散试验布置示意图

（a）闪光 X 射线照相系统工作示意图；（b）爆炸分散试验布置示意图

①—密闭爆炸实验室；②—爆炸试验对象；③—底片保护盒；

④—带铝板防护的拍摄窗口；⑤—X 射线管；⑥—脉冲发生器；⑦—控制单元

试验中使用的是 Scandiflash 公司的四通道 450 kV 闪光 X 射线照相系统，共有 4 台脉冲发生器和 4 支 X 射线管，在一次试验中能获得 4 个相同或不同时刻 X 射线照片。4 支 X 射线管以一定角度间隔安装在爆炸室外侧，其布置方案如图 2.47（b）所示，采用高强度铝合金板对 X 射线管进行防护。

2.5.3　红外测温技术

红外热像仪早期广泛地用于侦察、制导、火控等观察型军事领域；随着红外成像技术的不断发展，红外热像仪的温度灵敏度、空间分辨率等性能有了大幅提高，能够满足火炮、弹药等兵器精确测温。随着红外探测器的发展，红外热像仪可以实现高密度焦平面和高帧速读出功能，温度灵敏度达到 5 mK，能够满足爆炸场的精确测温需求。目前以红外热像仪为主的红外测温技术被广泛应用于爆炸场的爆温测试。

（一）红外辐射基本原理

红外测温是一种非接触式测温方法，其测量原理是利用红外探测器接收到的目标物体表面的红外热辐射与温度之间存在一定的关系。该方法便于测量不宜接触或不能接触的高温、移动、化学、危险等的物体温度。

　　红外辐射也称为红外线，任何物体在其温度高于绝对零度时，就会以电磁波的形式向外界发射红外线。红外线用肉眼是看不到的，但它无处不在。只要物体内部带电粒子的无规则运动使其具有一定的温度，就会产生红外辐射。英国的天文学家 William Herschel 于 1800 年研究太阳光热效应时发现了红外线的存在。红外辐射具有一定的热效应，在电磁波谱中，横跨大约 10 个倍频程，波长范围介于 $0.75 \sim 1\,000\ \mu m$。在地球大气层中，红外辐射具有特殊的传输性能，以此为依据，其在红外光谱区的分布波段为：近红外（$0.75 \sim 3.0\ \mu m$），中红外（$3.0 \sim 6.0\ \mu m$），远红外（$6.0 \sim 15.0\ \mu m$），极远红外（$15.0 \sim 1\,000\ \mu m$）。经研究发现，大气层对红外辐射的衰减与波长存在一定的关系。即所谓的大气窗口，是指在这一波段内，红外辐射在大气传输过程中的衰减较小、大气透过率比较大。红外大气窗口如图 2.48 所示。

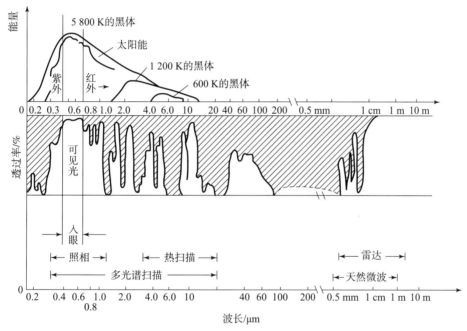

图 2.48　红外大气窗口

　　为了研究红外辐射的分布规律，必须选择合适的理论研究模型——黑体腔模型，最早是由普朗克提出来的。黑体（或绝对黑体）是指在任何温度下对任何物体的表面辐射全部吸收，即反射率和透射率为 0，吸收率为 1。即

$$\alpha_{bb} = \alpha_{\lambda bb} = 1 \tag{2.43}$$

　　黑体是一个理想或抽象化的概念，在自然界中，真正的黑体并不存在。黑体型辐射源是最常用和最接近黑体辐射的人造辐射标准源，简称黑体。它能够吸收外界的全部电磁辐射，并且不会存在任何反射与透射，即表面的发射率为 1。黑体辐射满足 4 个定律，统称黑体辐射定律，具体描述如下。

1. 普朗克定律

　　黑体辐射度是一切红外辐射的理论基础。黑体辐射的光谱分布由普朗克公式来描述，其数学表达式如下：

$$M_\lambda^0 = \frac{c_1}{\lambda^5} \cdot \frac{1}{\mathrm{e}^{c_2/(\lambda T)} - 1} \tag{2.44}$$

式中，$c_1 = 3.743 \times 10^4 \ \mathrm{W \cdot cm^{-2} \cdot \mu m^4}$，为第一辐射常量；$c_2 = 1.438 \times 10^4 \ \mu m \cdot K$，为第二辐射常量。通过式（2.44）可得到绝对黑体在不同温度时的辐射光谱的分布规律，如图 2.49 所示。

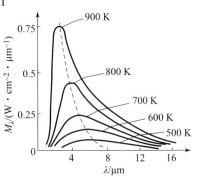

图 2.49　绝对黑体光谱辐射分布特征规律

通过图 2.49，可总结出黑体辐射主要有三个特点，分别为：

（1）曲线下的面积代表了总的辐出度（即斯蒂芬 – 玻耳兹曼定律）。随着温度的增加，黑体的总辐出度快速增加，并且不同曲线之间永不相交。

（2）有极值。伴随波长的变化，黑体的辐出度连续且只有一个最大值，与黑体辐射源的温度无关。

（3）伴随温度的增加，辐出度极值向短波区移动，且短波波段的辐射在总的辐出度中所占比例增大。

2. 维恩位移定律

维恩位移定律是描述黑体光谱辐射出射度的峰值所对应的峰值波长与黑体绝对温度 T 之间的关系表达式。对式（2.44）中的波长进行求导，并令其导数为 0，可得：

$$\left(1 - \frac{c_2/(\lambda T)}{5}\right) \cdot \mathrm{e}^{c_2/(\lambda T)} = 1 \tag{2.45}$$

利用逐次逼近法可得：

$$\frac{c_2}{\lambda T} = \frac{c_2}{\lambda_{\mathrm{m}} T} = 4.965\,114\,2 \tag{2.46}$$

最后可得到维恩位移公式为：

$$\lambda_{\mathrm{m}} T = b \tag{2.47}$$

式中，b 为常量，$b = \lambda T = 2\,898.8 \pm 0.4$。

根据维恩位移定律，温度为 T 的黑体在波长为 λ 处的单位波长间隔内具有最大的辐射强度，随着温度的升高，峰值波长向短波方向移动，这就是"位移"的物理学意义。

3. 斯蒂芬 – 玻耳兹曼定律

斯蒂芬 – 玻耳兹曼定律对绝对黑体在整个波段内的总辐出度与绝对温度的定量关系进行了描述。在波长为零到无限大的区间内，对普朗克黑体辐射的光谱分布函数进行积分，即可推导得到斯蒂芬 – 玻耳兹曼定律：

$$M^0 = \sigma \cdot T^4 \tag{2.48}$$

式中，σ 为斯蒂芬 – 玻耳兹曼常数，$\sigma = 5.669\,7 \times 10^{-12} \ \mathrm{W \cdot cm^{-2} \cdot K^{-4}}$。

由斯蒂芬 – 玻耳兹曼定律可以看出，绝对黑体的全辐出度正比于其绝对温度的 4 次方。极其微小的温度波动就能引起辐射出射度比较大的变化。此结论对于任何实际物体也是适用的。这就是全辐射法测温的基本原理。

4. 基尔霍夫定律

在热平衡状态下，任意物体的辐出度和它的吸收率的比值与这个物体的性质是没有关系的，只与波长和温度有关。当波长和温度一定时，辐射出射度和吸收率之比是一个确定的常数。它不但适用于所有波长的全辐射，对任意波长的单色辐射也是适用的。基尔霍夫定律的数学表达式为：

$$\frac{M_{A_{1\lambda}}}{\alpha_{A_{1\lambda}}} = \frac{M_{A_{2\lambda}}}{\alpha_{A_{2\lambda}}} = \cdots = \frac{M_{bb}}{\alpha_{bb}} = f(\lambda, T) \tag{2.49}$$

基尔霍夫定律对处于热平衡状态下的物体发射率与吸收率关系进行了描述：物体的吸收能力与辐射能力成正比，一个良吸收体也必然是一个良辐射体。

各种温度的定义都只涉及辐出度或亮度，因此，各种对温度的测量，实质上都是对辐射量的测量。辐射测温的基本方法可分为：①全辐射式测温；②亮度测温（又称为单色辐射测温）；③比色测温；④多波长辐射测温。

（二）红外热成像技术

热辐射是物质中带电粒子的热运动产生的电磁辐射，是一种利用电磁波辐射、非接触式的热传递方式。绝对温度不是零的物体都会释放热辐射。物体表面热辐射的强弱与该点的温度和其表面状态有关。因此，热图像反映出了物体表面温度的分布及特征。物体的热辐射效应主要是红外波段的电磁辐射。红外辐射携带了物体表面的温度信息，具有很强的温度效应。在理论研究上，通过接收物体表面的热辐射，经处理转换后，就可以反演出物体表面的温度，进而研究其辐射特性。

红外热像仪通过红外探测器、光学系统和电子处理系统，把物体表面的红外辐射转换成可视图像，能够定量地描绘出物体表面的温度场分布，具备将灰度图像进行伪彩色编码的功能。目标物体上任意一点发射出的红外辐射经传播介质到达光电系统，经转换后的辐射能量分别对应于图像上特定点的灰度值，经过相应的软件进行处理，得到目标物体的表面温度，这就是红外热像仪的测温原理。红外热成像技术在本质是不同波长之间进行相互转换的技术。红外热成像的过程主要分为三个阶段：获取红外辐射信号；红外信号通过光电转换系统转换为电信号；将处理后的电信号转换为人眼可识别的热灰度图像。典型的红外热成像基本过程如图 2.50 所示。

图 2.50　红外热成像基本流程

当目标相对于背景来说，温度近似或辐出度差别比较小时，利用红外热像仪将背景中的目标物探测出来是比较难的。热成像系统的性能通常用热导数来描述，即光谱辐出度与温度的微分 $\partial M / \partial T$。因为 $e^{c_2/(\lambda T)} \gg 1$ 时，普朗克公式的热导数为：

$$\frac{\partial M_\lambda}{\partial T} = \frac{\partial}{\partial T}\Big[\frac{c_1}{\lambda^5} \cdot \frac{1}{e^{c_2/(\lambda T)} - 1}\Big] = \frac{c_1}{\lambda^5} \cdot \frac{e^{c_2/(\lambda T)} \dfrac{c_2}{\lambda T^2}}{(e^{c_2/(\lambda T)} - 1)^2} \approx M_\lambda \cdot \frac{c_2}{\lambda T^2} \tag{2.50}$$

则物体表面的辐出度与其温度的微分关系式可表示为：

$$\frac{\Delta M_{\lambda_1 - \lambda_2}}{\Delta T} = \int_{\lambda_1}^{\lambda_2} \frac{\partial M_\lambda}{\partial T} d\lambda = \int_{\lambda_1}^{\lambda_2} M_\lambda \frac{c^2}{\lambda T^2} d\lambda \tag{2.51}$$

由于对比度对温度的变化率与 $\Delta M_{\lambda_1-\lambda_2}/\Delta T$ 相对应，为求得对比度，只需求得 $\Delta M_{\lambda_1-\lambda_2}/\Delta T$ 即可。

由相关文献资料可知，$\partial M_\lambda/\partial T - \lambda T$ 的关系曲线有一个峰值，利用与推导维恩位移公式类似的方法进行推导，可得出光谱辐出度变化率的峰值波长 λ_c 与绝对温度 T 之间的关系式为：

$$\lambda_c T = 2\,411\ \mu m \tag{2.52}$$

又因辐射峰值波长 λ_m 满足

$$\lambda_m T = 2\,898\ \mu m \tag{2.53}$$

因此，辐射峰值波长 λ_m 与最大对比度波长 λ_c 之间满足如下关系：

$$\lambda_c = \frac{2\,411}{2\,898}\lambda_m = 0.832\lambda_m \tag{2.54}$$

由式（2.49）可以得出，利用红外热像仪对地面目标进行检测时，由于地面背景的温度通常为 300 K，最大对比度波长 λ_c 近似为 8 mm。因此，在不考虑其他因素的前提下，选取波长范围为 8~14 mm 作为探测波段，效果最为理想。

2.5.4 多普勒雷达测速技术

冲量多普勒雷达（Pulse Doppler Radar，下文简称 PD 雷达）能够通过检测目标的多普勒频率实现目标检测并能够通过滤波器有效地抑制各类杂波。上述优势使得该体制雷达在军事、航空航天等诸多领域得以广泛应用。PD 雷达兼具连续波（CW）雷达与冲量雷达二者的优点，通常情况下，PD 雷达工作于高冲量重复频率（HPRF）并具有卓越的距离与速度分辨力，其杂波抑制能力也很优秀。

（一）冲量多普勒雷达

多普勒雷达是一种通过检测目标多普勒频率来提取目标信息的雷达。当雷达和目标之间有径向速度时，目标将会由于多普勒效应而产生多普勒频移。发射冲量信号的多普勒雷达可以分为动目标显示（MTI）雷达以及 PD 雷达，其中 PD 雷达体制又是基于 MTI 雷达体制建立的。其主要优点是能在强杂波背景下检测到运动目标并提取相关目标信息。根据 Merrill I. Skolnik 在《雷达手册》中的描述，PD 雷达一般具有以下三大特征：

（1）雷达工作在高 PRF 下并存在距离模糊。

（2）雷达通过在频谱获取目标多普勒频率来提取目标速度信息。

（3）雷达采用相参发射和接收并利用相参处理技术对杂波进行抑制。

可见，《雷达手册》中的定义只适用于高重频的 PD 雷达。PD 雷达按冲量重复频率大小又可分为高、中、低三种 PRF 的雷达。20 世纪中期中等冲量重频雷达出现并在机载雷达领域中大放异彩。中 PRF 的 PD 雷达比普通冲量雷达的冲量重复频率要高，但其性能达不到完全消除多普勒模糊；比高 PRF 的 PD 雷达的冲量重复频率低，所以仍然存在距离模糊。所以中 PRF 雷达是在距离与速度上都不清晰，需要双重解模糊。但是 3 种 PRF 的 PD 雷达均是根据多普勒频率检测目标。显然中、低 PRF 的 PD 雷达均无法满足 Skolnik 定义 PD 雷达的全部三个条件，但三种 PRF 的 PD 雷达均满足第二个条件，即能够通过频率滤波实现速度提取。PD 雷达的定义可以延伸为只要是能实现对频谱单根谱线频域滤波，从而提取目标速度信息的雷达，都可以称为 PD 雷达。

理论上，在低 PRF 的 PD 雷达中，因为其重频较低，造成其频率很容易越过重频测量边界导致测速模糊，而在高 PRF 的 PD 雷达中由于频率提升，各冲量距离门间隔缩短，使其测距出现模糊问题。而在实际应用中，也会出现重频过于倾向一方面而造成速度或距离模糊过于严重，造成无法解模糊的问题。所以中 PRF 的 PD 雷达在高速飞行器设计等领域得到了广泛的应用。三类不同 PRF 的雷达由于在功能上存在差异，所以在实际应用中，需要根据需求选择合适的雷达类型。随着雷达信号干扰和欺骗技术的发展，使得雷达需要在极端复杂的环境下工作，这就使得单一体制雷达无法满足要求，所以通常会采用两种及两种以上的雷达类型以达到性能指标。表 2.9 给出了对三种不同 PRF 的 PD 雷达各自的优缺点的比较。

表 2.9　三种不同 PRF 的 PD 雷达比较

	优点	缺点
PD 雷达 低 PRF	（1）根据距离可区分目标与杂波； （2）无距离模糊； （3）前端 STC 抑制了副瓣检测和降低对动态范围的要求	（1）由于多重盲速，多普勒能见度低； （2）对慢目标抑制能力低； （3）不能测量目标的径向速度
PD 雷达 中 PRF	（1）在目标的各个视角都有良好的性能； （2）有良好的慢速目标抑制能力； （3）可以测量目标的径向速度； （4）距离遮挡比高 PRF 时小	（1）有距离幻影； （2）副瓣杂波限制了雷达性能； （3）有距离重叠，导致稳定性要求高
PD 雷达 高 PRF	（1）在目标的某些视角上可以无副瓣杂波干扰； （2）唯一的多普勒盲区在零速； （3）有良好的慢速目标抑制能力； （4）可以测量目标径向速度； （5）仅检测速度就可提高探测距离	（1）副瓣杂波抑制了雷达性能； （2）有距离遮挡； （3）有距离幻影； （4）有距离重叠，导致稳定性要求高

测速原理：PD 雷达能够通过发射并接收反射回波来解算侦测到的目标的径向速度和目标与雷达间距离这两个参数。雷达发射机通过天线将其产生的电磁波沿某方向发射到大气中，位于该波束范围内的目标将反射一部分电磁波。雷达接收机将这一部分反射电磁波进行接收。接收到的信号会被送入处理机进行目标信号放大与处理，并将经过处理后的信号在终端上进行显示。

根据上述的雷达工作过程，我们可以发现，如果准确测量出从发射天线将电磁波发射到反射回来的电磁波被天线接收这一过程所用的时间，那么就可以测量出雷达与目标之间的距离。电磁波的传播速度 c 为光速，假设雷达与目标间距为 R，则其距离为：

$$2R = ct \quad 或 \quad R = \frac{ct}{2} \tag{2.55}$$

式中，t 为电磁波从发射到接收回波的时间。

PD 雷达测速是根据目标移动所产生的多普勒频移求解目标速度的。当目标与雷达间存在径向速度时会产生多普勒效应，其发射冲量重复频率与回波的频率是不同的。下面给出了发射频率 f_0、多普勒频移 f_d 以及目标速度 v 的表达式。

令 PD 雷达发射的连续波信号为：

$$S(t) = A\cos(\omega_0 t + \theta) \tag{2.56}$$

式中，A 为振幅，ω_0 为发射信号的角频率，θ 为初始相位。雷达接收到离雷达为 R 距离上的目标反射的回波信号表示为：

$$S_r(t) = ks(t - t_r) = kA\cos[\omega_0(t - t_r) + \theta] \tag{2.57}$$

式中，$t_r = 2R/c$ 为发射到接收回波的时间间隔，其中 R 为目标与雷达的间隔距离；k 为冲量回波衰减系数。当目标存在径向速度时，间隔距离 R 会随时间变化而变化。设目标以匀速 v_r 向雷达移动。R_0 为初始距离，则目标在 t 时刻的间隔距离 $R(t)$ 为：

$$R(t) = R_0 - v_r t \tag{2.58}$$

由于径向速度 v_r 比光速小得多，所以将时延 t_r 取近似为：

$$t_r = \frac{2R(t)}{c} = \frac{2}{c}(R_0 - v_r t) \tag{2.59}$$

则前后信号的相位差为：

$$\varphi(t) = -\omega_0 t_r = -\frac{2\omega_0}{c}(R_0 - v_r t) = -\frac{4\pi}{\lambda}(R_0 - v_r t) \tag{2.60}$$

对应的频率差为：

$$f_d = \frac{1}{2\pi}\frac{d\varphi}{dt} = \frac{2v_r}{\lambda} \qquad v_r = \frac{f_d \lambda}{2} \tag{2.61}$$

这里的频差 f_d 就是多普勒频移，当目标向雷达移动时，$v_r > 0$，回波频率提高；反之则 $v_r < 0$，回波频率降低。所以说只要我们用多普勒滤波器测得 f_d 并据此可确定目标相对雷达的径向速度。

（二）冲量多普勒雷达的组成

图 2.51 为弹丸多普勒测速原理图，我们可以获得多普勒频率与弹丸速度的关系。

$$f_d = f_0 - f_0 \frac{c - v}{c + v} = f_0 \cdot \frac{2v}{c + v} = \frac{2v}{\lambda_0} \cdot \frac{c}{c + v} \approx \frac{2v}{\lambda_0} \tag{2.62}$$

式中，f_d 为多普勒频率；v 为弹丸相对天线径向运动的速度；λ_0 为天线发射电磁波波长。由此可知，测得 f_d，就可求解出弹丸的速度 v。

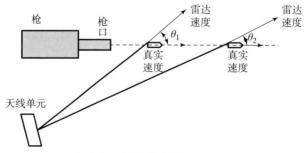

图 2.51 弹丸多普勒测速原理

测试系统由雷达模块、滤波电路、主放大电路、A/D 转换电路、FPGA 模块、通信接口电路、上位机、Flash 存储器、电源模块组成，如图 2.52 所示。

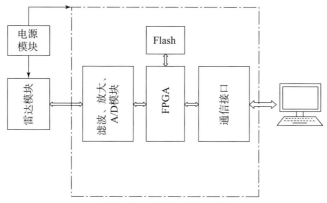

图 2.52　测试系统原理图

1. 雷达模块

雷达发射器向空中发送微波束，当在接收器同一平面出现发射微波的物体时，微波束反射回接收器，接收电路将微波能量转换为电压信号，信号处理模块将这个电压采集后进行分析检测。雷达模块具有运动目标检测功能，其输出可用于分析目标特征信号。运动目标检测基于多普勒原理，运动目标回波频率与径向运动速度成正比，即多普勒频移：

$$f_{\text{d}} = \frac{2v}{\lambda_0} \tag{2.63}$$

2. 滤波电路

滤波放大电路是前端信号处理的关键部分。在实际测试过程中，由于测试环境的恶劣，使有效信号经常受到外界环境的干扰，高频信号和低频信号混杂在有效信号之中。为了更好地得到被测信号，系统采用二阶贝赛尔有源低通滤波电路实现滤波，再进行主放大。根据弹丸初速范围，选择滤波器截止频率 100 kHz，因此通带频率在 0～100 kHz。在设计时，输入滤波器的单端信号需要经过电压跟随器进行隔离及缓冲，然后进入滤波电路滤波。滤波电路如图 2.53 所示。

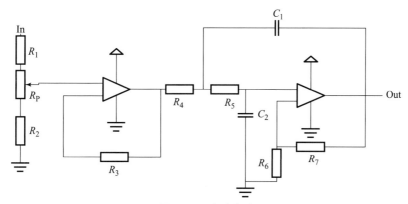

图 2.53　滤波电路

通常，使 $R_4 = R_5 = R$，$C_1 = C_2 = C$，则截止频率 $\omega_0 = 1/(RC)$。只需改变图 2.53 中 R_4、R_5、C_1、C_2 即可设计出不同截止频率。

3. 主放大电路

由于雷达微波模块的输出信号拥有极宽的带宽范围，其至少在 200 MHz，故输出信号十分微弱，电压幅值很小，因此，可通过前端的主放大电路来增强输出信号的幅度，获得更大的信号增益，同时要有一定的带宽限制以减小噪声的干扰。在经过滤波电路后信号已放大 2 倍，但依然是 mV 级别，不便于后续处理，故系统选用了一款高信噪比，低功耗 NE5532 运算放大器，采用单电源 5 V 供电，正相输入两级放大电路对信号进行放大处理，对信号放大 20 倍，其中一级放大为 $1 + R_3/R_4$，二级放大为 $1 + R_6/R_5$，放大后的电压幅值可达 $1 \sim 2$ V。

同时，在设计时考虑到运放电源可能引入噪声，故在运算放大器的电源输入端放置了钽电容（$10 \sim 30$ mF）和陶瓷电容（$0.01 \sim 0.1$ mF），可以分别滤除电源上的高频干扰和低频干扰，从而有效地降低电源噪声。主放大电路如图 2.54 所示。

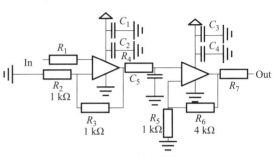

图 2.54　主放大电路

4. A/D 转换电路

A/D 转换电路（ADC）是整个数据采集部分的关键，在主放大电路放大信号 20 倍后，须对输入的模拟信号转换为数字信号。根据 Nyquist 采样定理，选取了 AD 公司的一款高信噪比、高精度、低功耗、10 bit、75 MHz 的采样模拟数字转换器 ADS828，符合系统设计要求。其 ADS828 的时钟频率由 FPGA 系统时钟频率提供。其采集控制原理如图 2.55 所示。

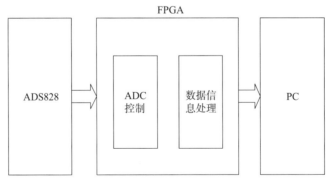

图 2.55　采集控制原理

5. FPGA 模块

系统选用了 Altera 公司的 Cyclone Ⅳ系列 FPGA 芯片 EP4CE10，整个系统都是围绕以 FPGA 为核心处理器进行的，系统拥有丰富的 I/O 口，内部含有丰富的数字信号处理 IP 核，而且它的运行速度相当快。FPGA 外部接有 JTAG 配置电路、通信接口电路，在设计时对硬件电路扩展了 SUB 接口，使系统实现了数据的快速传输且具有数据下载功能。

2.5.5　激光速度干涉系统

由于冲击波试验加载条件的极端性（高速、高压、破坏性等）和较高的诊断要求（纳秒级的连续时间分辨和精确的速度分辨等），因而对诊断设备的性能及实际操作性提出了很高的要求。光学干涉测速技术是冲击波物理的一种重要诊断技术，是冲击波物理研究的重要组成部分，有效地推动了冲击波物理研究的发展和进步。它在冲击波物理试验中的波结构、Hugonoit 状态方程、相变测量等研究方向有广泛应用。性能优良的光学干涉测速仪对于促进冲击波物理发展有很大的推动作用。

经过几十年的发展，科研人员研制了多种不同的光学测速仪，早在 1965 年，Barker 等首先报道了激光位移干涉仪测量技术，并将其应用于冲击波物理的研究中，这便拉开了光学干涉测速技术应用在冲击波物理研究中的序幕。随着光电器件的发展，光学干涉测速技术主要包括有激光位移干涉技术、激光速度干涉技术、任意反射面激光干涉测速技术 VISAR（Velocity Interferometer System for Any Reflector）、全光纤任意反射面激光干涉测速技术、激光多普勒差频技术等多项测试系统。该技术已成为冲击波物理研究中重要的诊断技术之一，并且广泛应用于炸药爆轰性能、电磁炮等众多研究领域中。

目前，VISAR、PDV（Photonic Doppler Velocimetry）和 DPS 是冲击波试验中应用最广泛的激光测速仪系统，下面将详细介绍 DPS 测速系统的工作原理。DPS 是位移干涉测速系统，具有时间分辨率高（亚 ns 量级）、连续测量时间长（10 μs 量级）、非接触测量及测量速度范围广（>10 km/s）等优点，它的原理图如图 2.56 所示。

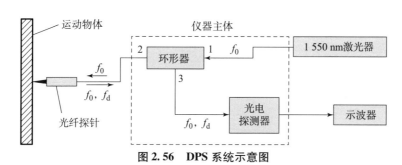

图 2.56　DPS 系统示意图

DPS 测速系统主要由激光器、仪器主体、光纤探针和高带宽高采样率的示波器组成，激光器发出的频率为 f_0 的相干激光通过光纤耦合输出到环形器的 1 号端口输入，再由 2 号端口输出到由光纤陶瓷平头光纤做成的光学收集探针，从运动物体表面收集的带有多普勒频移信号的反射光（频率为 f_d）与光纤端面基频回光（频率为 f_0）进行拍频，由环形器的 3 号端口输出到高带宽光电探测器进行光电转换，最终由高带宽高采样率的示波器记录。

基于多普勒效应，由运动物体收集回来的激光会有附加的多普勒频移，计算公式为：

$$f_d = \frac{c + 2n_0 u}{c} f_0 \tag{2.64}$$

式中，n_0 为介质的折射率。

f_0 和 f_d 两束激光产生拍频的频率为：

$$f_b = f_d - f_0 = \frac{2n_0 u}{c} f_0 = \frac{2n_0 u}{\lambda_0} \tag{2.65}$$

式中，λ_0 为激光器初始波长。式（2.65）是 DPS 测速系统的基本原理。可以反解得到被测物理的运动速度 u 与拍频频率 f_b 及激光器初始波长 λ_0 之间的关系为：

$$u = \frac{f_b \lambda_0}{2n_0} \tag{2.66}$$

如果样品处于真空环境，则 $n_0 = 1$。

DPS 信号处理的大致流程如图 2.57 所示。图 2.57（a）为示波器记录的典型 DPS 信号条纹波形，从条纹波形图上可以看出，DPS 信号具有很好的信噪比。再经过短时傅里叶变换（STFT）后，可以得到 DPS 信号的时间 – 频率光谱图，如图 2.57（b）所示。最后由式（2.66）得到如图 2.57（c）所示的 DPS 系统测量的速度波剖面。

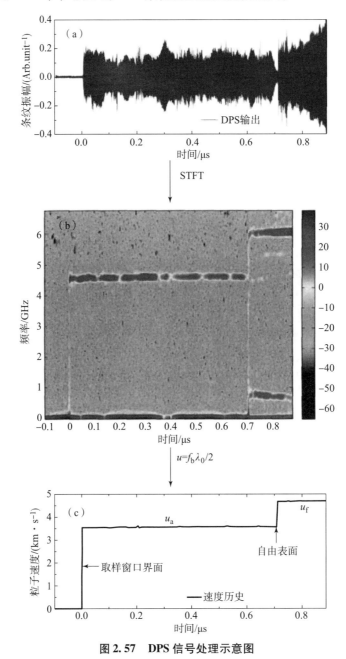

图 2.57　DPS 信号处理示意图

（a）示波器记录的 DPS 信号；（b）DPS 信号经过 STFT 变换后得到的频率 – 时间光谱图；（c）粒子速度波剖面

在许多冲击波物理试验中，为了维持样品在测量过程不被卸载，通常在样品的后界面加一个阻抗比较接近的透明窗口材料来进行界面波剖面测量，如图 2.58 所示。当冲击波传到窗口里，窗口材料的密度和折射率都会发生改变，因此 DPS 测量的粒子速度并不是真实的粒子速度 u_p，而是包含了窗口高压折射率在内的表观粒子速度 u_a。

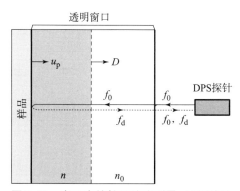

图 2.58　窗口中的粒子速度测量（附彩插）
（D 是冲击波速度，u_p 是真实粒子速度；绿色区域是受冲击波压缩的区域）

一般情况下，冲击波波阵面前后区域的折射率变化不大，因此可以忽略冲击波波阵面的反光。此时进入窗口和出射窗口的激光的光程差减小速率为：$2[(nu_p + n_0 D) - nD]$。从窗口反射出的激光频率为：

$$f_d = \frac{c + 2[(nu_p + n_0 D) - nD]}{c} f_0 \tag{2.67}$$

信号采集器采集到的信号的拍频为：

$$f_b = \frac{2[(nu_p + n_0 D) - nD]}{c} f_0 \tag{2.68}$$

表观粒子速度 u_a 为

$$u_a = (nu_p + n_0 D) - nD \tag{2.69}$$

从式（2.69）可知，加窗的冲击波物理试验中，DPS 系统测到的粒子速度并不是真实的粒子速度 u_p，而是表观粒子速度 u_a。u_a 与窗口材料压缩区域的折射率 n、样品/窗口界面的真实粒子速度 u_p，以及窗口的冲击波速度 D 有关。如果已知窗口材料的 u_a-u_p 关系，由测得的表观粒子速度，就能得到其真实粒子速度。

2.5.6　辐射高温计系统

1. 高温系统的标定

如图 2.59 所示高温计系统为 8 通道光纤瞬态高温计系统，它可以测试物体在瞬时冲击下的温度。其主要由传输光纤束、高温计模块、电源、采集系统等组成。高温计模块主要包括滤光片和光电倍增管（PMT）等。在试验中，当冲击波到达样品表面时会辐射热辐射信号，通过传输光纤束的光纤探头接收，经过窄带滤光片，由 PMT 进行光电转换成电压信号，最后由多通道采集卡或多台数字示波器记录。

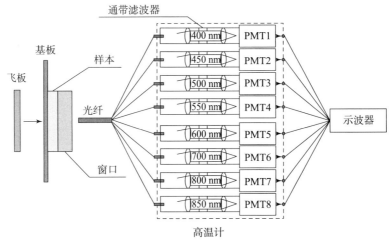

图 2.59　高温计系统

辐射高温计系统是基于普朗克黑体（灰体）辐射定律，属于绝对定标测量，因此在试验前，需要对高温计的所有通道进行标定，得到辐亮度与示波器或采集卡记录的电压信号之间的关系，这样才能由测得的电压信号算出样品真实的光谱辐亮度值。高温黑体炉和卤钨标准灯是高温计标定时两个比较常用的标准源。在此，以采用卤钨标准灯来进行标定，图 2.60 为标准溴钨灯的辐照度曲线，图 2.61 为标准溴钨灯在 100 mm 处辐照度的空间分布曲线。

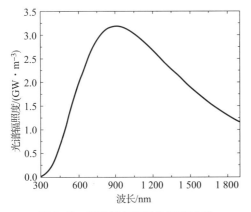

图 2.60　标准溴钨灯的辐照度曲线

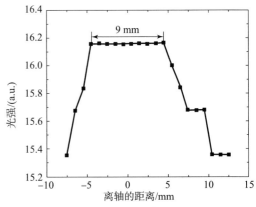

图 2.61　标准溴钨灯在 100 mm 处辐照度的空间分布曲线

辐射高温计所用的光电倍增管的工作模式是冲量式，因此在标定时，将斩波器放置在溴钨标准灯与光纤探头之间来获得冲量光，从而进行标定。标定系统主要由溴钨标准灯、斩波器、直流稳压电源、电流表等构成，其工作示意图如图 2.62 所示。冲量光由标准灯通过斩波器来获得，经光纤束传输至高温计主体中，在高温计的 PMT 的线性工作区，其输出的电压信号正比于光纤探头接收的光能量，光电倍增管的输出光电流约为 mA 量级，为了得到较高的标定电压幅度和信噪比，在传输电缆与示波器之间会加上高电阻负载 R_c（1 kΩ 或

10 kΩ 等），图 2.63 为典型的标定波形曲线。

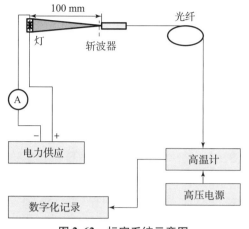

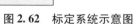

图 2.62　标定系统示意图

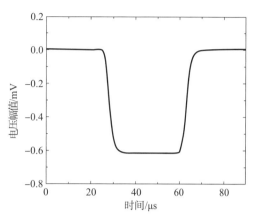

图 2.63　典型的标定波形曲线

试验预估的动态电压幅度 h 与静态标定时标准灯的电压幅度 h_0 的关系为：

$$\frac{h}{h_0} = \frac{I_r R_L}{I_{rc} R_c} \tag{2.70}$$

式中，I_r 是按照试验预估温度和光纤数值孔径计算的光谱辐照度，I_{rc} 是标准灯光谱辐照度。标定时，标准灯光谱辐照度 I_{rc}，标定电阻 R_c 和动态匹配电阻 R_L 都是已知的，因此由试验预估温度和光纤数值孔径计算的光谱辐照度 I_r 与试验预估的动态电压幅度 h，根据式（2.70）可以算出相应的静态标定时的电压，调节高压电源的电压使示波器的电压幅度与算出的电压值相同或相近，这便是标定电压 h_0。

2. 温度确定

动态试验后，由示波器记录获得的高温计输出电压，由转换公式（2.70）可以得到不同波长下的光谱辐照度值

$$I_r = \frac{h R_c}{h_0 R_L} I_{rc} \tag{2.71}$$

光谱辐亮度 R_s 与光谱辐照度 I_r 之间的关系为

$$R_s = \frac{I_r}{\pi \sin^2 \varphi} \tag{2.72}$$

为了把测得的样品的辐射能量转换成相应的温度，通常假设其满足经典辐射定律，由 PLanck 灰体辐射定律有

$$I_r(\lambda) = \varepsilon \frac{c_1}{\lambda^5} \left[\exp\left(\frac{c_2}{\lambda T}\right) - 1 \right]^{-1} \tag{2.73}$$

式中，T 和 ε 分别为待测样品的温度和发射率，c_1 和 c_2 分别为第一辐射常数和第二辐射常数。用式（2.73）对式（2.71）得到的光谱辐照度结果进行拟合，就可以同时得到样品在高压下的温度 T 和发射率 ε。

2.5.7　超快 X 射线衍射探测方法

X 射线在晶体中产生的衍射现象是相干散射的一种特殊表现。晶体由原子排列的晶胞

构成，单色 X 射线入射到晶体时，不同原子散射的 X 射线相互干涉，所表现出来的衍射线在空间分布的位置和强度与晶体结构密切相关，任何一种晶体通过 X 射线产生的衍射，均能够反映出该晶体自身内部的原子分布规律。马克思·冯·劳厄（Max vonLaue）在 1912 年提出劳厄方程来描述其衍射的几何条件，如图 2.64 所示，式（2.74）即为劳厄方程：

$$
\begin{aligned}
\vec{a}_1 \cdot (\vec{S}_{out} - \vec{S}_{in}) &= h\lambda \\
\vec{a}_2 \cdot (\vec{S}_{out} - \vec{S}_{in}) &= k\lambda n \\
\vec{a}_3 \cdot (\vec{S}_{out} - \vec{S}_{in}) &= l\lambda n
\end{aligned}
\tag{2.74}
$$

式中，$\vec{a}_1$、$\vec{a}_2$ 和 $\vec{a}_3$ 表示图 2.64 中 $\vec{a}$ 的三个分量；$\vec{S}_{in}$ 表示入射单位矢量；$\vec{S}_{out}$ 表示出射单位矢量；h、k、l 表示三个不同时为零的自然数；λ 表示入射 X 射线的波长。

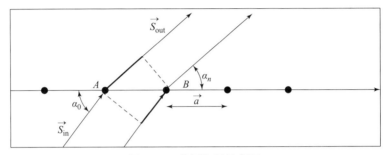

图 2.64　劳厄衍射示意图

在高应变率和超高应变率加载条件下，材料的动态响应主要取决于加载速率、加载路径和材料的微观结构。对这种条件下物质性质的研究，传统的方法是对试验样品进行回收分析，但是很多试验样品被加载以后会变成粉末或其他状态导致无法进行回收，因此需要拥有高时间分辨率的原位实时探测方法。而光学探测方法如 VISAR、PDV 等能够给出速度历史信息，但没有办法对物质内部的变化进行直接观测。因此无论是对材料结构与性质之间关系的描述，还是揭示新的现象和背后的机制以及发展新的物理模型，都需要进行原位实时的、具有时间和空间分辨率的探测方法。而这类试验在所探测的时间和空间尺度上具有较大难度，第三代同步辐射技术的出现为解决这一问题提供了条件。

同步辐射 X 射线具有高通量、高相干性、高冲量重复率等优良性质，其有可能实现史无前例的时间、空间分辨率精度和样品内部的深度穿透。随着第三代同步辐射光源的建成，技术更加成熟，科研领域迅速开拓，目前在国际上已经有三大高能同步辐射光源系统具备部分动态试验的高时空分辨诊断能力：法国欧洲同步辐射光源（ESRF）、美国 Argonne 国家实验室先进光源系统（APS）、日本超级光子环光源（Spring - 8）。其中美国先进光源（APS）已作出很多开创性工作，是目前国际动态加载 - 高时空分辨诊断试验技术发展的领跑者。物理科学家罗胜年科研团队在 APS32ID 率先完成了单冲量气炮加载条件下微米分辨级别的 X 射线相衬和单冲量劳厄衍射。如图 2.65 和图 2.66 分别展示了先进光源系统（APS）中搭配超快 X 射线衍射探测系统的二级轻气炮实物图和示意图。

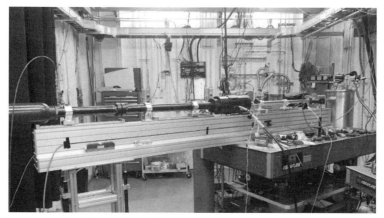

图 2.65　位于先进光源系统的二级轻气炮和超快 X 射线衍射探测装置

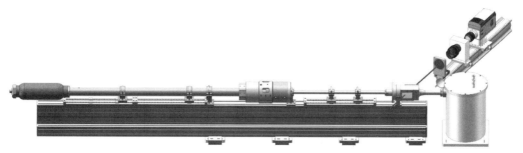

图 2.66　二级轻气炮加载下的超快 X 射线衍射探测试验装置示意图

以罗胜年运用超快 X 射线衍射系统的二级轻气炮试验研究 Mg 孪晶为例来介绍超快 X 射线衍射的测量过程。根据试验需求调整试验线站 X 射线与样品加载方向的夹角。在试验中，二级轻气炮与入射 X 射线的夹角约为 60°，如图 2.67 所示。其中，图 2.67 右侧为 X 射线穿透样品时的示意图，入射 X 射线与样品平面之间的夹角约为 30°。为了确保入射的 X 射线能够穿过样品中心，使用了专门设计的激光系统进行对准。同时为了保证闪烁体、高速相机等设备的安全，使用钨片放置在观测腔室下游窗口上，用来阻挡 X 射线直射梁对设备的损伤。如图 2.68 为对单晶 Mg（直径为 8 mm，厚度约 1 mm）的晶体学方向 $<11\bar{2}0>$ 进行冲击压缩的衍射图。

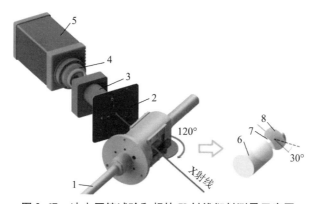

图 2.67　冲击压缩试验和超快 X 射线衍射测量示意图

1—发射管；2—观测室；3—闪烁体；4—像增强器；5—行射高速相机；6—PC 弹托；7—飞片；8—单晶 Mg 样品

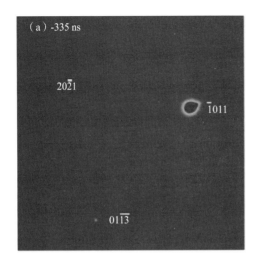

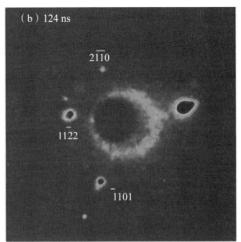

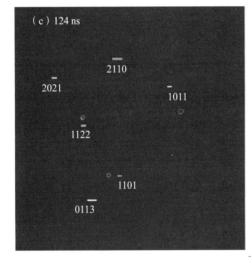

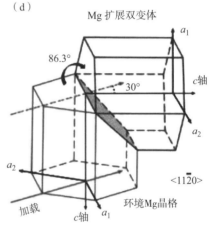

图 2.68　沿 < 11̄20 > 方向冲击加载

（a）撞击前 335 ns 测得的衍射图像；（b）撞击后 124 ns 测得的有孪晶产生的衍射图像；

（c）模拟衍射图像；（d）沿 < 11̄20 > 方向加载拉伸孪晶原理图

参 考 文 献

［1］ STREHLOW R A. Blast Waves from Non – Ideal Sources［R］. Denver, Colorado：Seventeenth Department of Defense Explosives Safety Seminar, 1976.

［2］ COLE R H. Underwater Explosions［R］. Dover Publications Inc., 1965.

［3］ TAYLOR G I. The Formation of a Blast Wave by a Very Intense Explosion［J］. Proceedings Roy. Soc., A201, 1950：159.

［4］ BRINKLEY S R, KIRKWOOD J G. Theory of the Propagation of Shock Waves［J］. Phys. Rev., 1947：606.

［5］ MAKINO R. The Kirkwood – Brinkley Theory of Propagation of Spherical Shock Waves and Its

Comparison with Experiment [R]. BRL Report No. 750, 1951.

[6] KOROBEINIKOV V P, MilŃIKOVAN S, RYAZANOV Y V. The Theory of Point Explosion [R]. Washington, D. C. English Translation. Fizmatgiz, Moscow: U. S. Department of Commerce, JPRS: 14, 334, CSO: 69 - 61 - N, 1962.

[7] SAKURAI A. Blast Wave Theory: Basic Developments in Fluid Mechanics 1 [M]. New York: Academic Press, 1965.

[8] LEE J H S, KNYSRTAUTAS R, BACH G G. Theory of Explosions: AFOSR Scientific Report 69 - 3090 TR [R]. McGill University: Department of Mechanical Engineering, 1969.

[9] OPPENHEIM A K, LUNDSTROM E A, KUHL A L, et al. A Systematic Exposition of the Conservation Equations for Blast Waves [J]. Journal of Applied Mechanics, 1971: 783 - 794.

[10] MAKINO R. The Kirkwood - Brinkley Theory of Propagation of Spherical Shock Waves and Its Comparison with Experiment [R]. BRL Report No. 750, 1951.

[11] VON NEUMANN J, GOLDSTINE H. Blast Wave Calculation [R]. Communication on Pure and Applied Mathematics 8, 1955.

[12] THORNHILL C K. Explosions in Air [M]. England: Armament Research and Development Establishment, 1960.

[13] SACHS R G. The Dependence of Blast on Ambient Pressure and Temperature [R]. Aberdeen Proving Ground, Maryland: BRL Report 466, 1944.

[14] SPERRAZZA J. Modeling of Air Blast: Use of Modeling and Scaling in Shock and Vibration [M]. New York: ASME, 1963.

[15] DEWEY J M, SPERRAZZA J. The Effect of Atmospheric Pressure and Temperature on Air Shock [R]. Aberdeen Proving Ground, Maryland: BRL Report 721, 1950.

[16] BAKER W E, WESTINE P S, DODGE F T. Similarity Methods in Engineering Dynamics: Theory and Practice of Scale Modeling [M]. New Jersey: Spartan Books, 1973.

[17] GOODMAN H J. Compiled Free Air Blast Data on Bare Spherical Pentolite [R]. Aberdeen Proving Ground, Maryland: BRL Report 1092, 1960.

[18] PORZEL F B. Introduction to a Unified Theory of Explosions (UTE) [J]. NOLTR 72 - 209, AD 758000. White Oak, Silver Spring, Maryland: Naval Ordnance Laboratory, 1972.

[19] STREHLOW R A, BAKER W E. The Characterization and Evaluation of Accidental Explosions [J]. Progress in Energy and Combustion Science, 1976: 27 - 60.

[20] SWISDAK M M. Explosion Effects and Properties: Part I - Explosion Effects in Air [R]. NSWC/WOL/TR 75 - 116. White Oak, Silver Spring, Maryland: Naval Surface Weapons Center, 1975.

[21] KINGERY C N. Air Blast Parameters Versus Distance for Hemispherical TNT Surface Bursts [R]. Aberdeen Proving Ground, Maryland: BRL Report No. 1344, 1966.

[22] KINGERY C N. Parametric Analysis of Sub - Kiloton Nuclear and High Explosive Air Blast [R]. Aberdeen Proving Ground, Maryland: BRL Report No. 1393, 1968.

[23] GLASSTONE S. The Effects of Nuclear Weapons [M]. Revised Edition. U. S. Government

Printing Office，1962.

[24] GLASSTONE S，Dolan P J. The Effects of Nuclear Weapons [M]. Third Edition. U. S. Department of Defense and U. S. Department of Energy，1977.

[25] BRINKLEY S R. Determination of Explosion Yields [J]. AIChE Loss Prevention 3，1969：79 – 82.

[26] BRINKLEY S R. Shock Waves in Air Generated by Deflagration Explosions [J]. Paper Presented at Disaster Hazards Meeting of CSSCI，1970：32 – 35.

[27] ADAMCZYK A A，STREHLOW R A. Terminal Energy Distribution of Blast Waves from Bursting Spheres [R]. NASA CR 2903，1977.

[28] BRODE H L. Numerical Solutions of Spherical Blast Waves [J]. App. Phys. 26，1955：766 – 775.

[29] STREHLOW R A，LUCKRITZ R T，ADAMCZYK A A，SHIMPI S A. The Blast Wave Generated by Spherical Flames [J]. Combustion and Flame，1979：297 – 310.

[30] RAYLEIGH J W S. The Theory of Sound：Volume II [J]. Dover Publications，1878：109 – 114.

[31] CHIU K，LEE J，KNYSTAUTAS R. The Blast Waves from Asymmetrical Explosions [R]. Department of Mechanical Engineering，McGill University，Montreal，Canada：Internal Report，1976.

[32] WHITMAN G B. The Propagation of Spherical Blast [J]. Proceedings Roy. Soc. ，A203，1950：571 – 581.

[33] STREHLOW R A. Loss Prevention [J]. AIChE 14，1981：145 – 153.

[34] GENTRY R A，MARTIN R E，DALY B J. An Eulerian Differencing Method for Unsteady Compressible Flow Problems [J]. Journal of Computational Physics 1，1966：87 – 118.

[35] BOWLEY W，PRINCE J F. Finite Element Analysis of General Fluid Flow Problems [C]. AIAA Fourth Fluid and Plasma Dynamics Conference：AIAA Paper No. 71 – 602，1971.

[36] REISLER R C. Explosive Yield Criteria [S]. New Orleans，Louisiana，Department of Defense Explosives Safety Board：Minutes of the Fourteenth Explosives Safety Seminar，1973：271 – 288.

[37] BRASIE W C，SIMPSON D W. Guidelines for Estimating Damage from Chemical Explosions [C]. Preprint 21A. St. Louis，Missouri：Presented at the Symposium on Loss Prevention in the Process Industries，Sixty – Third National Meeting，1968.

[38] STREHLOW R A. Equivalent Explosive Yield of the Explosion in the Alton and Southern Gateway [C]. AAE TR 73 – 3，Department of Aeronautical and Astronautical Engineering，University of Illinois，Urbana，Illinois，1973.

[39] EICHLER T V，NAPADENSKY H S. Accidental Vapor Phase Explosions on Transportation Routes Near Nuclear Plants [R]. Argonne National Laboratory：IITR I Final Report J6405，1977.

[40] BOYER D W，BRODE H L，GLASS I I，et al. Blast from a Pressurized Sphere [R]. Institute of Aerophysics，University of Toronto：UTIA Report No. 48，1958.

［41］ CHOU P C, KARPP R R, HUANG S L. Numerical Calculation of Blast Waves by the Method of Characteristics ［J］. AIAA Journal 5, 1967: 618 – 723.

［42］ HUANG S L, CHOU P C. Calculations of Expanding Shock Waves and Late – State Equivalence ［R］. Drexel Institute of Technology, Philadelphia, Pennsylvania: Final Report, Contract No. DA – 18 – 001 – AMC – 876（X）, Report 125 – 12, 1968.

［43］ STREHLOW R A, RICKER R E. The Blast Wave from a Bursting Sphere ［R］. AIChE 10, 1976.

［44］ LIEPMANN H W, Roshko A. Elements of Gasdynamics ［R］. New York: John Wiley and Sons, Inc. , 1967.

［45］ ESPARZA E D, BAKER W E, OLDHAM G A. Blast Pressures Inside and Outside Suppressive Structures ［R］. Edgewood Arsenal Contractor Report EM – CR – 76042, Report No. 8, 1975.

［46］ BROWN J A. A Study of the Growing Danger of Detonation in Unconfined Gas Cloud Explosions ［R］. Berkeley Heights, New Jersey: John Brown Associates, Inc. , 1973.

［47］ MUNDAY G. Unconfined Vapour – Cloud Explosions ［J］. The Chemical Engineer, 1976: 278 – 281.

［48］ ANTHONY E J. Some Aspects of Unconfined Gas and Vapor Cloud Explosions ［J］. J. Hazardous Materials, 1977: 289 – 301.

［49］ DAVENPORT J A. A Survey of Vapor Cloud Incidents ［J］. CEP 73（9）, 1977: 54 – 63.

［50］ WIEKEMA B J. Vapor Cloud Explosion Model ［J］. J. Hazardous Materials 3, 1980: 221 – 232.

［51］ KNYSTAUTAS R, LEE J H S, MOEN I, et al. Direct Initiation of Spherical Detonation by a Hot Turbulent Gas Jet ［J］. Seventeenth Symposium（International）on Combustion, 1979: 1235 – 1245.

［52］ BOWEN J A. Hazard Considerations Relating to Fuel – Air Explosive Weapons ［R］. New Orleans, Louisiana: Minutes of the Fourteenth Explosives Safety Seminar, 1972.

［53］ ROBINSON C A. Services Ready Joint Development Plan Special Report: Fuel Air Explosives ［R］. Aviation Week and Space Technology, 1973.

［54］ KIWAN A R, ARBUCKLE A L. Fuel Air Explosions in Reduced Atmospheres ［R］. Aberdeen Proving Ground, Maryland: BRL Memorandum Report No. 2506, 1975.

［55］ CHOROMOKOS J. Detonable Gas Explosions—SLEDGE ［M］. Schwetzingen, Germany: Proceedings of the Third International Symposium on Military Applications of Blast Simulation, 1972.

［56］ TAYLOR G I. The Air Wave Surrounding an Expanding Sphere ［J］. Proceedings Roy. Soc. , A186, 1946: 273 – 292.

［57］ THOMAS A, WILLIAMS G T. Flame Noise: Sound Emission from Spark Ignited Bubble of Combustible Gas ［J］. Proceedings Roy. Soc. , A294, 1966: 449 – 466.

［58］ LEE J H S, MOEN I O. The Mechanism of Transition From Deflagration to Detonation in Vapor Cloud Explosions ［J］. Prog. in Energy and Comb. Sci. , 1980, 6（4）: 359 – 389.

［59］ RAJU M S. The Blast Wave from Axisymmetric Unconfined Vapor Cloud Explosions ［D］. Champaign, Illinois: University of Illinois at Urbana, 1981.

［60］ ANDERSON R P, ARMSTRONG D R. Comparison Between Vapor Explosion Models and Recent Experimental Results ［J］. AIChE Symposium, 1974 (70): 31 – 47.

［61］ KEENAN J H, KEYES F G, HILL P G, et al. Steam Tables ［M］. New York: John Wiley and Sons, Inc., 1969.

［62］ DIN F. Thermodynamic Functions of Gases ［M］. London, England: Butterworths, 1962.

［63］ 程家增. 爆破过程高速摄像方法研究 ［D］. 武汉: 武汉理工大学, 2010.

［64］ 张寿云. 爆轰测试方法基础（三）闪光 X 射线照相技术 ［J］. 爆炸与冲击, 1985 (03): 89 – 96.

［65］ 陆晓霞, 李磊, 任晓冰, 等. 基于闪光 X 射线照相技术的液体爆炸抛撒研究 ［J］. 试验力学, 2015, 30 (05): 637 – 642.

［66］ 田培培. 温压药剂爆炸高温场特性红外测试技术研究 ［D］. 太原: 中北大学, 2016.

［67］ 毛士艺. 脉冲多普勒雷达 ［M］. 北京: 国防工业出版社, 1990.

［68］ 张建宏, 武锦辉, 刘吉, 等. 基于 FPGA 的多普勒雷达测速系统 ［J］. 国外电子测量技术, 2019, 38 (12): 72 – 75.

［69］ 刘前程. 冲击高压下钆镓石榴石单晶的光学吸收特性: 相变过程的影响 ［D］. 绵阳: 中国工程物理研究院, 2018.

［70］ 麦振洪. 同步辐射光源及其应用 ［M］. 北京: 科学出版社, 2013.

［71］ 黄佳伟. 高速同步辐射 X 射线劳厄衍射下的动态旋转测量 ［D］. 绵阳: 中国工程物理研究院, 2018.

第 3 章

爆炸冲击波的危险性

3.1 冲击波载荷特征

第 2 章详细讨论了在大气中不受干扰的冲击波的形成和传播过程。但是，只有在极少数的情况下，冲击波的自由场特性才能代表结构或目标上真实受到的瞬态冲击载荷。冲击荷载是冲击波作用在目标上的方向、几何形状和大小的强函数。本章回顾了关于空气冲击波与各种物体的相互作用，以及由此产生的施加在物体上的瞬态压力载荷。

在本书中，通常假设目标受到的初始冲击载荷与目标对载荷的响应是解耦的，并且目标可以被视为刚体，会导致冲击反射和绕射以及冲击波阵面后流动的改变。在波传播介质和波作用的固体之间通常有很大的密度差，声阻抗通常也不在一个量级上，使得这些假设在大多数空气爆炸荷载问题上是成立的。然而，如果考虑到水下或地下爆炸的冲击载荷和结构响应，则假设冲击载荷与目标运动或变形的解耦是不恰当的。

本章首先介绍由位于结构外部的爆炸源施加的荷载。这个过程将无限大平面视为极限情况，然后考虑有限的状况。接下来，讨论开放式和封闭式结构内爆产生的冲击荷载。之后我们将介绍能量解和压力 – 冲量图（p^*-I 图）的概念并使用这些简化的分析工具来确定动态加载结构单元的应力、应变和挠度。最后结合相应的毁伤准则确定目标是否受到冲击荷载或其他形式荷载的破坏。

3.1.1 正反射加载

如果冲击波经由一个无限大的刚性壁面垂直反射，就可以得到冲击载荷的峰值。反射波后的所有流动停止，反射压力比入射压力大很多。通常冲击波正反射压力表示为 p_r。式（3.1）定义了反射冲量 i_r，即在冲击波正相位上的超压 – 时间曲线的积分。正反射波正相位的持续时间为 T_r。

$$i_r = \int_{t_a}^{t_a+T_r} \left[p_r(t) - p_0 \right] \mathrm{d}t \tag{3.1}$$

第 2 章描述的霍普金森 – 克兰兹标度律既可以用于计算入射冲击波的参数，又适用于反射冲击波的参数。也就是说，对于同一类型的爆炸源，在相同的大气条件下采集的所有反射冲击波的数据都可以简化为一个相同的形式，以便进行比较和预测。在距离爆炸源足够远的地方，非理想爆炸的标度律也适用于计算反射波参数，总能量 E 是最主要的参数。另外萨赫斯定律也适用。

一些文献中列举了大量爆炸源的正反射冲击波的数据（通常是裸装的彭托利特或 TNT 球体）［古德曼（Goodman）（1960）、杰克（Jack）和阿门德（Armendt）（1965）、杜威

（Dewey）等人（1962）、约翰松（Johnson）等人（1957）]。在这些研究的基础上，可以在很大的标度距离范围内绘制特定炸药的 p_r 和 i_r 的关系曲线。此外，利用贝克（Baker）（1967）给出的强激波条件下适用的一个简单公式，可以直接预测凝聚球形爆炸源表面反射的比冲量。

$$i_r = \frac{(2M_T E)^{1/2}}{4\pi R^2} \tag{3.2}$$

式中，总质量 $M_T = M_E + M_A$ 指的是炸药总质量 M_E 加上吸入的空气质量 M_A，R 为测点到装药中心的距离。在非常接近爆心的位置处有 $M_E \gg M_A$，式（3.2）给出了 i_r 随距离 $1/R^2$ 变化的简单关系。

然而，除了裸装的固体烈性炸药球之外，一些文献中对于反射超压和冲量的数据记录得很少。对于弱的冲击波来说，足以将空气视为理想气体，在峰值反射超压 $\overline{p_r}$ 和峰值侧向超压 $\overline{p_s}$ 之间存在一个广泛认同的关系［多林（Doering）和伯克哈特（Burkhardt）（1949）和贝克（Baker）（1973）]：

$$\overline{p_r} = 2\,\overline{p_s} + \frac{(\gamma + 1)\,\overline{p_s}^2}{(\gamma - 1)\,\overline{p_s} + 2\gamma} \tag{3.3}$$

其中

$$\begin{cases} \overline{p_r} = p_r/p_0 \\ \overline{p_s} = p_s/p_0 \end{cases} \tag{3.4}$$

在低入射超压时（$\overline{p_s} \to 0$），反射超压的数值接近入射超压极限值的 2 倍。如果我们假设空气的 γ 是一个常数 1.4，那么对于强冲击波，极限值似乎是 $\overline{p_r} = 8\,\overline{p_s}$。但是，随着冲击波强度的增加，空气会发生电离，$\gamma$ 不再是常数。事实上，真正的上限比例并不明确，多林和伯克哈特（1949）预测的上限比例高达 20。布罗德（Brode）（1977）还计算了在假设空气发生电离的情况下，冲击波在海拔为零处空气中的正反射。他在给出他的方程时并没有注意到它的适用范围：

$$\frac{p_r}{p_s} = \frac{2.655 \times 10^{-3} p_s}{1 + 1.728 \times 10^{-4} p_s + 1.921 \times 10^{-9} p_s^2} + 2 +$$
$$\frac{4.218 \times 10^{-3} + 4.834 \times 10^{-2} p_s + 6.856 \times 10^{-6} p_s^2}{1 + 7.997 \times 10^{-3} p_s + 3.844 \times 10^{-6} p_s^2} \tag{3.5}$$

使用布罗德方程可给出球形烈性炸药在平面上的最大反射因子 $p_r/p_s = 13.92$。式（3.3）只给出了峰值压力，不能给出反射压力的时间历程来计算比冲量，因缺乏更准确的预测方法，所以若已知或可预测出侧向比冲量，则只需假定侧向超压的时间历程与正反射超压的时间历程相似，就可以粗略地估计反射比冲量。基于这个假设，结合式（3.3）、式（3.5）给出可以评估 i_r 的计算公式：

$$\frac{i_r}{i_s} \approx \frac{p_r}{p_s} \tag{3.6}$$

3.1.2　斜反射加载

虽然研究正入射的冲击波特性可以为评估结构的冲击荷载提供上限依据，但更常见的情况是，大型平面的荷载强度是由斜入射的冲击波决定的。而且，由于从离地面一定距离的爆源产生的冲击波在地面会发生反射，入射角也会由法向变为斜向。

关于斜激波在平面上的反射，已有许多理论研究和一些试验。一般物理过程在肯尼迪（Kennedy）（1946）、贝克（Baker）（1973）、哈罗（Harlow）和阿姆斯登（Amsden）（1970）的文章中有详细的描述。我们将在这里总结他们的工作，并给出可以用来估计斜反射波的某些性质的曲线（主要是冲击波波阵面特性和几何形状）。

斜反射根据入射角和冲击波强度分为规则反射和马赫反射。这两种情况的几何形状分别如图 3.1 和图 3.2 所示。在规则反射中，入射激波以 U 的速度通过静止空气（区域①），相对于壁面的入射角是 a_I，该波阵面后面（区域②）的属性是自由空气冲击波的属性。入射激波与壁面接触后，流动完全反转，因为垂直于壁面的分量必须为零，并且激波以不同于 a_I 的反射角 a_R 反射。区域③表示反射波的特性。当冲击波沿壁面传播时，嵌装在壁面上的压力传感器将仅记录环境和反射波压力（从区域①直接跳至区域③），而安装在离壁面较近位置的压力传感器将记录环境压力，接着记录入射波压力，最后记录反射波压力。肯尼迪（1946）给出了关于这种冲击波的一些特性：

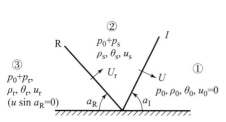

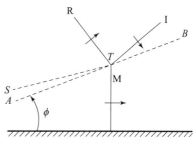

图 3.1　刚性壁上平面激波的规则斜反射　　　　图 3.2　刚性壁的马赫反射

（1）对于给定的入射冲击波强度，存在临界入射角 a_{Icrit}，如果 $a_I > a_{Icrit}$，上述的情况不会出现。

（2）对于每一种气体介质，都有一个角度 a'，对于 $a_I > a'$，斜反射冲击波的强度大于正反射。对于空气而言（近似为理想气体，$\gamma = 1.4$），$a' = 39°23'$。

（3）对于给定的入射冲击强度，存在 $a_I = a_{min}$，使反射冲击的强度 p_r/p_0 达到最小值。

（4）反射角 a_R 是入射角 a_I 的单调递增函数。

正如在讨论规则斜反射时我们注意到的，存在与冲击波强度有关的临界入射角，超过临界入射角就不能发生规则斜反射。马赫（Mach）和萨默（Somme）（1877）指出，入射冲击波和反射冲击波将合并形成第三次冲击波。根据激波锋面的几何形状，可称其为 V 型马赫反射或 Y 型马赫反射，由入射和反射激波合并形成的单一激波通常称为马赫杆。马赫反射的几何形状如图 3.2 所示。除了入射波 I 和反射波 R，我们现在有了马赫波 M，三个冲击波的交点 T 称为三波点。此外，还存在一条滑线 S，即具有不同粒子速度和密度、但具有相同压力的区域之间的边界。图 3.1 中当 a_I 超过 a_{Icrit} 时，就会形成马赫波 M，它像一堵墙一样，并且会随着冲击波向前运动而增长，三相点的轨迹为直线 AB。

哈罗（Harlow）和阿姆斯登（Amsden）（1970）开展了关于规则反射及其极限情况（这也是马赫反射的开始）的理论和试验研究，并在论文中给出了两条有用的曲线。图 3.3 给出了反射角 a_R 与入射角 a_I 的函数关系。在规则反射区，参数 ξ 定义为

$$\xi = \frac{p_0}{p_{\mathrm{s}} + p_0} \tag{3.7}$$

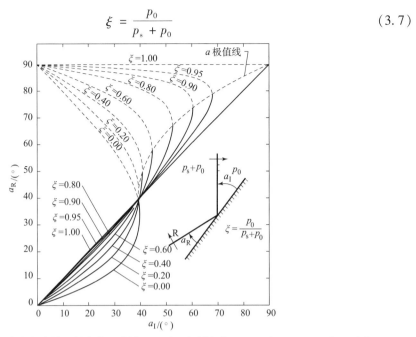

图 3.3　不同强度的冲击波的入射角与反射角经历规则反射〔Harlow 和 Amsden（1970）〕

哈罗和阿姆斯登（1970）称 ξ 为冲击波强度，但它实际上是冲击波强度的反比，则有：

$$\overline{p_{\mathrm{s}}} = \frac{p_{\mathrm{s}}}{p_0} = \frac{1}{\xi} - 1 \tag{3.8}$$

图 3.4 显示了冲击波强度与规则反射极限值的关系。最初是为参数 ξ 绘制的，但我们为 $\overline{p}_{\mathrm{s}}$ 添加了一个单独的坐标轴。

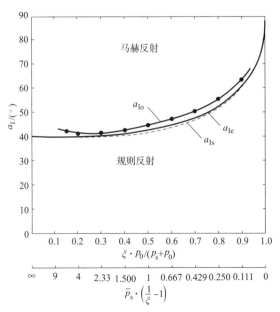

图 3.4　$a - x$ 平面中的规则反射和马赫反射区域（其中 $\gamma = 1.4$）

格拉斯通（Glasstone）（1962）文中有一组曲线如图 3.5 所示，用于预测斜向冲击的反射峰值压力。这些曲线给出了 $\bar{p}_r$ 与 $\bar{p}_s$ 和 a_I 的函数关系，冲击波强度 $\bar{p}_s$ 可达 4.76。温采尔（Wenzel）和埃斯帕扎（Esparza）（1972）文中有一些关于球形彭托利特的斜反射强冲击波的数据，但我们还没有找到关于其他爆炸源的数据。肯尼迪（1946）和贝克（1973）详细地讨论了反射平面上的有限强度爆炸源产生冲击波反射的整个过程，这里不再重复。

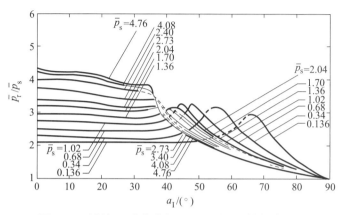

图 3.5　反射超压比作为超压不同侧面入射角的关系

3.1.3　绕射加载

真实目标的复杂形状会导致冲击波波阵面绕目标绕射。图 3.6 展示了绕射过程的纹影照片，而图 3.7 是冲击波与不规则目标相互作用的三个阶段的示意图。当冲击波击中目标时，一部分从正面反射，其余部分围绕目标绕射。在绕射过程中，入射波前靠近物体后方，局部减弱，形成一对尾涡。稀疏波扫过正面，减弱了最初反射的爆炸压力。通过前部后，目标浸入瞬态流场中。在载荷的"阻力"加载阶段，正面受到的最大压力是滞止压力。

图 3.6　显示冲击波与圆柱形储罐相互作用的纹影照片

我们关注的是目标上净横向压力随时间的变化。图 3.8 显示了这一压力荷载，并进行了一些简化［计算细节由格拉斯通（1962）给出］。到达时间 t_a 时，净横向压力在时间（$T_1 - t_a$）内从 0 线性上升到最大 p_r（对于无限大平面，此时间为零）。

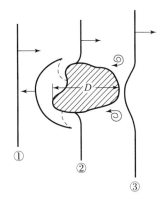

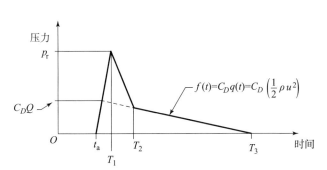

图 3.7　爆炸波与不规则
物体的相互作用

图 3.8　冲击波通过物体过程中的
净横向压力的时间历程

然后，净横向压力在时间（$T_2 - T_1$）内压力线性下降到阻力段。阻力的时间历程 $q(t)$ 是一个修正的指数，其最大值为

$$C_D Q = C_D \cdot \frac{1}{2} \rho_s u_s^2 \tag{3.9}$$

式中，C_D 为物体稳态阻力系数；Q 为动压峰值；ρ_s 和 u_s 分别为冲击波的峰值密度和粒子速度。如果已知峰超压 p_s 或激波速度 U，以及目标的形状和特征尺寸 D，则可以确定载荷的绕射相位特征。阻力段的峰值振幅也可以由 p_s 或 u_s 显式确定。

对于已知 p_s 和 i_s 值的爆炸，贝克等人（1975）开发了一个方法来近似预测净绕射爆炸载荷，见图 3.8。该方法假设了阻力的时间历程，数据基于 TNT 爆炸和核爆炸中非常准确的已知阻力、基于激波管试验的绕射时间估计、来自风洞数据的阻力系数，以及冲击波前沿的滞止特性。

侧向超压通常通过修正的弗里兰德（Friedlander）方程表示为时间的函数［见贝克（1973）的第 1 章］

$$p(t) = p_s(1 - t/T) e^{-bt/T} \tag{3.10}$$

式（3.10）中，T 是冲击波正相位的持续时间。积分这个方程会得到冲量

$$i_s = \int_0^T p(t)\,\mathrm{d}t = \frac{p_s T}{b}\Big[1 - \frac{(1 - e^{-b})}{b}\Big] \tag{3.11}$$

无量纲参数 b 称为时间常数，它是冲击波强度的函数，贝克（1973）文中的第 6 章对此进行了详细讨论。表 3.1、图 3.9 中给出了时间常数，并给出了冲击波强度 $\overline{p_s}$ 的定义：

$$\overline{p_s} = p_s/p_0 \tag{3.12}$$

p_0 是环境空气压力。对于给定的环境压力 p_0，峰值反射超压 p_r 和峰值动压 Q 是 p_s 的唯一函数（对于中等强度或弱强度的冲击波，$\overline{p_s} < 3.5$）。此函数形式是：

表 3.1　爆炸波时间常数与无量纲侧超压［结果是从 $\gamma = 1.4$ 的方程式（3.3）中获得的，也用于确定式（3.14）］

$\overline{p_s}$	b	$\overline{p_s}$	b	$\overline{p_s}$	b
67.90	8.98	1.38	1.58	0.02	0.15
37.20	8.75	0.77	1.32	8.70E−3	0.36
20.40	9.31	0.50	1.05	3.91E−3	0.64
11.90	10.58	0.16	0.38	2.48E−3	0.88
7.28	7.47	0.06	0.10	1.41E−3	1.14
3.46	3.49	0.37	0.12	2.42E−3	1.61
2.05	2.06	0.03	0.11	1.15E−3	1.45

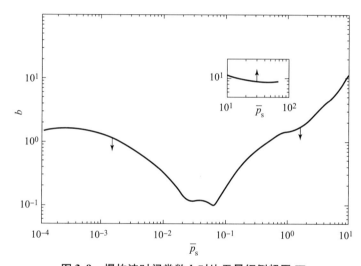

图 3.9　爆炸波时间常数 b 对比无量纲侧超压 $\overline{p_s}$

$$\overline{p_r} = 2\overline{p_s} + \frac{3\overline{p_s^2}}{4} \tag{3.13}$$

以及

$$\overline{Q} = \frac{5}{2} \cdot \frac{\overline{p_s^2}}{7 + \overline{p_s}} \tag{3.14}$$

其中

$$\overline{p_r} = p_r/p_0, \overline{Q} = Q/p_0 \tag{3.15}$$

对于阻力的时间历程，TNT 的试验数据与格拉斯通（Glasstone）（1962）所采用的修正形式有良好的拟合。

$$q(t) = Q(1 - t/T)^2 e^{-bt/T} \tag{3.16}$$

确定图 3.9 中横向荷载爆炸参数的流程如下所示，这些参数与目标的大小和形状无关：

（1）从试验或数值模拟中获得 p_s 和 i_s；

（2）计算 $\overline{p_s}$；

（3）从表 3.1、图 3.9 中读取 b；

（4）由式（3.11），获得 p_s、i_s 和 b；

（5）替换式（3.13）和式（3.14）中的 $\overline{p_s}$，以获得 $\overline{p_r}$ 和 $\overline{Q}$；

（6）从式（3.15）中获得 p_r 和 Q；

（7）将 $q(t)$ 代入式（3.16），实现图 3.8 中的 $T = T_3 - t_a$。

定义横向压力时程需要的最后一个量 C_D 取决于目标的大小和形状。它们仅适用于规则体，如圆柱、方柱等。格拉斯通（1962）给出了几种估算此类物体的（$T_1 - t_a$）和（$T_2 - T_1$）的方法，这里不再重复。然而，我们需要知道冲击波前速度 U。这是冲击强度 $\overline{p}$ 的唯一函数，由贝克（Baker）（1973）第 6 章给出

$$\overline{U}^2 = 1 + \frac{6\overline{p_s}}{7} \tag{3.17}$$

阻力系数 C_D 可根据赫尔内（Hoerner）（1958）获得，适用于各种流速范围内的物体。表 3.2 给出了我们关注的亚声速流动的估计值。将这些量（取决于物体的大小和形状）与之前导出的冲击波特性进行融合，可以估计出规则几何形状物体横向压力的完整时间历程。这些方法以及图 3.8、图 3.9 和表 3.2 将在破片危险性评估中再次使用，以帮助确定"次级碎片"的速度。

表 3.2　各种形状的阻力系数 C_D [赫尔内（1958）]

形状	草图	C_D
右圆柱（长杆），侧面	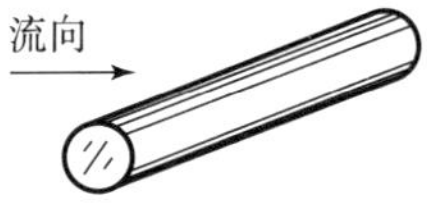	1.20
球		0.47
杆，在端点处	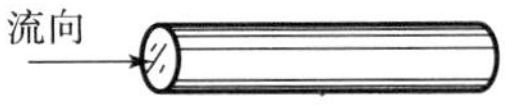	0.82
盘，正面		1.17
立方体，正面	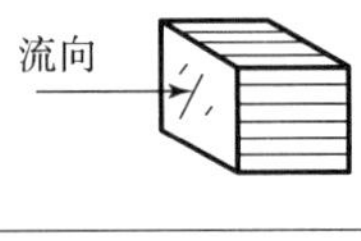	1.05
立方体，侧面	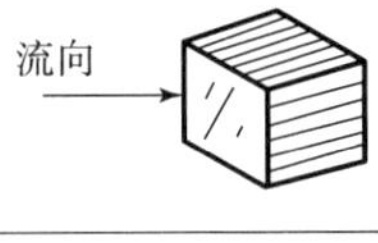	0.80

续表

形状	草图	C_D
长矩形构件，正面	流向	2.05
长矩形构件，侧面	流向	1.55
窄带，正面	流向	1.98

3.1.4　内爆炸加载

在容器内引爆炸药的冲击载荷存在两个不同的阶段。第一阶段是反射冲击载荷阶段，它由最初的高压、短时间的反射波，加上可能到达室壁的几个反射冲量组成。由于不可逆的热力学过程，后期这些冲量通常在振幅上会衰减，并且不论是泄爆的还是无泄爆的，它们的波形都可能因容器内反射过程而变得非常复杂。

初始内部爆炸载荷的极大值可以通过缩放之前的爆炸数据或通过刚性墙正反射的理论分析进行估计，这在本章前面已经讨论过。

在初始冲击波从内壁反射后，内部爆炸压力载荷的性质会变得非常复杂。图 3.10 显示了圆柱形结构的冲击加载过程。在图 3.10 所示的瞬间，顶盖、底座和圆柱侧面的一部分受到反射激波的作用，入射激波从所有内表面斜向反射。如果入射角足够大，在进入角落或圆柱结构轴附近反射时，压力会大大增强。在方形结构中，反射过程可能更加复杂。

在最初的内部爆炸加载之后，进入第二阶段，向内反射的冲击波通常会在向结构中心内爆时加强，并重新反射再次加载结构。如前所述，第二次冲击波通常会有所减弱，经过几次这样的反射后，冲击波加载将结束。

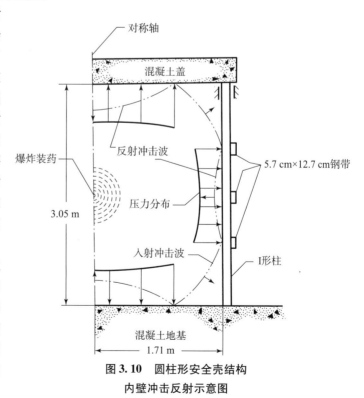

**图 3.10　圆柱形安全壳结构
内壁冲击反射示意图**

冲击波载荷可以用合适的爆炸测量系统来测量，也可以对具有一定对称性的系统进行计算。在球形容器结构中，无论是中心爆炸还是偏心爆炸，都可以相对容易地预测载荷来源。在圆柱结构中，现有的二维计算机程序可以用来预测圆柱轴上爆炸源的载荷［见格雷戈里（Gregory）（1976）的图 3.11］。对于更复杂的几何形状，如位于斜圆柱体、盒形结构、存在内部设备的结构等，不可能精确计算内部爆炸载荷的细节，必须依靠试验测试。金戈里（Kingery）等人（1975）和休默（Schumacher）等人（1976）记录了均匀泄爆结构的内部爆炸测试数据，包括立方体和圆柱体等。

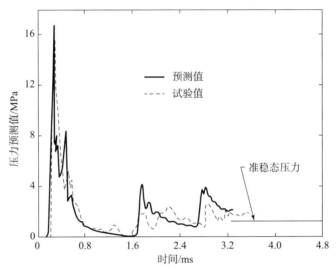

图 3.11　圆柱形安全壳结构侧壁上点处预测和测量压力脉冲的比较

如前所述，对于所有真实的几何结构，内表面上的初始和反射冲击波是非常复杂的。但是，根据反射波的标度爆炸数据和几个近似方程，通常可以很容易地做出简化的载荷预测。我们使用的第一个近似是假设入射和反射的爆炸冲量是三角形的，上升阶段瞬间完成，即

$$\begin{cases} p_s(t) = p_s(1 - t/T_s), 0 \leqslant t \leqslant T_s \\ p_s(t) = 0, t \geqslant T_s \end{cases} \tag{3.18}$$

$$\begin{cases} p_r(t) = p_r(1 - t/T_r), 0 \leqslant t \leqslant T_r \\ p_r(t) = 0, t \geqslant T_r \end{cases} \tag{3.19}$$

这些冲量的持续时间与实际爆炸波的持续时间 T 不一样，而是经过调整以保持适当的冲量，例如：

$$T_s = \frac{2i_s}{p_s} \tag{3.20}$$

$$T_r = \frac{2i_r}{p_r} \tag{3.21}$$

式（3.20）和式（3.21）构成了第二个简化近似。

第三个简化近似是，在大多数情况下，即使冲击波是从结构壁面斜反射的，也要将初始内部爆炸加载的参数计算简化成正反射参数。对于正反射的极限角度 39°范围内的强激波来说，这个假设基本上是完全正确的，对于弱激波，这个极限高达 70°（见图 3.5）。

如前面所讨论的，在封闭结构中（如无泄爆的结构），初始冲击波会反复反射几次。在某些结构和内表面的有限区域内，反射波可以"内爆"或增强，但通常它们在再次撞击壁面、底板或顶板之前会显著减弱。可总结出这些反射波的大小估值如下，第二次冲击波的超压和冲量为初始反射冲击波的一半，第三次冲击的超压和冲量为第二次冲击波的一半，而后续的反射波都可以忽略。这些估计以方程式形式总结如下：

$$\begin{cases} p_{r2} = p_{r1}/2 \\ i_{r2} = i_{r1}/2 \\ p_{r3} = p_{r2}/2 = p_{r1}/4 \\ i_{r3} = i_{r2}/2 = i_{r1}/4 \\ p_{r4}, \text{etc.} = 0 \\ i_{r4}, \text{etc.} = 0 \end{cases} \tag{3.22}$$

反射冲量调整后的持续时间与初始冲量相同，即：

$$T_{r3} = T_{r2} = T_{r1} \tag{3.23}$$

我们将做出的最后一个假设是：连续的反射波到达时间的延迟差为

$$t_r = 2t_a \tag{3.24}$$

需要强调的是，严格来说这样的假设是有误差的，因为第二次和第三次冲击比第一次冲击更弱，因此传播得更慢。但是，这个假设的准确性与其他假设是相同的。

完整的简化假设如图 3.12 所示，图中显示了典型简化结构中一内表面点上的压力载荷（在估计内部爆炸载荷时，后两个反射冲量往往会因压力和冲量比初始冲量低得多而被忽略）。在这里使用的简化中，所有三个冲量的组合载荷是初始冲量的 1.75 倍。然后，对于响应时间比图 3.12 中最长时间还要长得多的结构，可以采用更大程度的简化。也就是简单地将所有三个冲量合并，并将超压（以及冲量）乘以 1.75。

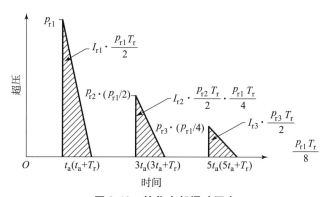

图 3.12　简化内部爆破压力

3.2　结构响应的简化分析

在本节中，我们将介绍能量解和压力－冲量图（$p^* - I$ 图）的概念，然后使用简化分析工具来确定动态加载结构单元的应力、应变和挠度，以确定建筑物和其他结构是否受到冲击载荷的破坏。本节中使用的所有方法都只给出最终状态，与时间历程无关，这也是研究最大应力和挠度的设计者们所关注的。该方法是一种简化的方法，其优点是可以用无量纲图来表示结果，并显化结构响应不同区域的区别。此外，当使用这些简化解时，可以通过简单的图形计算来确定结构中所有参数的增减对应力或挠度的影响。本节提出的求解方法涉及建筑结构构件的工程近似和简化表示。我们将推导出每一种方法和过程，以便读者理解这些假设，并将技术扩展到其他应用中。

3.2.1 放大系数

（一）正弦加载

最基本的动力系统由弹簧加一个配重块组成，在工程上称其为线弹性、单自由度系统，如图 3.13 所示，这样的系统具有正弦激励函数。通过代入牛顿第二定律（$F = ma$），并求解得到的微分方程，可以很容易地得出最大变形的解。图 3.13 基本上是最大挠度除以静态变形（用频率比表示）的图，即激励频率 $2\pi/T$ 除以固有频率 ω，也就是响应结构的 $\sqrt{k/m}$，纵坐标也称为动态放大系数。

图 3.13 中显示的结果可以通过反转横坐标并乘以 2π 重新绘制。其结果显示为持续时间比率的函数，即加载的持续时间 T，除以响应结构周期 $\sqrt{m/k}$。图 3.14 是正弦激励的曲线图，仍然可以看到共振。在受到撞击并做谐振运动的线性振荡器中可以看到某些相似性和差异性，所以我们将已知结果以图 3.14 的格式进行转换。

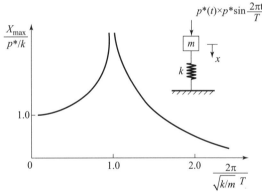

图 3.13　正弦加载的放大系数

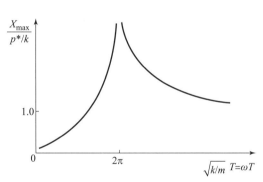

图 3.14　用持续时间比表示的放大系数

（二）爆炸加载

我们更为关注的问题是一单自由度弹性振子承受冲击的情况，如图 3.15 所示。我们将假设图 3.15 所示的指数衰减的激励函数可以近似地表示空气冲击波。对 $p^*(t)$ 做时间积分可得到曲线包围的面积，即总的冲量 I，等于 p^*T。在后面的讨论中，这个量非常重要。T 值的位置可通过以下的方法确定：使得一半的冲量处于 $t = 0$ 到 $t = T$ 之间，另一半冲量处于 $t = T$ 和 t 无穷大之间。这样定义是因为考虑到指数衰减的数学性质，压力永远不会降到零，所以不存在可明确定义的加载持续时间。

对于图 3.15 所示的系统，其运动方程（牛顿第二定律）为：

$$m\frac{\mathrm{d}^2 x}{\mathrm{d}t^2} + kx = p^* \mathrm{e}^{-t/T} \tag{3.25}$$

对于 $t=0$ 时无位移、无速度的初始条件，瞬态动力学解由下式给出：

$$\frac{x(t)}{p^*/k} = \frac{(\omega T)^2}{1+(\omega T)^2}\left(\frac{\sin\omega t}{\omega T} - \cos\omega t + \mathrm{e}^{-\frac{\omega t}{\omega T}}\right) \tag{3.26}$$

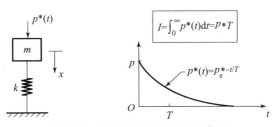

$$I=\int_0^\infty p^*(t)\mathrm{d}t = P*T$$

$$p^*(t)=p_\mathrm{e}^*{}^{-t/T}$$

图 3.15　冲击波加载的线性振荡器

其中，$\omega = \sqrt{k/m}$。式（3.26）涉及三个无量纲数，用函数形式可表示为：

$$\frac{x(t)}{p^*/x} = \psi[\omega\pi,\omega t] \tag{3.27}$$

如果我们只关心最大位移而不是瞬态解，则式（3.26）必须对时间 t 微分，当 $x(t)$ 是最大值时，设定速度为零，以此可获得标度时间（$\omega t_{\max}$）。标度时间由下式给出：

$$0 = \frac{\cos\omega t_{\max}}{\omega\pi} + \sin\omega t_{\max} - \frac{\mathrm{e}^{-\frac{\omega t_{\max}}{\omega T}}}{\omega T} \tag{3.28}$$

式（3.28）表示为：

$$\omega t_{\max} = \psi(\omega T) \tag{3.29}$$

然而，式（3.28）是欠约束方程，不能明确求解 $\omega t_{\max}$，但可以通过迭代来逐次逼近。一旦获得 ωt 的特定值 $\omega t_{\max}$，那么 $\omega t_{\max}$ 可以代入式（3.26）以求得 $x_{\max}/(p^*/k)$ 关于 ωt 的方程。式（3.26）给出的瞬态解可简化为：

$$\frac{x_{\max}}{p^*/k} = \psi(\omega T) \tag{3.30}$$

式（3.30）的迭代逼近解如图 3.16 中粗实连续线所示。

图 3.16 所示的冲击加载弹性振子与图 3.14 表示的正弦激励相对应。两条曲线的纵坐标和横坐标相同，但曲线的形状有很大的不同。为了理解爆炸载荷结构的行为，我们必须研究图 3.16 中所示结果的含义。

读者需注意图 3.16 所示的解是用两条直线作为渐近线近似得到的，也就是图中的细线。对于 $\sqrt{k/m}T$ 非常大（大于 40）和非常小（小于 0.4）的值，这些渐近线是非常精确的。

渐近线可以通过适当的能量守恒方法计算，将在本节后面讨论。为了便于讨论，可以先确定三个不同的加载域。$\sqrt{k/m}T$ 大于 40 的区域称为准静态加载域。在这个区域内，最大动挠度是静挠度的 2 倍，因此就需要有准静态这个概念。在许多土木工程规范中使用的动载荷系数 2.0 也来自准静态加载域中结构对载荷的响应。$\sqrt{k/m}T$ 大于 40 说明载荷持续时间 T 相对于结构加载周期 $\sqrt{m/k}$ 是非常大的。换句话说，在达到最大变形之前，载荷消散得很少。在此准静态加载域，构件变形仅依赖于峰值载荷 p 和结构刚度 k，而与载荷持续时间 T 和结

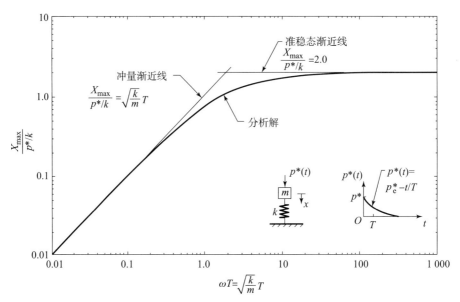

图 3.16 爆炸加载弹性振子的冲击响应

构质量 m 无关。$\sqrt{k/m}T$ 越来越小，动载荷系数越来越不适用，直到最后需要其他方法。

对于小于 0.4 的 $\sqrt{k/m}T$，图 3.16 中纵坐标和横坐标是相等的。对于较小的 ωT 值，存在以下关系：

$$\frac{x_{\max}}{p^*/k} = \sqrt{\frac{k}{m}}T(\omega T \leqslant 0.4) \tag{3.31}$$

或者写成：

$$\frac{\sqrt{km}x_{\max}}{I} = 1.0(\omega T \leqslant 0.4) \tag{3.32}$$

$$I = p \times T$$

在这个区域中，变形与 $(p \times T)$ 即冲量 I 成正比；因此，这个区域被称为"冲量加载域"。读者需要注意，在冲量加载域中，构件变形仅取决于载荷与时间曲线包围的面积 $(p \times T)$。任何峰值超压和持续时间的组合产生的相同冲量，都会导致该区域内产生相同的最大变形。现在，结构刚度和结构质量都会影响到结果。在这个冲量加载域，动载荷系数为 2 是非常保守的。小的 ωT 值的意义在于，在结构有足够的时间经历显著变形之前，将载荷施加到结构上并移除。也就是说，冲击载荷区域中，相对于结构的响应时间，载荷持续时间较短。

最后，ωT 值在 0.4 和 40 之间存在第三个加载域，这是连接冲量加载域和准静态域的过渡域。由于这里的变形取决于加载的整个时间历史，因此称其为"动态加载域"，但该区域不能应用近似的理想化方法。在这里，运动既取决于载荷的压力和冲量，也取决于结构的刚度和质量。实际上，计算两条渐近线、准静态和冲量，可以得到整个冲击响应的近似值，如图 3.16 所示。我们可以使用曲线板工具，并且已知渐近线的交点处的解大约是实际值 $X_{\max}/(p^*/k)$ 的 2 倍，从而画出一个近似的过渡解。在动态加载域，加载持续时间与结构响应时间具有相同的数量级，瞬态冲量的结构响应解在解析上更为复杂。

当要在冲量或准静态加载域计算结构的最大变形或应力时，应通过进行一些分析观察来最大程度地简化计算。使用能量求解方法可以很容易地求解出最大变形的渐近线，该线弹性系统的应变能 $S.E.$ 为：

$$S.E. = (1/2)kX_{\max}^2 \tag{3.33}$$

一个振幅衰减不明显的恒力所能给予结构的最大功 W_k 为：

$$W_k = p \times X_{\max} \tag{3.34}$$

令 W_k 与 $S.E.$ 相等，可得到准静态加载域的渐近线：

$$p \times X_{\max} = (1/2)kX_{\max}^2 \tag{3.35}$$

或者

$$\frac{X_{\max}}{p^*/k} = 2.0(准静态渐近线) \tag{3.36}$$

请记住，准静态加载域的意义在于，在结构达到最大变形之前，载荷持续时间长，只有少量的载荷消散。这一推理解释了赋予结构最大可能功上限等于必须吸收该功的最大结构应变能时会产生很好的结果。令估算的功与应变能相等的原则是后续结构计算讨论中的一个关键步骤。

为了计算冲量加载域的渐近线，我们必须估计结构的初始动能 $K.E.$。请记住，冲量加载域的标准是加载持续时间很短，以至于在加载结束之前几乎不会发生结构变形。这意味着在时间零点，赋予结构的初始速度等于 I/m，当结构中没有存储应变能时，与时间零点处的速度相关的动能 $K.E.$ 等于：

$$K.E. = (m/2)\frac{I^2}{m^2} = \frac{I^2}{2m} \tag{3.37}$$

时间零点的动能最终被吸收为应变能，由式（3.33）给出。将 $K.E.$ 与 $S.E.$ 相等，就得到了冲量加载域的渐近线。

$$\frac{I^2}{2m} = (1/2)kX_{\max}^2 \tag{3.38}$$

或者

$$\frac{\sqrt{km}X_{\max}}{I} = 1.0(冲量渐近线) \tag{3.39}$$

将动能与应变能相等的原理用于估计冲量加载域的渐近线是一个同样很重要的过程，会在随后的结构讨论中多次使用。

3.2.2　理想爆炸的 p^*-I 图

（一）弹性系统

图 3.16 中显示的图形求解方法通常需要在压力 – 冲量图（p^*-I 图）中重新绘制。图 3.17 是针对图 3.16 重新绘制的 p^*-I 图。图 3.17 是先将图 3.16 中的纵坐标反转，然后将其重新绘制为图 3.17 中的新纵坐标。下一步，将图 3.16 中的旧横坐标乘以图 3.17 中的新纵坐标，以获得乘积（$p \times T$）或 I。该新标度冲量将作为图 3.17 的横坐标。

p^*-I 图（见图 3.17）中包含的信息与冲击放大响应曲线（见图 3.16）的信息完全相

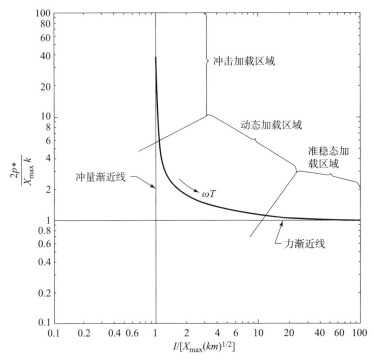

图 3.17　爆炸加载弹性振子的 p^*-I 图

同，但主要区别在于冲击放大响应曲线强调变形或应力是标度时间的函数。而 p^*-I 图则强调施加载荷和冲量的组合，用于定义损伤阈值。

一旦规定了构成特定结构损伤阈值的某个 X_{max} 值（在规定的 k 和 m 值下），则图 3.17 中的双曲线形曲线为损伤等值线。它定义了产生这个指定的变形所需要施加载荷 p^* 和冲量 I 的组合值。如果在图 3.17 曲线的上方和右侧区域施加较大的载荷和冲击，结构会因变形大于阈值而被破坏。如果在图 3.17 曲线的下方和左侧区域施加较小的载荷和冲量，则结构应完好无损。

图 3.17 中仍然清楚地显示了之前定义的三个加载域。图 3.17 所示的垂直渐近线是冲量加载域渐近线；要偏离损伤等值线就需要施加冲量 I 以发生变化，而施加载荷 p 的变化会导致损伤保持在相同的损伤等值线上。类似地，水平渐近线是准静态加载域渐近线，因为只需要施加荷载 p^* 发生变化，就会偏离该区域的损伤等值线。

（二）刚 - 塑性系统

到目前为止，我们的讨论主要集中在线弹性单自由度系统的冲击响应图和 p^*-I 图，而对于发生塑性变形的结构也存在与之非常相似的曲线。图 3.18 是图中插入的刚性、理想塑性、单自由度库仑阻尼的解析推导 p^*-I 图。与之前的线弹性示例相同，此系统也具有相同的指数衰减激励函数。唯一不同的是，用带有摩擦阻力 f 的库仑阻尼单元代替了上述例子中的弹性弹簧。如果施加的峰值负载 p^* 超过了延迟力 f，系统就会断裂并发生位移。如果 p^* 不超过 f，则系统不会移动。图 3.18 中的粗曲线是刚 - 塑性系统的解析解。请注意，无量纲的 p^*-I 图仍然具有与弹性系统的 p^*-I 图类似的形状，三个加载域的存在是显而易见的。如前文所述，冲量加载域的渐近线仍然是一条垂线，准静态加载域的渐近线仍然是一条水平线。

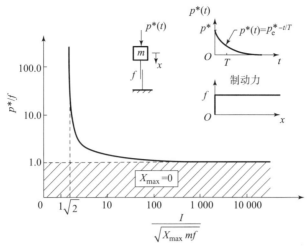

图 3.18 爆炸载荷刚 – 塑性系统 p^* – I 图

在确定准静态渐近线时，将最大可能功与应变能相等，在冲量渐近线时令动能与应变能相等的原则仍然适用。对于这个塑性系统，最大可能做功 ωK 为：

$$\omega K = p^* X_{\max} \tag{3.40}$$

应变能为：

$$S.E. = f X_{\max} \tag{3.41}$$

将最大功与应变能相等，得到：

$$p^* X_{\max} = f X_{\max} \tag{3.42}$$

或者

$$p^*/f = 1.0\,(准静态渐近线) \tag{3.43}$$

这条渐近线就是图 3.18 所示水平渐近线。同样，通过计算动能 $K.E.$ 来计算冲量载荷领域的渐近线：

$$K.E. = \frac{1}{2}m\left(\frac{I}{m}\right)^2 = \frac{I^2}{2m} \tag{3.44}$$

或

$$\frac{I}{\sqrt{X_{\max}mf}} = \sqrt{2}\,(冲量渐近线) \tag{3.45}$$

这条渐近线就是图 3.18 所示竖直渐近线。

我们已经提到过通过计算应变能做功来获得准静态载荷的渐近线的原理，以及令动能与应变能相等以获得冲量载荷的渐近线的原理。无论研究的是弹性系统还是塑性系统，这些原理都适用。在本章后面的部分，当用能量解析方法求解梁、板和柱时，会将其作为第一原理反复使用。

（三）试验结果的分散性

在相同的试验中，假定相同结构发生塑性变形的试验测量结果可以观察到较大的离散性。这一现象可以通过回归图 3.18 所示的刚 – 塑性 p^* – I 图来部分地解释。注意，在这个塑性系统中的准静态加载域在 $p^*/f = 1.0$ 处有一条渐近线，因为除非 p^* 超过 f，不会存在唯一，所以 $p^*/f = 1.0$ 也是完全没有挠度的渐近线。因此对于 $p^*/f = 1.0^-$，也可以发生大位移，但对于 $p^*/f = 1.0^+$，也可以发生大位移（由于这条准静态渐近线与 X_{max} 无关，因此 $p^*/f = 1.0^+$ 处的大位移是无限的，如屈曲问题中的分叉就是一个很好的例子）。该模型表明，在塑性系统的准静态加载域，实测的位移会有很大的离散。另外，由于冲量加载区域的渐近线是 X_{max} 的函数，因此其控制条件要好得多，会表现出更少的离散。

图 3.19 显示了空气爆炸加载悬臂铬镍铁合金 X 梁中尖端的无量纲残余变形。在这些测试中，除了与炸药的距离之外，其他条件保持不变。如图 3.19 所示，变形范围从非常小到非常大（$\delta/L = 1.0$ 对应于与地面平齐弯曲的梁）。通常情况下，在任意一个距离重复测试了 6 根梁，离散性（最小和最大挠度之比）高达 7.0。由于测试点较为分散，将其绘制在对数坐标上。虽然在准静态载荷下的结果并不真正位于准静态载荷区域，但它们处于动态载荷区域或者图 3.18 中的曲线弯头处。当试验结果如图 3.19 所示分散时，就没有必要再寻求高精确度的复杂计算过程了。

与图 3.19 不同，图 3.20 是冲击载荷范围内爆炸载荷简支梁的梁中心的变形。在这些测试中，除施加的比冲量 i^+ 外，其他都保持不变。如图 3.20 所示，散射系数始终小于 30%，这些受冲量加载的梁变形可以绘制在线性坐标上。比较图 3.19 和图 3.20 时，边界条件或材料类型的不同与散点的差异无关。在冲量加载域的塑性梁变形要比在准静态载荷领域渐近线附近的塑性梁变形好控制得多。图 3.18 中图形化的计算定性地预测了这种行为。在现实中，不存在完美的塑性，因此即使在准静态加载域，也不存在无限的变形。

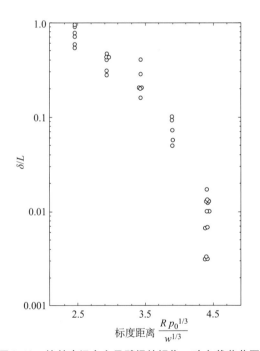

图 3.19　镍基高温合金悬臂梁的损伤，动态载荷范围

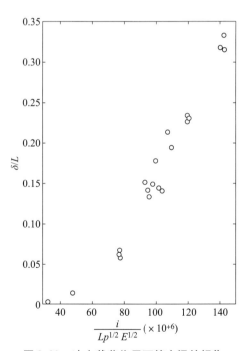

图 3.20　冲击载荷作用下简支梁的损伤

因为两条渐近线都是 X_{max} 的函数，所以图 3.17 表示的弹性系统没有这样难控制的结构响应特性。还应当注意，即使塑性系统在准静态受载区中的位移很难控制，却能迅速地确定屈服载荷（或作用力）。因此，虽然变形值可能有较大的分散性，但引起破坏的临界载荷值

并无明显的变化。

本讨论的目的是要说明试验结果的分散是可能的，发生原因可能并非是试验技术不佳，而是某些物理现象引起的，例如理想刚 – 塑性问题的运动条件。如前所述，有一条渐近线与位移无关。此外，尽管一个试验测量的量可能分散得很大（如变形），但其他试验测量的量（如屈服力）不一定分散得那么大。通常，对于一个塑性变形、爆炸载荷的结构，提高计算精度可能是毫无意义的，即用复杂的计算程序来确定损伤程度是不值得的。正如我们所看到的那样，在一个加载区进行的试验，其数据分散范围可能很大，但在另一个受载区进行的试验所产生的分散却可能很小。

3.2.3　通过试验获得的 $p*-I$ 图

$p*-I$ 图（或者更常见的 $p-i$ 图）的概念不仅仅是一个数学概念，在各种结构中得到的试验测试结果可以绘制在压力 – 冲量图上，从而针对某些损伤水平得到近似的矩形双曲线。绘制 $p-i$ 图的最广泛的数据库之一是第二次世界大战时期英国关于炸弹对典型房屋和工厂建筑的爆炸破坏的研究。对于爆炸装药相对质量 W 和防区外相对距离 R 破坏程度恒定的砖房，贾勒特（Jarrett）（1968）对 $p-I$ 曲线拟合的方程格式为：

$$R = \frac{KW^{1/3}}{\left[1 + \left(\frac{7\,000}{W}\right)^2\right]^{1/6}} \tag{3.46}$$

式（3.46）中的常数 K 随不同的破坏程度而变化。式（3.46）可转换为 $p-i$ 图，因为海平面、大气条件下的侧向冲击波超压和侧向比冲量可通过 R 和 W 计算得出（见第 2 章）。图 3.21 是利用贾勒特曲线拟合炸弹损坏房屋的侧向冲击与超压图，以建立损伤等值线。

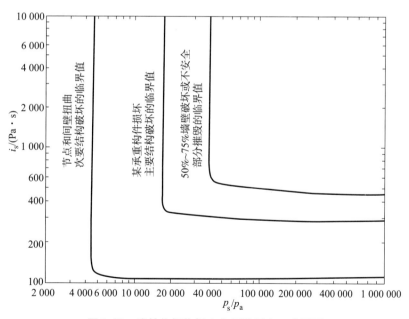

图 3.21　建筑物损伤恒定水平的压力 – 冲量图

对于图 3.21 所示的三种不同的损伤等值线，准静态和冲量加载域的存在是显而易见的。

图 3.21 中，随着压力和冲量的增加，损伤程度增加。英国人根据经验得出的砖房 $p - I$ 图来确定其他相似结构的房屋、小型办公楼和轻框架工业建筑的损坏标准。

贾勒特方程式（3.46）或与其等价的图 3.21 是英国使用的爆炸物安全距离标准的基础。图 3.21 中的曲线比建立工业爆炸损伤阈值的方程式更有用，因为这些曲线不依赖于海平面环境以及大气条件下的"TNT 当量"。当以 p 对 i 的形式呈现时，目标状态被表征，并且省略了爆炸源和冲击波的传播特征。例如，如图 3.21 所示，压力和冲量可能来源于线爆炸、面爆炸，也可能来源于海拔为零或不同海拔处的非理想能量释放。

在本书中，读者会发现 $p - i$ 图中显示的爆炸对建筑物和人员有许多不同影响。人对爆炸的反应也是一个复杂的机械系统，因此能够用 $p - i$ 图显示爆炸的致死性或听力损伤也是有可能的。$p - i$ 图的概念非常重要，在本书中会被广泛使用，因此读者应该很好地理解这个概念。

3.2.4 非理想爆炸的 $p^* - I$ 图

在许多情况下，由内部气体或粉尘爆炸引起的结构或结构元件上的载荷与凝聚炸药产生的载荷不同。凝聚炸药爆炸产生的超压的特点是上升时间非常短，之后几乎呈指数衰减。对于蒸气或粉尘爆炸，载荷的特点是上升时间有限，之后的时间变化也与凝聚炸药不同，如图 3.22 所示。事实上，许多进行气体或粉尘爆炸试验的研究人员给出的

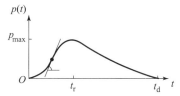

图 3.22　密闭气体或粉尘爆炸超压时间历程示意图

结果是峰值压力 p_m、最大压力上升率 $\dfrac{dp_{max}}{dt_{max}}$、持续时间 t_d。

描述非理想爆炸载荷可以采用如下方程：

$$p(t) = p_{max}\left[t/t_r - \frac{1}{2\pi}\sin\frac{2\pi t}{t_r} \right], t \leqslant t_r \tag{3.47}$$

$$= p_{max}\left(1 - \frac{t - t_r}{t_d - t_r} \right)e^{-\left(\frac{t - t_r}{t_d - t_r} \right)}, t_r \leqslant t \leqslant t_d \tag{3.48}$$

定义 $t = t_r/2$ 处斜率最大，压力上升率将是：

$$\frac{dp}{dt}\left(t - \frac{t_r}{2} \right) = \frac{2p_{max}}{t_r} \tag{3.49}$$

对于这种载荷，可以使用单一自由度弹–塑性弹簧–配重系统来评估有限上升时间和载荷时间历史对结构响应的影响。计算出的表示粉尘爆炸的弹性 $p^* - I$ 图如图 3.23 中曲线 B 所示，时间比 t_r/t_d 等于 0.4。为了比较，理想爆炸的 $p - I$ 曲线如图 3.23 中曲线 A 所示。

从图 3.23 中可以看出理想爆炸和非理想爆炸的两个重要的不同点：

（1）非理想爆炸的准静态加载域的压力渐近线为 1.0（相当于静态加载）；而理想爆炸的压力渐近线为 0.50（相当于动载荷系数为 2.0）。

（2）在 $1.15 < \dfrac{I}{X_{max}\sqrt{km}} < 5.5$ 区域内，非理想爆炸的载荷比理想爆炸的载荷更剧烈。这种现象是由非理想爆炸的加载速率和结构频率之间的共振产生的。

在冲击加载域，理想爆炸和非理想爆炸具有相同的渐近线。

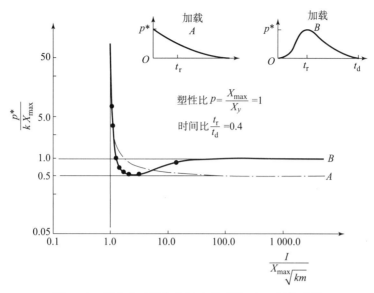

图 3.23 零上升时间和有限上升时间 $p^* - I$ 图的比较

对于非理想爆炸，如果 t_r/t_d 仅在小范围内变化，则结果几乎相同。图 3.24 显示了一个弹性系统，比较了 $t_r/t_d = 0.40$ 和 $t_r/t_d = 0.20$ 的情况。

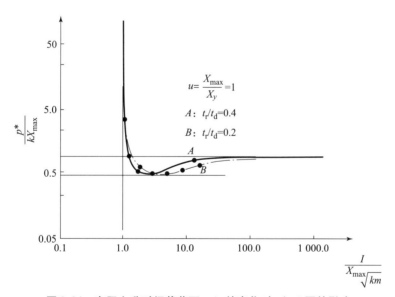

图 3.24 有限上升时间载荷下 t_r/t_d 的变化对 $p^* - I$ 图的影响

结构塑性的影响如图 3.25 所示。在这种比较中，两种情况下的载荷相同，都是非理想爆炸并且 $t_r/t_d = 0.40$。如图 3.25 所示，振子分别以弹性的、理想塑性的方式响应。曲线 A 是开始显示塑性的阈值；而曲线 B 直到延性比 μ（最大变形除以屈服变形的比率）等于 3.0 都允许塑性变形。塑性对 $p^* - I$ 图的影响是：①抑制在曲线肘部弹性发生的动态超调；②在冲量加载域阈值曲线将向右移动。正如在讨论图 3.18 时已经指出的那样，准静态加载域中的塑性阈值没有发生变化。现在还没有表示出图 3.25 中的结果与屈服变形 X_y 的关系，X_y 在两个系统中均是常数，而 X_{max} 不是。发生在冲量加载域中的曲线的位移是因为每当结构发生塑性变形时，可以吸收更多的能量。在准静态加载域，施加在结构上的功和吸收的应变能均呈线性增加；因此，最终结果显示准静态加载阈值没有变化。

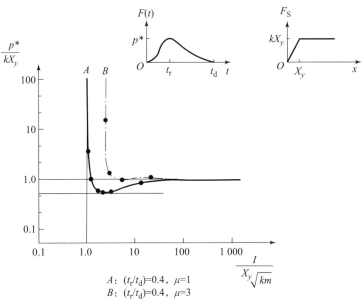

A：$(t_r/t_d)=0.4$，$\mu=1$
B：$(t_r/t_d)=0.4$，$\mu=3$

图 3.25 塑性对 $p^* - I$ 图的影响

压力容器爆炸是另一种非理想的爆炸载荷，它不同于与粉尘或气态蒸气爆炸或烈性炸药相关的载荷。压力容器爆炸和烈性炸药爆炸的两个主要区别是：①在压力容器爆炸中会出现大振幅、长时间的负压（称为负相）；②在压力容器爆炸中存在显著的第二次正相（见第 2 章）。图 3.26 给出了加压爆炸玻璃球的压力历史记录。

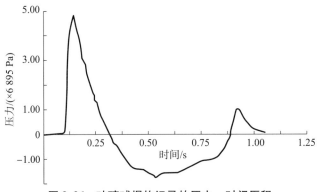

图 3.26 玻璃球爆炸记录的压力 - 时间历程

为了研究具有图 3.26 中所示的载荷影响，弹性振子被（数学上）用图 3.27 中描述的激励函数激发。为了表示这个函数，我们划分三个不同的时间，即 t_{d1}、t_{d2}、t_{d3}（均在图 3.27 中从时间零点开始测量）。通过定义时间比 a 和 b，加上相对振幅比 g 和 s，图 3.26 的压力曲线可以合理地近似为 $a = 0.24$、$b = 0.76$、$g = -0.85$ 和 $s = 0.8$。

$$t \leqslant t_{d1} : p(t) = p_{max}\left(1 - \frac{t}{t_{d1}}\right)$$

$$t_{d1} \leqslant t \leqslant t_{d2} : p(t) = \gamma p_{max}\sin\left[\left(\frac{t - t_{d1}}{t_{d2} - t_{d1}}\right)\right]\pi$$

$$t_{d2} \leqslant t \leqslant t_{d3} : p(t) = \delta p_{max}\left(1 - \frac{t - t_{d2}}{t_{d3} - t_{d2}}\right)$$

$$t_{d1} = \alpha t_{d3} \text{ 和 } t_{d2} = \beta t_{d3}$$

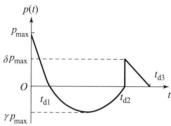

图 3.27　压力容器爆炸载荷示意图

图 3.28 中对弹性振子对压力容器爆炸和凝聚炸药爆炸的响应进行了比较。冲量 I 是从两个正相的冲量减去负相的总冲量。在准静态或冲击加载域中没有出现很大的差异，但是，在动态加载域中，会出现较大差异。尽管图 3.28 所示的这些影响是针对 a、b、g 和 s 的特定值，但通常 $p^* - I$ 图的弯头中的不规则形状是由响应时间和各种加载持续时间之间的相位差引起的。只有在冲击加载域或准静态加载域的极端情况下，才能通过单个三角压力冲量准确预测压力容器爆炸的结果。

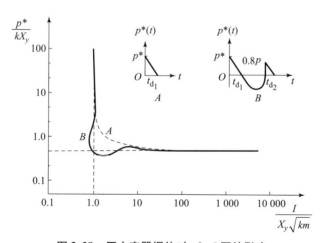

图 3.28　压力容器爆炸对 $p^* - I$ 图的影响

关于 $p^* - I$ 图要讨论的最后一个问题是压力上升后冲量形状对结构损伤阈值的影响。对于简单的弹性或刚 - 塑性系统，亚伯拉罕森（Abrahamson）和林德伯格（Lindberg）（1976）计算了矩形、三角形以及具有零上升时间的指数衰减形冲量。图 3.29 显示了弹性系统的示意图，图 3.30 显示了塑性系统的示意图。两条曲线都表明，对于相同的临界位移水平，准静态和冲击加载域相对不受影响。主要差异出现在这些图的弯头，其中矩形载荷越大，从一条渐近线到另一条渐近线的过渡越突然。

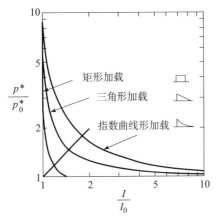

图 3.29　弹性弹簧－质量系统的临界载荷曲线

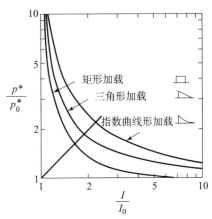

图 3.30　简单刚－塑性系统的临界载荷曲线

3.2.5　p^*-I 图补充说明

使用 $p-i$ 图的一种常用方法是将距离与装药质量（$R-W$）曲线作为叠加。$p-i$ 图定义了目标或结构对载荷的敏感性。在海平面环境大气条件下，装药质量 W 和距离 R 以及结构方向和几何结构唯一地确定了传递给目标的压力和冲量。如图 3.31 所示，通过创建多个图层，可以以图形方式确定能量释放和距离的组合，这些组合处于严重损坏某些结构的阈值上。在这个示例中，通过读取图 3.31 中的结果，可以看出，0.43 m 处的 1/8 千克 TNT、0.85 m 处的 1/4 千克、1.05 m 处的 1/2 千克、2.0 m 处的 1 千克 TNT 和 3.5 m 处的 2 千克 TNT 都会对由等损伤曲线表示的结构产生相同的损伤阈值。

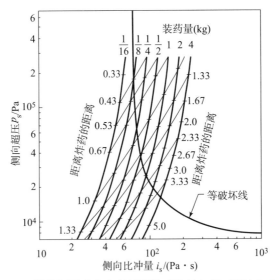

图 3.31　p^*-I 图的叠加图［来自彭托利特球体的入射（侧向）超压和脉冲］

需要注意的是，任何一个 $p-i$ 图都只适用于某个给定的损伤模式。例如，当大型装药位于很远的地方时，直升机的尾杆可能在总体弯曲模式下失效；然而，当结构附近发生小爆炸时，尾杆可能会出现局部面板故障。这个例子表明，如果我们想研究大范围的影响或不同的损伤机制发挥作用的综合问题，可能会出现两种或更多的失效模式。每个单独的失效模式都有各自的 $p-i$ 图。复杂目标必须通过绘制几个 $p-i$ 图来确定，如图 3.32 所示。当绘制这样的复合图时，因为分析人员通常希望预测或防止所有模式的损伤，损伤阈值变成图 3.32 中的虚线。

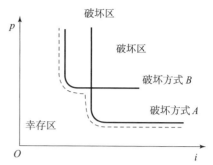

图 3.32　复杂目标的 p^*-I 图

3.2.6　结构响应的能量解

设计人员通常希望预测冲击载荷在结构构件中产生的峰值（最大）弯曲应力、剪切力和变形，他们很少对结构在冲击作用下的完整时间历程感兴趣。本节即将提出的能量解，在不给出时间历史的预测下，对于预测上述的这些最大值非常有用。

我们首先推导在准静态和冲击加载域中动态加载梁和板的一些求解方法。这些求解方法将与测试结果进行比较，以证明其有效性。所有这些求解方法都是基于假定的变形形式，所以我们也将讨论变形形式对结果的影响。最后，我们将展示如何使用本节中的原理恰当地导出梁、板、柱和其他结构元素的无量纲 $p-i$ 图。

能量解的一般求解步骤是：

（1）假设适当的变形形式；

（2）对变形形式进行判别，获得应变；

（3）将应变代入适当的单位体积应变能关系式；

（4）将单位体积的应变能在结构元件上进行积分，获得总应变能；

（5）代入 $I^2/(2m)$ 计算动能；

（6）通过对加载域的压力乘以挠度进行积分，计算出可能的最大功；

（7）动能与应变能相等，得到冲量加载域中的变形；

（8）由最大功与应变能相等，得到准静态加载域的变形；

（9）将变形代入应变方程，得到应变。

这些步骤将在下面的示例中反复使用。如果读者希望将这些方法应用到其他结构元件上，应该把这些方法作为一个基本过程来学习。在下面的例子中，我们将假设读者已经拥有一些材料力学的基本知识。

（一）弹性悬臂梁

第一个问题，我们希望计算一个冲击加载悬臂梁的最大弯曲变形应变。梁的坐标原点在梁的根部，如图 3.33 所示。我们假设的变形形式为（步骤（1））：

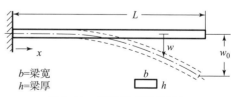

b=梁宽
h=梁厚

图 3.33　悬臂梁弹性能量解

$$w = w_0\left(1 - \cos\frac{\pi x}{2L}\right) \qquad (3.50)$$

选择一个适当的变形形式是这个求解方法的一个主要步骤。对于弹性悬臂梁，一个适当的变形形式是在梁的根部为零变形，在梁的顶端为最大变形，在梁的根部没有斜率，在梁的顶端没有二阶导数或弯矩。式（3.50）中的形状满足所有这些边界条件（其他形式的变形也是有可能的）。下一步（步骤（2））是对假设的变形形式进行两次微分，以获得曲率：

$$\frac{\mathrm{d}^2 w}{\mathrm{d}x^2} = \frac{\pi^2 w_0}{4L^2}\cos\frac{\pi x}{2L} \tag{3.51}$$

假设挠度很小（弹性欧拉－伯努利弯曲），则应变能为：

$$S.E. = \int_0^L \frac{M^2 \mathrm{d}x}{2EI} = \frac{EI}{2}\int_0^L \left(\frac{\mathrm{d}^2 w}{\mathrm{d}x^2}\right)^2 \mathrm{d}x \tag{3.52}$$

其中 E 为杨氏模量，I 为面积矩。

将式（3.51）中的曲率代入式（3.52），将得到的余弦平方函数除以梁长度（步骤（4））并积分得到应变能：

$$S.E. = \frac{\pi^4 EI w_0^2}{64L^3} \tag{3.53}$$

接下来估计动能（步骤（5））：

$$K.E. = \sum_{\text{beam}} (1/2) m V_0^2 = \int_0^L 1/2\,(\rho b h \mathrm{d}x)\left(\frac{ib\mathrm{d}x}{\rho b h \mathrm{d}x}\right)^2 \tag{3.54}$$

或

$$K.E. = \frac{i^2 bL}{2\rho h} \tag{3.55}$$

由于暂不计算准静态加载的梁响应，省略步骤（6）和步骤（8），将式（3.53）中的应变能 $S.E.$ 与式（3.55）中的动能 $K.E.$ 相等（步骤（7）），得到冲量加载域的变形解。

$$\frac{i^2 bL}{2\rho h} = \frac{\pi^4 EI w_0^2}{64L^3} \tag{3.56}$$

假设梁是一个矩形截面（宽度为 b，厚度为 h），用 $(1/12)\,bh$ 代替 I，得到：

$$\frac{w_0}{L} = \frac{\sqrt{384}}{\pi^2}\left(\frac{L}{h}\right)\left(\frac{i}{h}\frac{}{\sqrt{Ep}}\right) \tag{3.57}$$

但对于小变形，应变 ε 与变形形式的关系为：

$$\varepsilon = \frac{Mc}{EI} = -\frac{h}{2}\left(\frac{\mathrm{d}^2 w}{\mathrm{d}x^2}\right) \tag{3.58}$$

其中 c 为从中性轴到梁的外纤维的距离。代入式（3.56）可得：

$$\varepsilon = \frac{\pi^2 h w_0}{8L^2}\cos\frac{\pi x}{2L} \tag{3.59}$$

最大应变发生在悬臂梁根部，此时余弦函数为 1.0。将式（3.59）（步骤（9））中的 w_0 代入式（3.57），得到最大应变 ε_{m}：

$$\varepsilon_{\mathrm{m}} = 2.45\,\frac{i}{h\sqrt{E\rho}} \tag{3.60}$$

该求解方法适用于求解冲击加载的应变，结果表明应变与梁的跨度无关，这是冲量加载的一个正确而有趣的结论。因为跨度加倍，进入系统的动能加倍，然而，跨度加倍也使用于吸收应变能的梁的材料加倍，最终的结果是抵消了梁的跨度。冲量加载变形仍然依赖于跨度，但最大应变不是。

为了验证该求解方法的有效性，我们可以将式（3.60）的计算结果与贝克（1958）的试验数据进行比较。在这些试验中，在 6061 – T6 铝悬臂梁附近引爆炸药。如图 3.34 所示为长度为 305mm、厚度为 1.3 mm 的梁的最大弯曲应变与 $\dfrac{i}{L\sqrt{\rho E}}$ 的关系。由于冲击波在梁周围的绕射，在计算传递给梁的冲量时存在一定的不确定性；因此，测试数据带有覆盖可能冲量范围的误差棒。由图 3.34 可以看出，式（3.60）准确预测了弹性悬臂梁在冲量加载领域的观测结果。

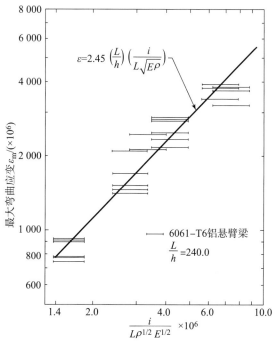

图 3.34　悬臂梁的弹性响应，冲击荷载范围

虽然我们没有试验数据来验证弹性悬臂梁在准静态加载域的解，但这个解很容易推导。压力 P_r 对梁所能做的最大功为（步骤（6））：

$$W_k = \int_0^L p_r b w \mathrm{d}x = p_r b w_0 \int_0^L \Big(1 - \cos\frac{\pi x}{2L}\Big)\mathrm{d}x \tag{3.61}$$

或

$$W_k = \Big(1 - \frac{2}{\pi}\Big)p_r b L w_0 \tag{3.62}$$

将式（3.62）的 W_k 与式（3.53）（步骤（8））的应变能 $S.E.$ 相等，并简化结果，即为准静态加载域的变形解：

$$\Big(\frac{w_0}{L}\Big) = 2.865\Big(\frac{L}{h}\Big)^3\Big(\frac{p_r}{E}\Big) \tag{3.63}$$

代入式（3.59），使余弦函数等于 1.0，即为准静态加载域的最大应变：

$$\varepsilon_{\max} = 3.535\frac{p_r L^2}{E h^2} \tag{3.64}$$

这幅图表明，利用假定的变形形式和能量守恒，可以很容易地推导出代数解。这种方法对设计人员很有用，因为它可以显示出一个参数发生变化将如何改变结构产生的变形和应变。但是，这种分析方法并不局限于弹性解。

（二）悬臂梁的塑性变形

这里对简支梁和两端固支梁的塑性变形进行比较。我们将推导简支梁和固支梁的刚－塑性解，并将不同材料和边界条件下的梁测试结果与我们的求解结果进行比较。

对于原点在中点的总长度为 L 的简支梁，假定变形形式为抛物线，变形量由式（3.65）给出：

$$w = w_0\left(1 - \frac{4x^2}{L^2}\right) \tag{3.65}$$

这种变形的形状在跨度中点处有最大挠度，无斜率，在支座处无挠度，有最大斜率。二阶导数表明这种假定的变形形式产生恒定的曲率。

刚－塑性梁中储存的应变能为屈服弯矩乘以旋转所经过的角度 $\dfrac{\mathrm{d}^2w}{\mathrm{d}x^2}\mathrm{d}x$，通过对梁的长度积分求和得到。由于对称性，这种应变能可以通过对一半梁的积分再乘以 2 来计算。

$$S.E. = -2\int_0^{1/2} M_y \frac{\mathrm{d}^2w}{\mathrm{d}x^2}\mathrm{d}x = \frac{16M_yw_0}{L^2}\int_0^{1/2}\mathrm{d}x \tag{3.66}$$

化简得：

$$S.E. = \frac{8M_yw_0}{L} \tag{3.67}$$

在冲量加载域中，动能为：

$$K.E. = \sum_{\text{beam}} \frac{I^2}{2m} = 2\int_0^{1/2} \frac{(ib\mathrm{d}x)^2}{2(\rho A\mathrm{d}x)} \tag{3.68}$$

化简得：

$$K.E. = \frac{i^2b^2L}{2\rho A} \tag{3.69}$$

将式（3.69）中的 $K.E.$ 与式（3.67）中的应变能等价，化简得：

$$\frac{i^2b^2L}{\rho M_yA} = 16\left(\frac{w_0}{L}\right) \tag{3.70}$$

假设有一个宽度为 b、厚度为 h 的矩形截面梁，把 $1/4\sigma_ybh^2$ 代成 M_y，σ_y 是屈服点，bh 代成 A，则冲量与最大挠度的关系式为：

$$\frac{i^2L}{\rho\sigma_yh^3} = 4\left(\frac{w_0}{L}\right) \tag{3.71}$$

对于固支的冲击加载梁，我们把它留给读者来推导，可以给出结果：

$$\frac{i^2L}{\rho\sigma_yh^3} = 8\left(\frac{w_0}{L}\right)（固支梁） \tag{3.72}$$

注意，简支梁的解与固支梁的解之间的唯一区别是数值系数，即固支梁的解为 8，简支梁的解为 4。所有的参数 L、ρ、σ_y、h、w_0 和 i 完全类似。如果一个参数加倍或减半，得到的结果在固支梁和简支梁中以相同的相对百分比改变。因此，两种解都可以通过插入参数 N 在同一个方程中表示，对于简支梁，N 为 1.0，对于固支梁，N 为 2.0。

$$\frac{i^2 L}{N\rho\sigma_y h^3} = 4\left(\frac{w_0}{L}\right) \tag{3.73}$$

如果研究了其他边界条件，如单侧固支，单侧简支，只要使用适当的 N 值，冲击加载刚 – 塑性梁也会有方程式（3.73）的解。我们稍后将利用这一结果，给出具有各种不同边界条件的结构构件的无量纲 p – i 图。

图 3.35 为弗劳伦斯（Florence）和福斯（Firth）（1965）对半跨厚比 l/h 为 36 的固支梁和简支梁的试验数据图。由于这些研究者使用的是半跨度 l 而不是全跨度 L，为了便于比较，将式（3.73）写成式（3.74）。

$$\frac{i^2}{N\rho\sigma_y h^2} = \left(\frac{h}{l}\right)\left(\frac{w_0}{l}\right) \tag{3.74}$$

所有梁，无论是固支梁还是简支梁，均由 2024 – T4 铝、6061 – T6 铝、1018 冷轧钢或 1018 退火钢制成，使用片状炸药冲击加载。固支梁没有显著的拉伸应力，因为在边界被限制旋转的同时，允许末端向内移动。图 3.35 通过将 6 种不同梁的试验结果与我们的解进行比较，证明了式（3.74）和这种近似的刚 – 塑性分析过程的有效性。

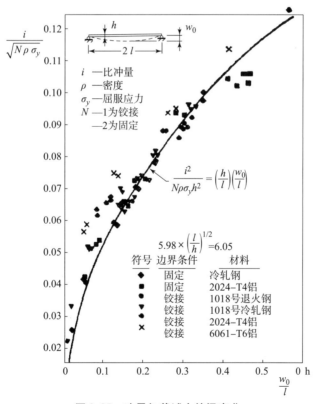

图 3.35　冲量加载域中的梁弯曲

虽然我们不再过多展开，但也可以通过计算得到可能的最大功，并将其与已经估计的应变能（式（3.67））等同，导出准静态加载域的梁的刚－塑性解。

在所有这些能量解析方法中，固有步骤是先有一个假定的变形形式。那么一个合乎逻辑的问题是"不同的变形形式对求解方法有什么影响？"

（三）变形形式的影响

为了说明假定的变形形式对计算结构变形和应变的影响，我们对受均匀冲击载荷的简支梁进行了弹性和塑性弯曲分析。这些分析使用了已经多次介绍过的相同的能量计算程序。因此，结果以表格形式呈现，而细节则略去。

对于弹性变形，我们评估了三种不同变形形式的计算结果。第一种形状是抛物线，第二种形状是第一模态正弦波，第三种形状是均匀施加载荷时的静变形。如表 3.3 所示，除数值系数外，所有三种解的应变能 $S.E.$、最大变形 w_0 和最大应变 ε_m 的结果相似。结果是无量纲的，因此数值系数可以直接比较。对于应变能、变形或应变，不同变形形式只有数值系数不同。这种差异很小，通常在小数点后一位。因此，只要满足边界条件，无论选择哪种变形形式，都能得到合理的工程结果，误差不超过百分之几。由于我们无法准确地知道自然发生的载荷及其散布情况（见图3.20），因此可以推断出，准确选择"最佳"的变形形式对结果来说相对不重要。

表3.3 弹性简支梁的冲量弯曲解

变形形式	抛物线	第一模态	静态变形形式
$\dfrac{w}{w_0} =$	$4\left(\dfrac{x}{L}\right)^2$	$\sin\left(\dfrac{\pi x}{L}\right)$	$\dfrac{16}{5}\left[\left(\dfrac{x}{L}\right)-2\left(\dfrac{x}{L}\right)^3+\left(\dfrac{x}{L}\right)^4\right]$
应变能 $\dfrac{(S.E.)L^3}{Ebh^3w_0^2} =$	2.666	2.029	2.048
变形 $\dfrac{w_0\sqrt{\rho Eh^2}}{iL^2} =$	0.433 0	0.496 4	0.494 1
应变 $\dfrac{\varepsilon_{max}\sqrt{\rho Eh}}{i} =$	1.732	2.449	2.372

另外，当将弹性简支梁的解与所谓的"精确"欧拉－伯努利梁解进行比较时，使用级数展开来预测挠度和应变时，抛物线变形给出了冲量加载域的"精确"解，静态变形给出了准静态加载域的"精确"解。在弹性悬臂梁中，静态变形形式在准静态加载域给出了"精确"解，抛物线在冲量加载域给出了"精确"解。因此，在冲量加载域，梁变形的曲率几乎是恒定的。

接着我们比较假定的变形形式对具有均匀冲击载荷的简支梁的刚－塑性弯曲的影响。在已经用于弹性比较的变形形式的基础上又增加了一个变形形式。第四种形状是一个固定铰链在梁的中心屈服，而梁的其余部分保持刚性。这种变形是土木工程塑性研究中常用的一种，固定铰链集中了变形能和应变能，而其他三种变形形式则将变形能和应变能分布在整个构件中。表 3.4 比较了应变能、最大塑性变形和最大塑性应变的无量纲数值系数。

表 3.4   塑性简支梁的冲量弯曲解

变形形式	抛物线	第一模式	静态变形形式	固定铰链
$\dfrac{w}{w_0} =$	$4\left(\dfrac{x}{L}\right)^2$	$\sin\left(\dfrac{\pi x}{L}\right)$	$\dfrac{16}{5}\left[\left(\dfrac{x}{L}\right) - 2\left(\dfrac{x}{L}\right)^3 + \left(\dfrac{x}{L}\right)^4\right]$	$2\left(\dfrac{x}{L}\right), 0 \leqslant \dfrac{x}{L} \leqslant \dfrac{1}{2}$
应变能 $\dfrac{(S.E.)L}{\sigma_y w_0 b h^2} =$	2.00	1.571	1.60	1.00
变形 $\dfrac{w_0 \rho \sigma_y h^3}{i^2 L^2} =$	0.250	0.318 3	0.312 5	0.500
应变 $\dfrac{\varepsilon_{max} \rho \sigma_y h^2}{i^2} =$	1.00	1.571	1.500	无意义

同样，无论使用哪种变形，都得到了相似的答案。固定铰链不产生应变解，因为没有与固定铰链相关的代表长度。固定铰链的变形明显大于其他变形形式的相关变形。从量级上看，固定铰链的解是正确的，但从数值上看，由于没有应变分布，变形较大。对于钢梁类构件，分布变形形式更接近实际，从而给出更好的定量结果。在配筋不足的混凝土构件中，破坏机制通常更像固定铰链，因此，在混凝土设计中使用固定铰链效果更好。

表 3.3 和表 3.4 背后的寓意是，一阶模态近似和静态变形的效果都很好。对于对称变形，如简支梁和固支梁，我们推荐一阶模态近似，因为代数运算容易一些。对于非对称响应，如在一端简支一端固支梁中，静态变形的形状可能更容易使用。对于其他边界条件，我们不做任何建议。

在表 3.3 和表 3.4 中，假定的变形形式不如耦合效应重要。与假定的变形形式相比，在柔性基础上支撑柔性结构构件对结构响应的影响要大得多。

（四）应力的双轴状态

能量解还可以用于预测板或其他物体在双轴应力状态下的结构响应。封闭的经典板求解是非常困难的。一般情况下，剪应力和拉伸都被忽略，这样就可以得到一个可以求解的数学方程。当使用能量解时，可以对正应力和剪应力进行拉伸和弯曲行为分析。所要遵循的步骤正是以前使用过的步骤。对于固支的矩形板，可能的变形形式为：

$$w = \frac{w_0}{4}\left[1 + \cos\frac{\pi x}{X}\right]\left[1 + \cos\frac{\pi y}{Y}\right] \tag{3.75}$$

式中，参数 X 和 Y 是半跨度，即坐标原点位于板的中心。

载荷传递给平板的动能可通过以下公式获得：

$$K.E. = \frac{I^2}{2m} = 4\int_0^X\int_0^Y \frac{i^2(\mathrm{d}x)^2(\mathrm{d}y)^2}{2\rho h(\mathrm{d}x)(\mathrm{d}y)} \tag{3.76}$$

化简得：

$$K.E. = \frac{2i^2 XY}{\rho h} \tag{3.77}$$

应变能更复杂，必须根据第一原理计算。对于弯曲或拉伸，单位体积的应变能由应力 σ 和应变 ε 计算得出：

$$\frac{S.E.}{Vol.} = \int_{Strains} [\sigma_{xx} d\varepsilon_{xx} + 2\sigma_{xy} d\varepsilon_{xy} + \sigma_{yy} d\varepsilon_{yy}] \tag{3.78}$$

式中，下标 xx 和 yy 表示法向应力和应变，下标 xy 表示切向应力和应变。在弹性板中，法向应力等于 E_e，剪应力等于 $\frac{E}{2(1+v)}\varepsilon_{xy'}$，积分通解方程式（3.78）得出：

$$\frac{S.E.}{Vol.} = \frac{E}{2}\varepsilon_{xx}^2 + \frac{E}{2(1+v)}\varepsilon_{xy}^2 + \frac{E}{2}\varepsilon_{yy}^2 \tag{3.79}$$

式中，E 是杨氏模量，v 是泊松比。

在刚 - 塑性板中，法向应力等于常数 σ_y，切应力等于另一个常数 $\frac{\sigma_y}{\sqrt{3}}$，如果使用冯·米塞斯屈服理论，代入方程式（3.78）并积分刚 - 塑性求解域，得出：

$$\frac{S.E.}{Vol.} = \sigma_y \varepsilon_{xx} + \frac{2\sigma_y}{\sqrt{3}}\varepsilon_{xy} + \sigma_y \varepsilon_{yy} \tag{3.80}$$

我们将继续进行塑性分析，因为稍后将使用塑性变形板与试验结果进行比较。弯曲解通过替换得到：

$$\varepsilon_{xx} = -Z\frac{\partial^2 w}{\partial x^2} \tag{3.81a}$$

$$\varepsilon_{yy} = -Z\frac{\partial^2 w}{\partial y^2} \tag{3.81b}$$

$$\varepsilon_{xy} = 2Z\frac{\partial^2 w}{\partial x \partial y} \tag{3.81c}$$

对于应变，对方程式（3.75）进行微分。在获得弯曲应变能之前，需要在梁厚度上以及 x 和 y 方向上进行三重积分。

接下来，计算与拉伸相关的应变能：

$$\varepsilon_{xx} = (1/2)\left(\frac{\partial w}{\partial x}\right)^2 \tag{3.82a}$$

$$\varepsilon_{yy} = (1/2)\left(\frac{\partial w}{\partial y}\right)^2 \tag{3.82b}$$

$$\varepsilon_{xy} = \left(\frac{\partial w}{\partial x}\right)\left(\frac{\partial w}{\partial y}\right) \tag{3.82c}$$

并再次执行方程式（3.75）的微分，代入并积分后得到拉伸应变能。

这里省略了烦琐的数学推导过程，通过将应变能 $S.E.$ 等同于动能 $K.E.$ 得出与变形有关的最终解。在进行代数简化后，结果如下：

$$\left(\frac{iX}{\sqrt{\rho\sigma_y h^2}}\right)^2 = \frac{\pi}{4}\left[1 + \left(\frac{X}{Y}\right)^2\right]\left(\frac{w_0}{h}\right) + \frac{2}{\sqrt{3}}\left(\frac{X}{Y}\right)\left(\frac{w_0}{h}\right) +$$

$$\frac{3\pi^2}{64}\left[1 + \left(\frac{X}{Y}\right)^2\right]\left(\frac{w_0}{h}\right)^2 + \frac{4}{\sqrt{3}}\left(\frac{X}{Y}\right)\left(\frac{w_0}{h}\right)^2 \tag{3.83}$$

式（3.83）右侧有四项，第一项与法向弯曲应力有关，第二项与弯曲剪切应力有关，第三项与法向拉伸应力有关，最后一项与拉伸剪切应力有关。因此，每种应变能的相对贡献与总结果有关。

方程式（3.83）可与 Jones 等人（1970）报告的纵横比 Y/X 等于 1.695 的矩形板的试验数据进行比较。热轧低碳钢板和 6061 – T6 铝板均用片状炸药加载，并发生塑性变形。

用 $\dfrac{i_R^2 Y^2}{\rho \sigma_y h^4}$ 代替方程式（3.83）中的 Y/X，并将其作为 w_0/h 的函数，这样可以与试验进行比较，可得：

$$\frac{i_R^2 Y^2}{\rho \sigma_y h^4} = 5.00\left(\frac{w_0}{h}\right) + 5.71\left(\frac{w_0}{h}\right)^2 \tag{3.84}$$

如图 3.36 所示，将数据与式（3.84）进行比较时，一致性非常好。当变形较小时，w_0/h 的小值误差可能仅由全跨变形的一部分引起。

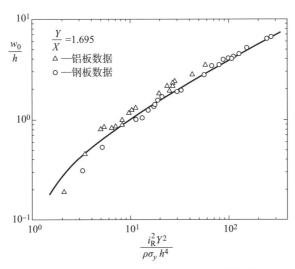

图 3.36　均匀冲击矩形板的预测和试验变形

目前为止，所有的比较都是针对冲量加载区域的结构响应。使用方程式（3.75）作为假设变形形式，得出固支矩形板永久变形的准静态加载区域解。将 $S.E.$ 等同于塑性分析中的 W_k，最终得出以下关系：

$$\frac{p_R X^2}{\sigma_y h^2} = \frac{\pi}{3}\left[1 + \left(\frac{X}{Y}\right)^2\right] + \frac{8}{3\sqrt{3}}\left(\frac{X}{Y}\right) + \frac{3\pi^2}{32}\left[1 + \left(\frac{X}{Y}\right)^2\right]\left(\frac{w_0}{h}\right) + \frac{8}{\sqrt{3}}\left(\frac{X}{Y}\right)\left(\frac{w_0}{h}\right) \tag{3.85}$$

胡克（Hooke）和罗林斯（Rawlings）（1969）在不同比例厚度和纵横比（X/Y）的固支矩形钢板上的试验数据可用于与方程式（3.85）的比较。图 3.37 所示为（X/Y）为 1/2 的矩形板的比例施加载荷 $[pX^2/(\sigma_y h^2)]$ 与比例跨中挠度（w_0/h）的函数关系图。在这些测试中，一个矩形板被安装在一个缩放箱体的一侧。在电磁阀被激活以对箱体加压后，通过气动方式施加长时间负载。由于该荷载有逐渐上升的趋势，因此荷载系数为 1.0，而不是 2.0。将方程（3.85）中给出的动态解除以 2.0，并在替换 X/Y 后绘制在图 3.37 中，以获得：

$$\frac{p_R X^2}{\sigma_y h^2} = 1.039 + 1.733\left(\frac{w_0}{h}\right) \tag{3.86}$$

数据的一致性很好。同样类型的方法也适用于方形板，我们在这里不提供这些比较。

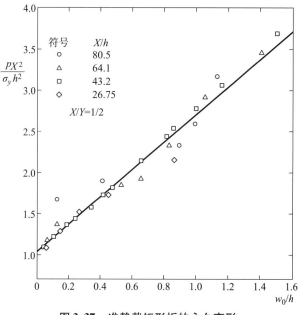

图 3.37　准静载矩形板的永久变形

对冲击和准静态加载域中的结构部件、弹性和塑性响应、应变和变形、双轴（板）和单轴（梁）应力状态进行了比较。这些结果表明，能量解是非常有用且易于应用的设计工具。

（五）无量纲 $p - i$ 图

人们通常希望能预测爆燃载荷结构在所有载荷范围内的峰值弯曲应力、剪切和变形。本部分将要提出的与 $p - i$ 图组合的能量解析方法非常适合预测这些最大值。我们将展示梁、延伸杆、柱和板的 $p - i$ 图。对于每个求解方法，将首先呈现最终结果，然后得出关系，读者若对细节不感兴趣，可以跳过推导过程。

1. 梁的求解方法

图 3.38 是一个无量纲压力 – 冲量（$p - i$）图，用于确定由冲击波加载的梁的最大应变和挠度。图 3.38 的纵坐标是标度冲量，横坐标是标度压力，等高线表示的是标度应变。冲击波的特征表现在其峰值施加压力 p 和比冲量 i。这些压力和特定脉冲是侧向的还是反射的，取决于建筑物相对于冲击波的方向。在图形解中，我们假设载荷在长度 L 的整个跨度上是均匀的。梁具有载荷宽度 b、质量密度 ρ、横截面积 A、总深度 h、弹性模量 E、屈服应力 σ_y、面积的二阶矩 I 和塑性截面模量 Z。在后续求解中，我们将假设应力 – 应变曲线是刚 – 塑性的，没有显著的应变硬化或应变率效应。

可以通过图 3.38 中的表选择适当的无量纲数来评估不同的边界条件，即适当的 y 系数。简支梁、两端固支、一端固支一端铰支和悬臂梁都包含在图 3.38 中。

每条曲线代表一个特定的最大标度应变，或最大标度延性比 m。在拉伸或剪切中不吸收应变能；因为该求解方法是无量纲的，所以可以使用任何自洽的单位集。一旦从图 3.38 以图形方式获得应变，通过求解左下角的方程即可获得最大位移。

图 3.39 是相应的弯曲弹性梁的解。图 3.39 中的主要附加优势是它可以用来估计支撑处

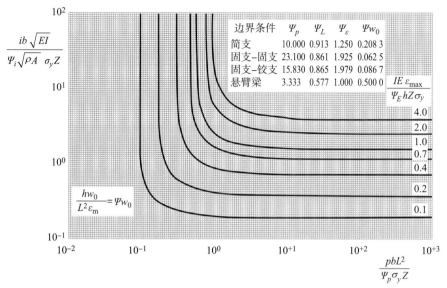

图 3.38　爆炸荷载作用下梁弯曲的刚 - 塑性解

的剪切力。对于伯努利 - 欧拉梁，塑性响应梁在最大变形瞬间没有剪切力，因为 $\dfrac{\mathrm{d}M}{\mathrm{d}x}$ 等于 0。最大剪切在响应中是较早达到的，无法从能量解析方法估计，因为能量解析方法给出的是最终状态而不是瞬态。对于弹性解，当梁处于其最大变形位置时，会达到最大剪力 V。图 3.39 给出的求解方法与图 3.38 中更一般化的弹塑性求解方法中的弹性响应梁相同。

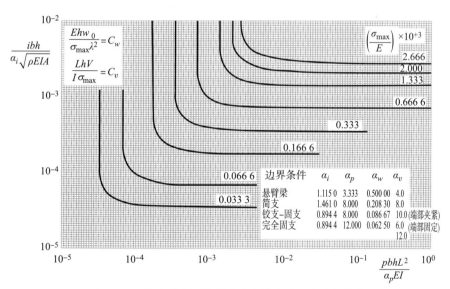

图 3.39　爆炸载荷刚性梁弯曲中的应力、剪力和挠度

图 3.38 和图 3.39 是使用能量守恒原理推导出来的。为了演示这些关系是如何建立的，我们将用一个弹性简支梁来说明。首先，必须假设变形的形式。假设变形形式对应于承受均匀载荷的梁的静态变形形式，则给出：

$$w = \frac{16}{5} w_0 \left[\frac{x}{L} - 2 \left(\frac{x}{L} \right)^3 + \left(\frac{x}{L} \right)^4 \right] \tag{3.87}$$

然后对这个变形相对于 x 微分两次，这样弯矩 M 可以从 $M = -EI \frac{\mathrm{d}^2 w}{\mathrm{d} x^2}$ 中获得：

$$M = \frac{192}{5} \frac{EI w_0}{L^2} \left[\left(\frac{x}{L} \right) - \left(\frac{x}{L} \right)^2 \right] \tag{3.88}$$

存储在变形梁中的应变能 $S.E.$ 可以通过代入 $S.E. = \int_0^L \frac{M^2 \mathrm{d} x}{2EI}$ 给出：

$$S.E. = \frac{(192)^2 E T w_0^2}{(50) L^4} \int_0^L \left[\left(\frac{x}{l} \right)^2 - 2 \left(\frac{x}{l} \right)^3 + \left(\frac{x}{l} \right)^4 \right] \mathrm{d} x \tag{3.89}$$

整理后得：

$$S.E. = 24.576 \frac{EI w_0^2}{L^3} \tag{3.90}$$

通过将动能 $K.E.$ 与应变能相等来确定冲量渐近线，$K.E.$ 由下式给出：

$$K.E. = (1/2) m V_0^2 = \frac{I^2}{2m} \tag{3.91}$$

用 ρL 代替 m，用 ibL 代替 I，得到动能：

$$K.E. = \frac{i^2 b^2 L}{2 \rho A} \tag{3.92}$$

将 $S.E.$ 等于 $K.E.$ 给出冲量加载域渐近线：

$$\frac{i^2 b^2 L}{2 \rho A} = 24.576 \frac{EI w_0^2}{L^3} \tag{3.93}$$

方程式（3.93）将施加的冲量与变形联系起来。要将冲量与弯曲应力联系起来，我们必须使用弯矩–曲率关系。由方程式（3.93）给出的最大力矩出现在 $x/L = 1/2$ 处。计算最大力矩为：

$$M_{\max} = \frac{192}{20} \frac{EI_0 w}{L^2} \tag{3.94}$$

代入 $\sigma_{\max} = \frac{M_{\max} h / 2}{I}$，并求解 $\frac{w_0}{L}$ 得到：

$$\frac{w_0}{L} = \frac{5}{24} \frac{\sigma_{\max} L}{E h} \tag{3.95}$$

最后，取方程式（3.93）的平方根并将方程式（3.95）代入方程式（3.93）以消去 w_0，就得到了以最大弯应力表示的冲量加载域的渐近线。

$$\frac{ibh}{\sqrt{\rho EIA}} = 1.461 \frac{\sigma_{\max}}{E} \tag{3.96}$$

方程式（3.96）是图 3.39 中绘制的冲击加载域渐近线。方程式（3.96）中的数值系数 1.461 是简支梁的系数。在方程式（3.95）中，5/24 是图 3.39 中的 C_w 系数，用于将应力与简支梁中的变形联系起来。

图 3.39 中的准静态渐近线是通过计算最大可能的功 W_k 并将其等同于应变能，这个最大功是：

$$W_k = \int_0^L pbw\,\mathrm{d}x \qquad (3.97)$$

将式（3.87）代入式（3.97）后得：

$$W_k = \frac{16}{5}pbw_0 \int_0^L \left[\frac{x}{L} - 2\left(\frac{x}{L}\right)^3 + \left(\frac{x}{L}\right)^4 \right] \qquad (3.98)$$

整理后得：

$$W_k = \frac{16}{25}pbLw_0 \qquad (3.99)$$

应变能已按式（3.93）计算。将 $S.E.$ 与 W_k 相等，可得出准静态加载域渐近线：

$$\frac{16}{25}pbLw_0 = 24.576\frac{EIw_0^2}{L^3} \qquad (3.100)$$

式（3.98）将施加的压力与变形联系起来了。为了将压力与弯曲应力联系起来，我们将 w_0 用式（3.93）表示并重新整合各项，得：

$$\frac{pbhL^2}{EI} = 8.0(\sigma/E) \qquad (3.101)$$

方程式（3.101）是准静态加载域的渐近线，如图 3.39 所示。式（3.101）中的数值系数 8.0 是简支梁的系数。将最大弯应力与最大剪切力关联起来的系数 C_v 是通过将力矩方程式（3.88）对 x 进行微分来计算，相对于变形 w_0 的剪切力 V 便可以计算：

$$V = \frac{\mathrm{d}M}{\mathrm{d}x} = \frac{192}{5}\frac{EIw_0}{L^3}\left(1 - \frac{2x}{L}\right) \qquad (3.102)$$

最大剪切发生在 $x = 0$ 或 $x = L$ 处。当 $x = 0$ 并将 w_0 用式（3.95）表示，可以得到：

$$V = 8.0\frac{\sigma_{\max}I}{Lh} \qquad (3.103)$$

方程式（3.103）是图 3.39 中所示的剪切方程。式（3.103）中的数值 8.0 是简支梁的 y 系数。

通过使用双曲正切平方关系，可以实现动态荷载区域的过渡，从实际经验来看，该关系似乎比较合适。请注意，对于较小的参数值：

$$S.E. = W_k \cdot \tanh^2\left(\frac{K.E.}{W_k}\right)^{1/2} \qquad (3.104)$$

双曲正切等于它的自变量，于是我们得到了 $S.E. = K.E.$ 的脉冲加载域渐近线。对于较大参数值，tanh 等于 1.0，于是我们可得到 $S.E. = W_k$ 的准静态加载域渐近线。当双曲正切的平方被用作该弹簧 – 配重系统的精确解的近似值时，图 3.15 中的线性弹性振子中引入的误差小于 1% 。我们认为所有的无量纲 $p - i$ 图都可以使用式（3.104）作为在渐近线之间创建过渡的近似方法。

这些能量解在伯努利 – 欧拉、小变形、梁的条件内，为准静态加载域中的应变和变形提供了准确的结果。这些"精确"解的出现是因为变形的形状在该区域中是正确的。在冲量加载域，由于变形的形状不太正确，因此只能给出近似解；然而，当人们意识到与负载相关的不确定性时，这样的近似解也已经足够了。如果假设更准确的变形形式，则可以获得更准确的结果。实际上，正如我们之前提到的，无论假设的变形形式如何，一个变量与另一个变量的相互关系保持不变。使用其他变形形式的唯一效果是可以稍微对数值系数 α_i、α_p、C_v、C_w 进行修改。

可以使用相同的流程来计算悬臂梁、固支梁或任何其他边界条件的梁的 $p-i$ 图。如果假定的变形形状近似于梁挠度曲线，并且满足正确的边界条件，则会得到相当准确的答案。具有不同边界条件的梁的解的唯一区别是 α_i、α_p、C_v、C_w 系数的数值不同。

导出弹塑性梁的 $p-i$ 图是一个复杂得多的过程。为了说明这一过程，我们将求解均匀加载弹塑性梁中的冲量加载域渐近线。首先，我们需要一种本构关系，选择：

$$\sigma = \sigma_y \tanh \frac{E\varepsilon}{\sigma_y} \tag{3.105}$$

方程式（3.105）中的应力对于较小的值，由 $\dfrac{E\varepsilon}{\sigma_y}$ 给出，较大的值由 σ_y 给出。这些极限值对于弹塑性系统是正确的。为了确定应变能，我们必须返回方程式（3.78），对于单轴应力，由下式给出：

$$\frac{S.\,E.}{Vol.} = \int_{\text{strains}} \sigma de = \int_0^\varepsilon \sigma_y \tanh\left(\frac{E\varepsilon}{\sigma_y}\right) d\varepsilon \tag{3.106}$$

$$\frac{S.\,E.}{Vol.} = \frac{\sigma_y^2}{E} \lg\cosh\left(\frac{E\varepsilon}{\sigma_y}\right) \tag{3.107}$$

接下来，我们需要一个变形的形状，对于简支梁将假定为：

$$w = w_0 \sin\frac{\pi x}{L} \tag{3.108}$$

应变通过应变–曲率关系与变形相关联，即：

$$\varepsilon = -z\frac{d^2 w}{dx^2} = \frac{\pi^2 w_0 z}{L^2}\sin\frac{\pi x}{L} \tag{3.109}$$

将方程式（3.109）代入方程式（3.107）并对矩形横截面梁进行体积积分得出：

$$S.\,E. = \frac{4\sigma_y^2 b}{E}\int_0^{h/2}\int_0^{L/2}\lg\cosh\left(\frac{n^2 w_0 EZ}{\sigma_y L^2}\sin\frac{\pi x}{L}\right)dz dx \tag{3.110}$$

对方程式（3.110）进行积分的最佳方法是对变量进行变换。将 $\bar{X} = \dfrac{\pi x}{L}$、$\bar{Z} = \dfrac{\pi Z}{h}$ 一并代入式（3.110）得：

$$S.\,E. = \frac{4\sigma_y^2 bhl}{\pi^2 E}\int_0^{\pi/2}\int_0^{\pi/2}\lg\cosh\left(\frac{\pi w_0 hE}{\sigma_y L^2}\bar{Z}\sin\frac{\pi x}{L}\right)d\bar{z}\,d\bar{x} \tag{3.111}$$

如果梁是冲击加载的，动能由下式给出：

$$K.\,E. = \frac{I^2}{2m} = \frac{i^2 bL}{2\rho h} \tag{3.112}$$

$K.\,E.$ 等于 $S.\,E.$，整理得：

$$\frac{\pi^2 i^2 E}{8\rho\sigma_y^2 h^2} = \int_0^{\pi/2}\int_0^{\pi/2}\lg\cosh\left(\frac{\pi w_0 hE}{\sigma_y L^2}\bar{Z}\sin\frac{\pi x}{L}\right)d\bar{z}\,d\bar{x} \tag{3.113}$$

冲击加载域渐近线的解必须在计算机上进行数值求解。因为量 $\bar{Z}$ 和 $\bar{X}$ 是积分的无量纲变量，所以最终解可以表示为 $\dfrac{\pi^2 E i^2}{8\rho\sigma_y^2 h^2}$ 相对 $\dfrac{\pi w_0 Eh}{\sigma_y L^2}$ 的关系图。准静态加载域渐近线也可以通

过将功 W_k 等同于 $S.E.$ 。当使用式（3.104）给出的近似值组合两条渐近线时，可以绘制整个弹 – 塑性 $p-i$ 图，如图 3.40 所示。

图 3.40 通过绘制刚推导出的弹 – 塑性解以及基于相同变形形式的纯弹性和纯刚 – 塑性解，给出了一个有趣的对比。对比表明，小载荷适用弹性求解方法，大载荷适用塑性求解方法。在从弹性到塑性的过渡区域中，可以看到一些差异，这是由于梁的某些区域是塑性的而其他区域是弹性的。图 3.40 的插图显示了应力 – 应变曲线的双曲正切函数。

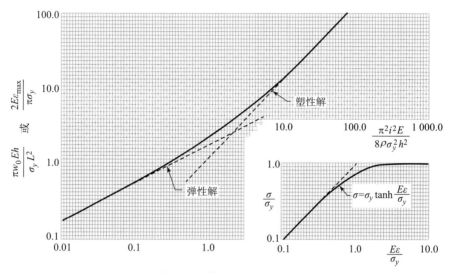

图 3.40　均布冲击荷载作用下简支梁的弹 – 塑性解

基于这些梁的能量解析方法，还应注意到几个结论。在冲量加载域，最大弯曲应力与跨度 L 无关。这个结论在数学上是正确的，是由于跨度在应变能和动能表达式的幂次相同。然而，在冲量和准静态加载域中，变形确实取决于跨度。在冲量加载域，目标的响应仅取决于施加压力 – 时间曲线包围的面积，在准静态加载域，响应与梁密度和加载持续时间无关，正如对简单系统的相同讨论所预期的那样。

将这些关系用于具体的结构设计中时，请记住，仅估计最大响应而不是时间历程。波通常在动态加载的梁中传播，这意味着最大弯曲应力和剪力可以在任意时间在梁的任意位置发生，而不仅仅是在跨中或支撑处。我们强烈建议在整个混凝土梁跨度上置入箍筋和钢筋，否则，混凝土梁可能会失效。

最后，在这些计算中没有使用任何安全系数。必须根据建筑规范来选择适当的安全系数。

2. 板条的拉伸求解方法

当构件经历相对于其厚度的大变形并且受到轴向约束或是非常薄时，能量耗散的主要模式可能是拉伸而非弯曲。图 3.41 给出了一个弹 – 塑性一维拉伸的解。在拉伸求解中，假设端部受到约束，不能一起移动，因此可以产生面内力。图 3.41 中给出的结果与之前给出的弯曲求解非常相似。假设所有荷载均匀分布在受载构件上。确定应变后，可使用图 3.41 确定最大变形、边界处的斜率和最大锚固力的大小。

图 3.41 中的符号与之前使用的符号非常相似。一个新符号是 A，即构件的横截面积。

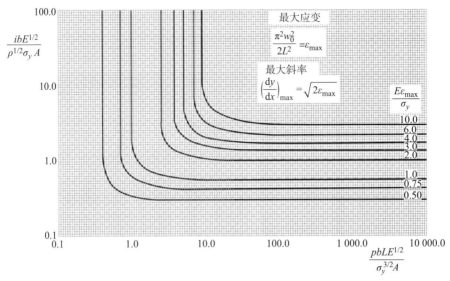

图 3.41　梁伸展的弹 – 塑性解

其他符号包括施加的反射或侧向压力 p、反射或侧向冲量 i、加载宽度 b、总跨度 L、质量密度 ρ、弹性模量 E、屈服点 σ_y、最大应变 $\varepsilon_{\max}$、最大变形 w_0、最大斜率 $\left(\dfrac{\mathrm{d}w}{\mathrm{d}x}\right)_{\max}$，可以使用任何自洽的单位集，因为所有标度量都是无量纲的。

为了推导图 3.41 中所示的图形解，假设变形形式由以下公式给出：

$$w = w_0 \sin\frac{\pi x}{L} \tag{3.114}$$

小变形的拉伸应变近似为 $\left(\dfrac{1}{2}\right)\left(\dfrac{\mathrm{d}w}{\mathrm{d}x}\right)^2$。代入微分方程式（3.114）可以得到：

$$\varepsilon = \frac{\pi^2 w_0^2}{2L^2}\cos^2\left(\frac{\pi x}{L}\right) \tag{3.115}$$

最大应变出现在当余弦等于 1.0 时：

$$\varepsilon_{\max} = \frac{\pi^2 w_0^2}{2L^2} \tag{3.116}$$

该方程式是图 3.41 中应变与变形之间的关系。如果这个解是弹 – 塑性的，我们需要一个弹 – 塑性本构关系（方程式（3.117）），方程式（3.117）使 $\dfrac{E\varepsilon}{\sigma_y}$ 值小于 0.5 时的应力等于 $E\varepsilon$，而 $\dfrac{E\varepsilon}{\sigma_y}$ 值大于 2.0 时的应力等于 σ_y。

$$\sigma = \sigma_y\tanh\left(\frac{E\varepsilon}{\sigma_y}\right) \tag{3.117}$$

弹 – 塑性系统中单位体积的应变能是应力 – 应变曲线下的面积。积分方程式（3.117）给出了单位体积的应变能：

$$\frac{S.E.}{Vol.} = \int_0^\varepsilon \sigma_y\tanh\left(\frac{E\varepsilon}{\sigma_y}\right)\mathrm{d}\varepsilon \tag{3.118}$$

用方程式（3.115）代替 ε，然后乘以微分体积 $A\mathrm{d}x$，得到应变能的积分：

$$S.E. = \frac{\sigma_y^2 A}{E}\int_0^L \lg\cosh\left[\frac{\pi^2 E w_0^2}{2\sigma_y L^2}\cos^2\left(\frac{\pi x}{L}\right)\right]\mathrm{d}x \tag{3.119}$$

将无量纲变量 $\overline{X}$ 替换为 $\dfrac{\pi x}{L}$，用 $\varepsilon_{\max}$ 代替 $\dfrac{\pi^2 w_0^2}{2L^2}$，最后给出应变能的积分：

$$S.E. = \frac{\sigma_y^2 AL}{E}\int_0^\pi \lg\cosh\left(\frac{E\varepsilon_{\max}}{\sigma_y}\cos^2\overline{X}\right)\mathrm{d}\overline{X} \tag{3.120}$$

现在可以像以前一样计算渐近线。通过将动能 $K.E.$ 与应变能相等，可获得冲量加载域的渐近线。动能由下式给出：

$$K.E. = \frac{I^2}{2m} = \frac{i^2 b^2 L}{2\rho A} \tag{3.121}$$

整理式（3.120）和式（3.121）得出：

$$\left(\frac{ibE^{1/2}}{\rho^{1/2}\sigma_y A}\right)^2 = \frac{2}{\pi}\int_0^\pi \lg\cosh\left(\frac{E\varepsilon_{\max}}{\sigma_y}\cos^2\overline{X}\right)\mathrm{d}\overline{X} \tag{3.122}$$

需要计算机对缩放应变 $\dfrac{E\varepsilon_{\max}}{\sigma_y}$ 的各种常数值的方程式（3.122）进行数值积分。方程式（3.122）表明，函数形式的冲量加载域渐近线可由以下公式给出：

$$\frac{ibE^{1/2}}{\rho^{1/2}\sigma_y A} = \varphi\left(\frac{E\varepsilon_{\max}}{\sigma_y}\right)（\text{冲量加载域}） \tag{3.123}$$

根据方程式（3.122）可以在图 3.41 中绘制冲量载荷范围内的一系列最大应变渐近线。为了获得准静态加载域的渐近线，我们计算功 W_k：

$$W_k = pbw_0\int_0^L \sin\frac{\pi x}{L}\mathrm{d}x \tag{3.124}$$

或

$$W_k = \frac{2pbLw_0}{\pi} \tag{3.125}$$

将方程式（3.125）中的 w_0 代入方程式（3.116）中，将方程式（3.125）等价于方程式（3.120），并重新整理得出准静态渐近线：

$$\frac{pbLE^{1/2}}{\sigma_y^{3/2} A} = \frac{(\pi/2)^{3/2}}{\left(\dfrac{E\varepsilon_{\max}}{\sigma_y}\right)^{1/2}}\int_0^\pi \lg\cosh\left(\frac{E\varepsilon_{\max}}{\sigma_y}\cos^2\overline{X}\right)\mathrm{d}\overline{X} \tag{3.126}$$

还需要计算机对式（3.126）进行数值积分，以获得 $\dfrac{E\varepsilon_{\max}}{\sigma_y}$ 的常数值。方程式（3.126）表明，准静态加载域渐近线在功能上由以下公式给出：

$$\frac{pbLE^{1/2}}{\rho^{1/2}\sigma_y A} = \varphi\left(\frac{E\varepsilon_{\max}}{\sigma_y}\right) = \varphi(u)（\text{准静态加载域}） \tag{3.127}$$

式（3.127）用于绘制准静态载荷范围的渐近线，如图 3.41 所示。仍然需要对于冲量和准静态加载域之间过渡进行近似，该拉伸解与梁解中使用相同的双曲正切平方关系方程式（3.104）。

梁延伸弹 – 塑性解的推导表明，无论是推导弯曲解还是拉伸解，都涉及复杂性。在早期的弹性或刚 – 塑性解中，数学方法更容易，闭合形式的解是可能的。先前推导的弹性弯曲梁解就是一个很好的例子。

3. 柱压曲的求解方法

图 3.42 显示了轴向加载弹性柱压曲的标度压力 – 冲量图。与压力和冲量相关的系数 α_p 和 α_i 考虑了不同的边界条件和侧移的可能性。图 3.42 中的实线是区分不稳定柱响应和稳定柱响应的阈值。如果施加给立柱的无量纲载荷确定了一个位于临界线左侧和/或下方的点，则立柱应保持稳定。另外，如果这些无量纲载荷在阈值上方和右侧建立一个点，则应预计会出现较大的永久性不稳定变形。再次应用能量解析法，主要的新参数是上覆板的质量 M（不是重量）。我们假设柱的质量相对于上覆板的质量可以被忽略。

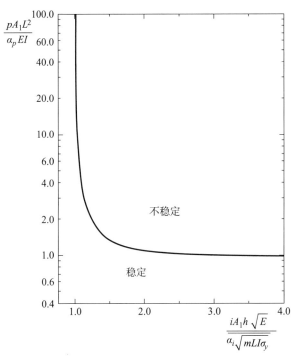

图 3.42　动态轴向载荷的压曲

参数 L、E、I、σ_y 和 h 都与柱的总跨度、弹性模量、面积二阶矩、屈服点和总深度有关。参数 A_1 是柱上方屋顶或楼板的承载面积。在该求解方法中，相对于施加的冲击波的动载荷，自重可以被忽略。

为了导出一个柱的解，我们将再次假设一个变形的形状。如果立柱是简单支撑的，没有侧移，那么正弦波是一个很好的假设，如方程式（3.128）中所示：

$$w = w_0 \sin \frac{\pi x}{L} \tag{3.128}$$

两次微分方程式（3.128）并代入 $M = -EI \dfrac{\mathrm{d}^2 w}{\mathrm{d}x^2}$ 得到力矩：

$$M = \frac{\pi^2 EI w_0}{L^2} \sin\frac{\pi x}{L} \tag{3.129}$$

积分 $\int_0^L \frac{M^2 \mathrm{d}x}{2EI}$ 获得应变能:

$$S.E. = 2 \int_0^{L/2} \frac{\pi^4 EI w_0^2}{2L^4} \sin^2\left(\frac{\pi x}{L}\right) \mathrm{d}x \tag{3.130}$$

积分后, 可得出:

$$S.E. = \frac{\pi^4 EI w_0^2}{4L^3} \tag{3.131}$$

柱上的载荷将通过等于 $S-L$ 的挠度 δ 作用, 其中 L 是柱的原始长度。微分长度 $\mathrm{d}S$ 由下式给出:

$$\mathrm{d}S = \mathrm{d}x \sqrt{1 + \left(\frac{\mathrm{d}y}{\mathrm{d}x}\right)^2} \tag{3.132}$$

使用二项式定理展开方程式 (3.132), 然后积分求出总长度 S, 得出:

$$S = \int_0^L \mathrm{d}x \left[1 + (1/2)\left(\frac{\mathrm{d}y}{\mathrm{d}x}\right)^2 + \cdots\right] \tag{3.133}$$

计算此积分并从 S 中减去 L 得到 δ, 作为第一近似值:

$$\delta = (1/2) \int_0^L \left(\frac{\mathrm{d}y}{\mathrm{d}x}\right)^2 \mathrm{d}x \tag{3.134}$$

现在我们可以继续求解等于 $pA_1\delta$ 的功:

$$W_k = pA_1\delta = \frac{pA_1}{2} \int_0^L \left(\frac{\mathrm{d}y}{\mathrm{d}x}\right)^2 \mathrm{d}x \tag{3.135}$$

代入方程式 (3.135) 的一阶导数进行积分, 得出:

$$W_k = \frac{\pi^4 pA_1 w_0^2}{2L^4} \int_0^L \cos^2\left(\frac{\pi x}{L}\right) \mathrm{d}x \tag{3.136}$$

经计算整理得出:

$$W_k = \frac{\pi^4 pA_1 w_0^2}{4L} \tag{3.137}$$

当应变能等于功时, 获得准静态渐近线:

$$\frac{\pi^4 EI w_0^2}{4L^3} = \frac{\pi^4 pA_1 w_0^2}{4L} \tag{3.138}$$

整理得:

$$\frac{pA_1 L^2}{EI} = \pi^2 \,(\text{准稳态两端简支梁渐近线,无侧移}) \tag{3.139}$$

方程式 (3.139) 是动荷载系数为 1.0 而非 2.0 的欧拉梁解。由于垂直载荷 pA_1 与 w_0 无关, 因此我们可以计算经典的、小变形的欧拉柱失稳。图 3.42 中的系数 α_p 等于无侧移的两端铰接柱的 p^2, 有效柱长的概念 (L 为拐点之间的距离) 可用于此分析。对具有侧移的两端铰接柱的 α_p 的检查表明, 由于柱的有效长度是其长度的 2 倍, 因此柱的强度仅为其强度的四分之一。类似地，由于有效长度减半，无侧移的固支柱的 α_p 强度是简支柱的 4 倍。

为了计算冲量加载范围内的压曲，我们需要传递给上覆质量 m 的动能。该动能等于：

$$K.E. = (1/2)mV_0^2 = (1/2)m\left(\frac{iA_1}{m}\right)^2 \tag{3.140}$$

整理可得：

$$K.E. = \frac{i^2 A_1^2}{2m} \tag{3.141}$$

将 $K.E.$ 等同于 $S.E.$ 给出冲量加载域的渐近线：

$$\frac{i^2 A_1^2}{2m} = \frac{\pi^4 EI w_0^2}{4L^3} \tag{3.142}$$

请注意，与准静态加载域的结果不同，变形 w_0 不会从方程式（3.142）中抵消。这一结果意味着"稳定压曲"发生在冲量加载域。一定量的动能被输入柱中，应变能可以耗散，直到变形足够大，最终导致屈服。这一观察结果意味着，我们必须使用方程式（3.139）通过将 $\sin\frac{\pi x}{L}$ 设置为 1.0 来获得最大力矩，并且代入 $\sigma = \frac{Mh}{2I}$，将最大弯曲应力（由 σ_y 控制）与变形 w_0 联系起来。代入结果为：

$$\sigma_y = \frac{\pi^2 Eh w_0}{2L^2} \tag{3.143}$$

将方程式（3.143）代入方程式（3.142）重新整理，并取结果的平方根，最终得出：

$$\frac{(iA_1)}{\sigma_y}\frac{\sqrt{Eh}}{\sqrt{MLI}} = \sqrt{2.0}(\text{冲击加载简支梁渐近线，无滑移}) \tag{3.144}$$

图 3.42 中的 α_i 系数为 $\sqrt{2.0}$，其他的 α_i 系数必须单独计算。静态有效长度的概念不再适用于冲量加载区域，因此这里不再使用。在冲量加载区域，不会发生经典意义上的压曲；这确实是一个弯曲过程。直到柱在冲击荷载范围内屈服，才会发生永久变形。使用相同的方程式（3.104）来估计准静态和冲量载荷领域之间的过渡，和之前使用的方法完全一致。

4. 板的求解方法

图 3.43 是一个弹性标度超压与标度比冲图，用于确定板的失效。板的失效是指弯曲应力仅在脆性板的一个位置达到屈服，而在延性板中，需要经历完整的失效机制已达到屈服。仅仅一个位置发生了屈服，延性板就不会发生显著的永久变形。在延性材料中，在一系列屈服累积形成坍塌之前，可以承受更高的载荷。另外，脆性板在板中任何地方达到屈服时都会断裂。因此，延性板将比脆性板承载更多的载荷。图 3.43 所示的图形解说明了材料特性的这些差异。

图 3.43 插入的标题是板的形状系数，在此进行一些说明：在本插页中，第一个下标为 i 或 p，表示这是冲量 i 的 ϕ 系数还是压力 p 的 ϕ 系数。第二个下标为 B 或 D，表示是否使用脆性 B 或韧性 D 求解方法。第三个下标也是最后一个下标，即 S 或 C，指示板在所有边界上是简支 S 还是固支 C。例如，符号 $\phi_{i_{BC}}$ 这意味着这是固支的脆性板中冲量的 ϕ 系数，通过读取插图中横坐标上适当板宽比 ϕ 的纵坐标来确定 ϕ 函数。另外，在图 3.43 中，X 和 Y 代表板的半跨，而不是总跨。

确定 ϕ 系数后，可以使用主图确定脆性板是否断裂或延性板是否发生永久变形。图

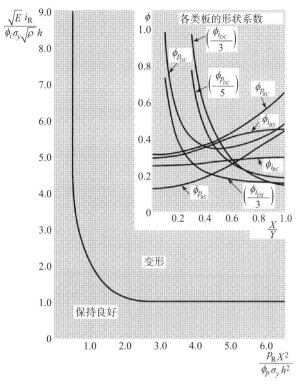

图 3.43　板的标准化负载冲量图

3.43 中的连续线是通过能量解析法确定的阈值。如果描述载荷的点落在阈值线的上方和右侧，则板应变形或断裂。如果载荷位于阈值下方和左侧，则板应不会被破坏。参数 i_R 和 p_R 是施加到板上的反射冲量和压力。板参数包括质量密度 ρ、总厚度 h、两个半跨中的较小的 X、弹性模量 E 和屈服点 δ。假设所有板均为均质、各向同性的平板，其在弯曲时对均匀施加的压力和冲量作出响应。

为了推导简支板的 $p-i$ 图，我们再次假设变形形式 w，如下所示：

$$w = w_0\cos\frac{\pi x}{2X}\cos\frac{\pi y}{2Y} \tag{3.145}$$

弯曲板中的应变由以下公式给出：

$$\varepsilon_{xx} = -z\frac{\partial^2 w}{\partial x^2},\varepsilon_{yy} = -z\frac{\partial^2 w}{\partial y^2},\varepsilon_{xy} = 2z\frac{\partial^2 w}{\partial x\partial y} \tag{3.146}$$

双轴应力状态下单位体积的应变能 $S.E.$ 为：

$$\frac{S.E.}{Vol.} = \left(\frac{E}{2}\varepsilon_{xx}^2 + G\varepsilon_{xy}^2 + \frac{E}{2}\varepsilon_{yy}^2\right) \tag{3.147}$$

式中，G 是剪切模量，等于 $\dfrac{E}{2(1+v)}$。微分方程式（3.145），在应变关系中代入，并平方：

$$\varepsilon_{xx}^2 = \frac{\pi^4 w_0^2 z^2}{16X^4}\cos^2\left(\frac{\pi x}{2X}\right)\cos^2\left(\frac{\pi x}{2Y}\right) \tag{3.148a}$$

$$\varepsilon_{yy}^2 = \frac{\pi^4 w_0^2 z^2}{16Y^4}\cos^2\left(\frac{\pi x}{2X}\right)\cos^2\left(\frac{\pi x}{2Y}\right) \tag{3.148b}$$

$$\varepsilon_{xy}^2 = \frac{\pi^4 w_0^2 z^2}{4 X^2 Y^2} \sin^2\left(\frac{\pi x}{2X}\right) \sin^2\left(\frac{\pi x}{2Y}\right) \tag{3.148c}$$

将方程式（3.147）中的 G 替换为 0.3，将 v 替换为 0.3，并将方程式（3.148）替换为三重积分，从而得到应变能。计算积分并整理得：

$$S.E. = \frac{\pi^4}{6(4)^3} \frac{E w_0^2 h^3}{XY}\left[\left(\frac{Y}{X}\right)^2 + 3.08 + \left(\frac{X}{Y}\right)^2\right] \tag{3.149}$$

传递给板的动能很容易确定，由下式给出：

$$K.E. = \sum_{\text{plate}} \frac{m}{2} V_0^2 = 4 \int_0^X \int_0^Y \left[\frac{i^2 (\mathrm{d}x)^2 (\mathrm{d}y)^2}{2\rho h (\mathrm{d}x)(\mathrm{d}y)}\right] = 2i^2 \frac{XY}{\rho h} \tag{3.150}$$

将 $K.E.$ 等同于 $S.E.$ 得出冲量加载区域的渐近线：

$$\frac{w_0}{Y} = \frac{16\sqrt{3}}{\pi^2\left[\left(\frac{Y}{X}\right)^2 + 3.08 + \left(\frac{X}{Y}\right)^2\right]^{1/2}}\left(\frac{iX}{\sqrt{\rho E h^2}}\right) \tag{3.151}$$

应变在简支板的中心和外沿处最大 $\left(\text{即}\cos\frac{\pi x}{2X} = 1.0, \cos\frac{\pi y}{2Y} = 1.0, z = h/2\right)$，其中：

$$\varepsilon_{xx\max} = \frac{\pi^2}{8}\left(\frac{h}{X}\right)\left(\frac{Y}{X}\right)\left(\frac{w_0}{Y}\right) \tag{3.152a}$$

$$\varepsilon_{yy\max} = \frac{\pi^2}{8}\left(\frac{h}{Y}\right)\left(\frac{w_0}{Y}\right) \tag{3.152b}$$

$$\varepsilon_{xy} = 0 \tag{3.152c}$$

替换 w_0/Y 则得出：

$$\varepsilon_{xx\max} = \frac{2\sqrt{3}}{\left[1 + 3.08\left(\frac{X}{Y}\right)^2 + \left(\frac{X}{Y}\right)^4\right]^{1/2}}\left(\frac{i}{\sqrt{\rho E h}}\right) \tag{3.153a}$$

$$\varepsilon_{yy\max} = \frac{2\sqrt{3}}{\left[1 + 3.08\left(\frac{Y}{X}\right)^2 + \left(\frac{Y}{X}\right)^4\right]^{1/2}}\left(\frac{i}{\sqrt{\rho E h}}\right) \tag{3.153b}$$

但是，在板中，应力通过胡克定律与弹性应变相关：

$$\frac{\varepsilon_{xx\max}}{E} = \left(\frac{3.81 i}{\sqrt{\rho E h}}\right)\frac{0.3 + \left(\frac{Y}{X}\right)^2}{\left[1 + 3.08\left(\frac{Y}{X}\right)^2 + \left(\frac{Y}{X}\right)^4\right]^{1/2}} \tag{3.154a}$$

$$\frac{\varepsilon_{yy\max}}{E} = \left(\frac{3.81 i}{\sqrt{\rho E h}}\right)\frac{0.3 + \left(\frac{Y}{X}\right)^2}{\left[1 + 3.08\left(\frac{Y}{X}\right)^2 + \left(\frac{Y}{X}\right)^4\right]^{1/2}} \tag{3.154b}$$

接下来，我们需要一个双轴应力状态的屈服准则。如果我们使用冯·米塞斯屈服准则，那么：

$$(\sigma_{yy} - \sigma_{zz})^2 + (\sigma_{zz} - \sigma_{xx})^2 + (\sigma_{xx} - \sigma_{yy})^2 = 2\sigma_y^2 \tag{3.155}$$

式中，σ_y 是单轴载荷下的屈服应力。

在方程式（3.155）中，σ_{zz} 等于零，因此，方程式（3.155）变为：

$$\left(\frac{\sigma_{yy}}{E}\right)^2 - \left(\frac{\sigma_{yy}}{E}\right)\left(\frac{\sigma_{xx}}{E}\right) + \left(\frac{\sigma_{xx}}{E}\right)^2 = \left(\frac{\sigma_y}{E}\right)^2 \tag{3.156}$$

将方程式（3.154）代入方程式（3.156）并重新整理，最终得出脆性简支板的冲击载荷域渐近线：

$$\left(\frac{3.8\sqrt{Ei}}{\sigma_y\sqrt{\rho}h}\right) = \left[\frac{1 + 3.08\left(\frac{X}{Y}\right)^2 + \left(\frac{X}{Y}\right)^4}{0.79 + 0.11\left(\frac{X}{Y}\right)^2 + 0.79\left(\frac{X}{Y}\right)^4}\right]^{1/2} \left\{\begin{array}{c}\text{脆性简支板}\\\text{冲量加载渐近线}\end{array}\right\} \tag{3.157}$$

这是图 3.43 中绘制的冲击区脆性简支板的渐近线。图 3.43 中的 ϕ_i 函数说明了纵横比（X/Y）以及常数的影响（假设简支板在达到板中任何位置的屈服时破碎而失效）。

即使韧性板在其中心已达到屈服，该板也不会破裂或塑性变形。在观察到永久塑性变形之前，韧性板必须通过产生屈服线形成坍塌机制。这种行为使韧性材料比脆性材料具有更多的能量吸收能力。很难将此解推广到弹-塑性解；然而，我们将通过忽略任何局部塑性行为来实现这一点，以便可以做出延性材料弹性解的估计。这种方法并不完全正确，只能用于获得工程的近似解。在简支板中，起源于中心的屈服线最终向板角传播。到达拐角处后，板塌陷。在 $x = X/2$ 和 $y = Y/2$ 处的拐角处，不存在法向应力。坍塌是由达到适当屈服条件的剪应力引起的，在拐角处，剪应力由下式得出：

$$\varepsilon_{xy} = \frac{\pi^2 z w_0}{2XY} \tag{3.158}$$

用 $h/2$ 代替 z，用方程式（3.151）代替方程式（3.158）中的 $\frac{w_0}{Y}$，可得：

$$\varepsilon_{xy} = \frac{4\sqrt{3}i}{h\sqrt{\rho E}\left[\left(\frac{Y}{X}\right)^2 + 3.08 + \left(\frac{X}{Y}\right)^2\right]^{1/2}} \tag{3.159}$$

剪切屈服准则要求 $\tau_{xy} = \sigma_y/\sqrt{3}$。将该屈服应力设置为 $G\varepsilon_{xy}$ 并整理，最终得出：

$$\frac{\sqrt{Ei}}{\sigma_y\sqrt{\rho}h} = \frac{1+v}{6}\left[\left(\frac{X}{Y}\right)^2 + 3.08 + \left(\frac{Y}{X}\right)^2\right]^{1/2} \left\{\begin{array}{c}\text{延性简支板}\\\text{冲量加载渐近线}\end{array}\right\} \tag{3.160}$$

这是图 3.43 中绘制的冲击载荷范围内韧性简支板的渐近线。

在计算简支板的准静态渐近线之前，必须估计可能的最大功。由积分给出：

$$W_k = 4\int_0^X\int_0^Y pw\,\mathrm{d}x\mathrm{d}y = 4pw_0\int_0^X\int_0^Y \cos\frac{\pi x}{2X}\cos\frac{\pi y}{2Y}\mathrm{d}x\mathrm{d}y \tag{3.161}$$

整理得：

$$W_k = \frac{16}{\pi^2}pw_0 XY \tag{3.162}$$

将 W_k 等同于 $S.E.$ 得出准静态荷载范围渐近线：

$$\frac{w_0}{Y} = \frac{6(4)^5 pX^2 Y}{\pi^6 Eh^3\left[\left(\frac{X}{Y}\right)^2 + 3.08 + \left(\frac{Y}{X}\right)^2\right]} \tag{3.163}$$

将方程式（3.163）代入应变方程，并使用胡克定律得出：

$$\frac{\varepsilon_{xx\max}}{E} = \frac{8.68\left(\frac{p}{E}\right)\left(\frac{Y^2}{h^2} + 0.3\frac{X^2}{h^2}\right)}{\left[\left(\frac{X}{Y}\right)^2 + 3.08 + \left(\frac{Y}{X}\right)^2\right]} \tag{3.164}$$

$$\frac{\varepsilon_{yy\max}}{E} = \frac{8.68\left(\frac{p}{E}\right)\left(\frac{X^2}{h^2} + 0.3\frac{Y^2}{h^2}\right)}{\left[\left(\frac{X}{Y}\right)^2 + 3.08 + \left(\frac{Y}{X}\right)^2\right]} \tag{3.165}$$

最后，使用方程式（3.156）作为屈服准则，将方程式（3.164）和方程式（3.165），并重新排列项，得出简支板脆性断裂的准静态加载域渐近线：

$$\frac{8.68pX^2}{\sigma_y h^2} = \left[\frac{1 + 3.08\left(\frac{X}{Y}\right)^2 + \left(\frac{X}{Y}\right)^4}{0.79 + 0.11\left(\frac{X}{Y}\right)^2 + 0.79\left(\frac{X}{Y}\right)^4}\right]^{1/2} \left\{\begin{array}{l}脆性简支板\\准静态加载渐近线\end{array}\right\} \tag{3.166}$$

与冲量加载域一样，假设准静态加载域中的延性板在角部剪切达到屈服时形成坍塌。在两个载荷范围内，角部的剪应力由方程式（3.158）给出。用 $h/2$ 代替 z，用方程式（3.163）代替 w_0/Y，得出：

$$\varepsilon_{xy} = \frac{3(4)^5 pXY}{2\pi^4 Eh^2\left[\left(\frac{X}{Y}\right) + 3.08 + \left(\frac{Y}{X}\right)^2\right]^2} \tag{3.167}$$

最后，将剪切屈服应力 $\sigma_y/\sqrt{3}$ 设置为 $\left[\frac{E}{2(1+v)}\right]\varepsilon_{xy}$，将方程式（3.167）替换 ε_{xy}，并重新排列项得出准静态荷载范围内韧性简支板的渐近线：

$$\frac{pX^2}{\sigma_y h^2} = 0.095\,24\left[\left(\frac{Y}{X}\right) + 3.08\left(\frac{X}{Y}\right) + \left(\frac{X}{Y}\right)^3\right]\left\{\begin{array}{l}韧性简支板\\准静态加载渐近线\end{array}\right\} \tag{3.168}$$

该渐近线也绘制在图 3.43 中，方程右侧为 ϕ_{pDS}。读者现在可以导出固支板的 ϕ_p 和 ϕ_i 函数，程序完全相同。然而，计算过程更为烦琐，因为板的各个部分必须独立整合并求和，以说明拐点处符号的变化。

可以看出，板方程的求解过程与梁方程的求解过程相同。在 Y/X 趋于无穷的极限情况下，这些板方程不会产生梁解。这些变化是由平面应力与平面应变之间的差异以及假定变形形式方程的差异引起的。

（六）结构响应时间

因为我们是通过将结构细分为具有刚性支撑而非弹性支撑的构件来分析的，所以结构响应周期也是我们关心的问题。如果支撑结构的周期相对于结构构件的基本周期较长，则应进行非耦合结构响应计算。唯一明确计算固有频率周期的计算程序是下一章中出现的耦合多历史框架解。本章中使用的图形能量解都可用于估计与响应相关的第一个基本周期，因为在无量纲压力冲量图中，该周期发生在弯管附近。根据这一观点，创建了表 3.5，用于估算各种构造期。

表 3.5　各种结构构件的基本周期

结构类型	公式
弹性梁	$$\frac{\tau}{L^2}\frac{\sqrt{EI}}{\sqrt{\rho A}} = 3.63\left(\frac{\alpha_i}{\alpha_p}\right)$$
弹 – 塑性梁	$$\frac{\tau}{L^2}\frac{\sqrt{EI}}{\sqrt{\rho A}} = 11.81\left(\frac{\psi_i}{\psi_p}\right)\left[\frac{pbL^2}{\psi_p\sigma_y Z}\right]^{0.302}$$
弹 – 塑性管柱	$$\frac{\tau}{L}\frac{\sqrt{E}}{\sqrt{\rho}} = 1.57\left[\frac{\sigma_y^{1/2} E^{1/2} A}{pbL}\right]^{0.285}$$
压曲柱	$$\frac{\tau h E^{3/2} I^{1/2}}{\sigma_y M^{1/2} L^{5/2}} = 2.72\left(\frac{\alpha_i}{\alpha_p}\right)$$
弯曲板材	$$\frac{\tau\sqrt{Eh}}{\sqrt{\rho}X^2} = 5.436\frac{\phi_i}{\phi_p}$$

表 3.5 中的所有参数均用于各成分的分析。α_i、α_p、ϕ_i、ϕ_p 分量也与每个解相关，并考虑了不同边界条件的影响。弹性解都得到相对简单的代数表达式；然而，由于塑性增加了复杂性，弹 – 塑性梁或柱的解的格式稍微复杂一些。

（七）总结

在本章中，我们提出了压力 – 冲量（p – i）图的概念。近似矩形双曲线形状的 p – i 曲线适用于弹性和塑性梁、板和柱。我们还展示了如何修改 p – i 图，以适应与压力容器破裂和粉尘爆炸相关的各种形状的爆炸压力冲量。通过使用第二次世界大战期间英国的炸弹损坏数据，我们说明了 p – i 图不仅仅是一个数学概念，而且适用于实际结构。

接下来，我们证明了能量解可以作为一种简单实用的方法来估计 p – i 图的渐近线。通过将动能等同于应变能得到冲击加载域渐近线，通过将最大可能功等同于应变能得到准静态加载域渐近线。通过与试验结果的一系列比较，说明了这些能量解在估算弹性和塑性梁和板的最大变形和应变方面的适用性。

为了帮助设计和分析梁、板和柱，给出了无量纲 p – i 图，可用于求解爆炸载荷结构构件的挠度和应变。最后，为了说明如何通过将结构分解为不同的组件并应用这些无量纲 p – i 图来进行分析，给出了爆炸载荷作用于金属板建筑的一个求解实例。

（八）求解实例

该实例将使用英制单位，括号内为公制单位。与本书其余部分使用的公制单位不同的原因是，大多数土木工程手册中的结构属性均采用英制单位。如果本书不符合要求，使用截面属性的公制等效性将引发混淆。

1. 问题定义

图 3.44 是一座带框架的、13 英尺（3.96 m）高且带有四个方形隔间的一层钢结构建筑平面图。所有立柱之间的距离均为 20 英尺（6.10 m）。所有屋顶梁均为 W14×26，16H7 屋顶托梁以 4 英尺（1.22 m）为间距排列，沿南北方向延伸。所有 13 英尺（3.96 m）高的立柱均为 W10×39，在东西方向铰接，在南北方向固接。假定所有屋顶梁和托梁都是固定的。表 3.6 给出了这些钢室的钢结构手册（1975 年）的性能。

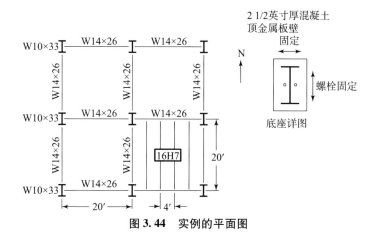

图 3.44   实例的平面图

该建筑的屋顶为 2.5 英寸（6.35 cm）厚的混凝土，单位面积质量为 33.3 lb/ft²（1 596 N/m²）。建筑墙壁为波纹金属板壁板，从屋顶到地板的最大跨度为 13 英尺（3.96 m）。该壁板的特性见表 3.6。我们假设所有梁和侧板的屈服应力 σ_y 为 33 000 psi（2.28×10⁸ Pa）。

施加在该建筑上的荷载是一个从西向东移动的外部爆炸波，其侧向峰值超压 p_s 为 1.42 psi（9.79×10³ Pa），侧向比冲量 i_s 为 0.145 psi – sec（100.0 Pa·s）。与该荷载相关的正反射峰值超压 p_r 为 3.00 psi（2.07×10⁴ Pa），正反射比冲量 i_R 为 0.300 psi – sec（206.8 Pa·s）。

在这个问题中，运用本章中的方法和记录的结果确定：①爆炸载荷是否足够严重导致损坏，如果可能导致损坏，则进行更详细的分析；②屋顶托梁是否足够；③屋顶梁是否足够；④立柱是否会弯曲破坏；⑤立柱是否会弯曲变形；⑥侧板是否会变形。

2. 近似分析

图 3.21 为英国砖房遭炸弹损坏情况，可用于粗略确定爆炸载荷是否构成威胁。由于图 3.21 是公制中的侧向压力 – 冲量图，所以我们绘制了 9 790 Pa·s 的 p_s 和 100.0 Pa·s 的 i_s，这一点刚好低于"轻微结构损伤的阈值——接头和隔板扭曲"的冲量阈值，由于该技术是近似的，因此预计会有一些轻微的损坏。

表 3.6   结构构件的特性

A. W14×26 横梁			
符号	描述	性质	
		英制	公制
A	横截面积	7.67 in²	4.95×10⁻³ m²
h	深度	13.89 in	0.353 m
I_{xx}	关于长轴的面积二阶矩	244.00 in⁴	1.02×10⁻⁴ m⁴
I_{yy}	关于短轴的面积二阶矩	8.86 in⁴	3.70×10⁻⁶ m⁴
S_{xx}	关于长轴的弹性截面模量	35.10 in³	5.75×10⁻⁴ m³
Z_{xx}	关于长轴的塑性截面模量	40.00 in³	6.55×10⁻⁴ m³
—	单位长度质量	26.00 lb/ft	38.7 kg/m

B. W10×33 横梁			
符号	描述	性质	
		英制	公制
A	横截面积	11.50 in²	7.42×10^{-3} m²
b	边缘宽度	8.00 in	0.203 m
h	深度	9.75 in	0.248 m
I_{xx}	关于长轴的面积二阶矩	171.00 in⁴	0.712×10^{-4} m²
I_{yy}	关于短轴的面积二阶矩	36.50 in⁴	0.152×10^{-4} m²
S_{xx}	关于长轴的弹性截面模量	35.00 in³	5.73×10^{-4} m³
Z_{xx}	关于长轴的塑性截面模量	38.80 in³	6.36×10^{-4} m³
Z_{yy}	关于短轴的塑性截面模量	14.00 in³	2.29×10^{-4} m³
—	单位长度质量	33.00 lb/ft	49.1 kg/m

C. 16H7 空腹钢龙骨			
符号	描述	性质	
		英制	公制
M_y	屈服力矩	413 000.00 in - lb	46 700.00 N · m
h	深度	16.00 in	0.406 m
I_{xx}	关于长轴的面积二阶矩	110.00 in⁴	0.458×10^{-4} m⁴
—	单位长度质量	10.30 lb/ft	15.4 kg/m

D. 波纹钢壁板			
符号	描述	性质	
		英制	公制
A/b	单位宽度横截面积	0.75 in²/ft	1.59×10^{-3} m
I_{xx}/b	单位宽度面积二阶矩	0.138 in⁴/ft	1.88×10^{-7} m³
S_x/b	单位宽度弹性截面模量	0.149 in³/ft	8.01×10^{-6} m²
—	单位面积质量	3.40 lb/ft²	163 N/m²

3. 屋顶托梁损坏

屋顶托梁作为简支梁进行弯曲响应。图 3.38 是一个弹 - 塑性梁弯曲求解方法, 可用于评估屋顶托梁的安全性。我们保守假设混凝土不会增加结构强度, 但当 4 英尺宽的混凝土带与屋顶托梁一起响应时, 会增加质量, 由于屋顶将被侧向爆炸波作用, 因此 p_s 和 i_s 是合适的施加荷载。要使用图 3.38, 我们必须计算标度超压:

$$\frac{pbL^2}{\psi_p \sigma_y Z} = \frac{pbL^2}{\psi_p (M_y)} = \frac{1.42 \times (4 \times 12)(20 \times 12)^2}{10 \times 413\ 000} = 0.951$$

和标度比冲量:

$$\frac{ib\sqrt{EI}}{\psi_i\sqrt{\rho A}\sigma_y Z} = \frac{ib\sqrt{E}\sqrt{I}\sqrt{g}}{\psi_i\sqrt{\rho g A}(M_y)} = \frac{0.0145\times(4\times12)\sqrt{30\times10^6}\sqrt{110}\sqrt{386}}{0.913\times\sqrt{\dfrac{10.3}{12}+\dfrac{33.3\times4}{12}}\times413\,000} = 0.602$$

从图 3.38 中读取标度应变的值为 0.3。通过替换标度应变中的参数，我们可以估计爆炸产生的应变。

$$\frac{EI\varepsilon_{max}}{\psi_\varepsilon hZ\sigma_y} = \frac{I\sigma_{max}}{\psi_\varepsilon hM_y} = \frac{110\sigma_{max}}{1.25\times16.0\times413\,000} = 0.3$$

整理后得到：

$$\sigma_{max}(爆炸载荷) = 22\,500\text{ psi}(1.55\times10^8\text{ Pa})$$

这个最大应力是由爆炸载荷引起的。此外，还必须考虑钢龙骨和混凝土屋顶的自重应力。这种自重应力由以下公式得出：

$$\sigma = \frac{wL^2}{8S} = \frac{\left(\dfrac{10.3}{12}+\dfrac{33.3\times4}{12}\right)(20\times12)^2}{8\times110/(16/2)}$$

或

$$\sigma(恒载) = 6\,260\text{ psi}(0.432\times10^8\text{ Pa})$$

两种应力之和为 28 760 psi（1.98 × 10⁸ Pa），小于 33 000 psi（2.28 × 10⁸ Pa）的屈服应力，因此，屋顶托梁不会屈服。

4. 屋顶梁损坏

我们还将弯曲梁的求解方法用于屋顶梁。穿过建筑中心的 W14×26 横梁中的梁应为载荷最大的屋顶横梁，因为两侧的屋顶托梁向该横梁施加载荷。由于梁弯曲再次占主导地位，因此可以使用图 3.38，使用表 3.6 中的截面特性。

$$\frac{pbL^2}{\psi_p\sigma_y Z_{xx}} = \frac{1.42\times(20\times12)(20\times12)^2}{10\times33\,000\times38.8} = 1.53$$

比冲量由以下公式给出：

$$\frac{ib\sqrt{EI}}{\psi_i\sqrt{\rho A}\sigma_y Z} = \frac{0.014\,5\times(20\times12)\sqrt{30\times10^6}\sqrt{244}\sqrt{386}}{0.913\times\sqrt{\dfrac{33.3\times20}{12}+\dfrac{10.3\times4\times20}{20\times12}+\dfrac{26}{12}}\times33\,000\times38.8} = 0.640$$

对图 3.38 中的比应变进行插值，得到的值为 0.34。通过替换比应变中的参数，我们可以估计爆炸产生的应力：

$$\frac{EI\varepsilon_{max}}{\psi_\varepsilon hZ\sigma_y} = \frac{244\sigma_{max}}{1.25\times13.89\times38.8\times33\,000} = 0.34$$

整理得：

$$\sigma_{max}(爆炸载荷) = 31\,000\text{ psi}(2.16\times10^8\text{ Pa})$$

恒载应力由下式给出：

$$\sigma = \frac{wL^2}{8S} = \frac{\left(\dfrac{33.3\times20}{12}+\dfrac{10.3\times4\times20}{20\times12}+\dfrac{26}{12}\right)(20\times12)^2}{8\times35.1}$$

整理得：

$$\sigma(恒载) = 12\,500\text{ psi}(0.863\times10^8\text{ Pa})$$

恒载和爆炸载荷之和为 43 500 psi（3.04×10^8 Pa），超过了 33 000 psi（2.88×10^8 Pa）的屈服应力，因此屋顶梁将屈服。如果我们对应力求和（由于系统不再具有弹性，因此不严格准确），然后除以 E 来估计应变，则可根据图 3.38 中的插入件计算变形 w_0。

$$\frac{hw_0}{L^2 \varepsilon_{\max}} = \frac{13.89 w_0}{(20 \times 12)^2 \frac{43\ 500}{30 \times 10^6}} = \psi_{w_0} = 0.174\ 7$$

整理得：

$$w_0 = 1.00 \text{ in }（25.4 \text{ mm}）$$

相对于整个跨度，该变形很小，因此屋顶托梁虽然将会屈服，可能仍然可用。

5. 立柱损坏

载荷最大的柱是位于中心的柱。我们将假设可能发生侧移，并且柱固结在其弱轴上，铰接在强轴上。使用图 3.42 计算柱围绕其弱轴的压曲，以及计算表 3.6 中 W10×33 的特性，标度压力为：

$$\frac{pA_l L^2}{\alpha_p E I_{yy}} = \frac{1.42 \times (20 \times 12)^2 (13 \times 12)^2}{9.87 \times (30 \times 10^6) \times 36.5} = 0.184$$

关于弱轴的标度冲量轴为：

$$\frac{iA_l h \sqrt{E}}{\alpha_i \sigma_y \sqrt{MLI_{yy}}} =$$

$$\frac{0.0145 \times (20 \times 12)^2 \times 8.00 \sqrt{30 \times 10^6}}{1.41 \times 33\ 000 \times \sqrt{\dfrac{33.3 \times 20 \times 20}{386} + \dfrac{10.3 \times 4 \times 20}{386} + \dfrac{26 \times 2 \times 20}{386}} \sqrt{13 \times 12} \sqrt{36.5}}$$

$$= 1.66$$

当标度压力和标度冲量的组合绘制在图 3.42 中时，该点低于准静态压力阈值，这意味着柱不会发生滑移。对于围绕其强轴的柱，也应进行类似的计算。

$$\frac{pA_l L^2}{\alpha_p E I} = \frac{1.42 \times (20 \times 12)^2 (13 \times 12)^2}{2.47 \times (30 \times 10^6) \times 171.0} = 0.157$$

和

$$\frac{iA_l h \sqrt{E}}{\alpha_i \sigma_y \sqrt{MLI}} =$$

$$\frac{0.014\ 5 \times (20 \times 12)^2 \times 9.94 \sqrt{30 \times 10^6}}{1.41 \times 33\ 000 \times \sqrt{\dfrac{33.3 \times 20 \times 20}{386} + \dfrac{10.3 \times 4 \times 20}{386} + \dfrac{26 \times 2 \times 20}{386}} \sqrt{13 \times 12} \sqrt{171}}$$

$$= 0.906$$

正如预期那样，柱体围绕其强轴也是稳定的。

6. 柱弯曲损伤

在弱方向，西墙中心的 W10×39 柱被固支。由于爆炸载荷沿东西方向移动，因此施加的压力和冲量将为反射值。使用图 3.38 作为梁弯曲解决方案，给出了标度压力：

$$\frac{pbL^2}{\psi_p \sigma_y Z} = \frac{3.00 \times (20 \times 12) \times (13 \times 12)^2}{23.10 \times 33\ 000 \times 14.0} = 1.64$$

标度反射冲量：

$$\frac{ib}{\psi_i}\frac{\sqrt{EI}}{\sqrt{\rho A}\sigma_y Z} = \frac{0.030 \times (20 \times 12)\sqrt{30 \times 10^6}\sqrt{36.5}\sqrt{386}}{0.861 \times \sqrt{\frac{39}{12}+\frac{3.4 \times 20}{12}} \times 33\,000 \times 14.0} = 3.94$$

这个响应正好处在我们所有的渐近线中，并且离准静态加载域更远，因此柱将严重弯曲，但由于在准静态加载范围内塑性弯曲解的不稳定性，无法从弯曲解中获得准确的大小。变形量最终将受到拉伸力的限制，然而变形会很大。这种破坏机制对这种结构来说是非常严重的，并且结果表明，如果我们想让这种结构承受如此大的爆炸载荷，需要重新设计。

7. 壁板损坏

图 3.41 可用于估算壁板。图 3.41 中的标度压力和标度冲量项基本上是通过将壁板视为从屋顶到建筑物基础的整个 13 英尺长的柱来获得的。重新整理标度压力和标度冲量表达式，以单位宽度表示特性后，我们得到标度压力为：

$$\frac{pbLE^{1/2}}{\sigma_y^{3/2}A} = \frac{p_r E^{1/2}L}{\sigma_y^{3/2}(A/b)} = \frac{3.00 \times \sqrt{30 \times 10^6}(13 \times 12)}{(33\,000)^{3/2}\frac{0.75}{12}} = 6.84$$

标度冲量为：

$$\frac{ibE^{1/2}}{\rho^{1/2}\sigma_y A} = \frac{iE^{1/2}g^{1/2}}{\left(\frac{\rho gA}{b}\right)^{1/2}\sigma_y\left(\frac{A}{b}\right)^{1/2}} = \frac{0.030 \times (30 \times 10^6)^{1/2}(386)^{1/2}}{\left(\frac{3.40}{144}\right)^{1/2}(33\,000)\left(\frac{0.75}{12}\right)^{1/2}} = 2.55$$

标度压力和冲量的组合非常接近 4.0 的 μ（$\varepsilon_{max}/\varepsilon_y$），因此，壁板将塑性拉伸至最大应变：

$$\varepsilon_{max} = \mu\frac{\sigma_y}{E} = 4.0\left(\frac{33\,000}{30 \times 10^6}\right) = 4.40 \times 10^{-3}$$

壁板中的最大变形 w_0 可根据图 3.41 中的插图进行计算。

$$\frac{\pi^2 w_0^2}{2L^2} = \frac{\pi^2 w_0^2}{2 \times (12 \times 13)^2} = \varepsilon_{max} = 4.40 \times 10^{-3}$$

或

$$w_0 = 4.66\ \text{in}\ (118.0\ \text{mm})$$

8. 实例总结

在计算了房屋各个部件的受载荷情况后，发现壁板会损坏，但因为它很容易更换，因此损坏程度还可以接受。屋梁会变形，但因为变形很小，这种损坏也是可以接受的。比较严重的是面对冲击的墙中的立柱弯曲，这种损坏可能会导致墙体坍塌，因此如果要抵抗该冲击，需要重新设计立柱。

3.3 冲击波的毁伤准则

在前面的章节中，我们已经讨论了意外爆炸产生的爆炸波的特征以及它们对各种"目标"施加的载荷；然而，为了完成危险评估，必须知道或假设什么性质和程度的伤害是重要的，或者说是可以容忍的。本节将会介绍工程上如何为各种结构、工厂设施、车辆和人员等不同的"目标"制定毁伤准则。

3.3.1　冲击波对建筑物的毁伤准则

1. 军用毁伤标准

在第二次世界大战末期，伦敦及其周边地区的砖房因德军轰炸而受损，这些结构在不同的距离暴露在不同大小的炸弹爆炸下，因此这场战争可以提供许多基于实际结构的数据点。贾勒特（1968）拟合了一个具有以下格式的曲线方程：

$$R = \frac{KW^{1/3}}{\left[1 + \left(\frac{7\,000}{W}\right)^2\right]^{1/6}} \tag{3.169}$$

对于具有恒定损伤水平的砖房，将炸药质量 W 和安全距离 R 联系起来。式（3.169）中的常数 K 会随着不同程度的伤害而变化。式（3.169）可以转换为 $p-i$ 图，因为超压和比冲量可以根据 R 和 W 计算。图 3.45 是使用贾勒特曲线拟合的建立损伤等值线的侧向 $p-i$ 图。在该图中显示的三个不同的损伤等值线中，准静态和冲量加载域是明显存在的。在图 3.45 中，随着压力和冲量的增加，损坏程度也会增加。实际上，由于这些建筑在结构上是相似的，这个砖房的 $p-i$ 图可以用于其他房屋、小型办公楼和轻质框架工业建筑的毁伤标准。贾勒特（Jarrett）方程式（3.169）或等效的图 3.45 是英国爆炸安全规范的基础。因为这些曲线不依赖于"TNT 当量"，所以比建立工业爆炸损伤阈值的方程更有用。

美国国防部爆炸物安全委员会（DDESB）负责指定所有军用爆炸物的安全储存距离。他们目前使用的安全距离 R 与装药质量 W 的标准，由下式给出：

$$\frac{R}{W^{1/3}} = \text{常数} \tag{3.170}$$

其中常数是结构的函数。表 3.7 简要总结了 DDESB 在 1980 年规定的数量 – 距离（Q – D）标准。我们认为这些标准不如英国的标准方程准确，因为 $\frac{R}{W^{1/3}}$ 等于常数意味着恒定的超压标准（见表 3.7），它可以立即推断出加载是在准静态加载域内。

约翰逊（Johnson）（1967）提出了一种烈性炸药爆炸伤害与距离之间的关系：

$$\frac{R_{100}}{R_W} = 7.64W^{-0.435} \tag{3.171}$$

其中，R_{100} 是与 100 磅 TNT 炸药达到相等的损坏程度所需的距离，而 R_W 是与 W 磅 TNT 装药质量达到相等的损坏程度的距离。式（3.171）中的常数是通过最小二乘法对各种目标的数据进行拟合获得的，包括飞机、悬臂梁和电线、卡车、雷达天线和几种尺寸的铝制圆柱壳。威斯汀（Westine）（1972）使用约翰逊的数据，并表明方程式（3.171）与 $p-i$ 损伤的概念不一致，达到了不正确的渐近线。相反他推荐了可以证明在 $p-i$ 平面上达到正确渐近线的形式，即式（3.172）。

表 3.7　1980 年美国国防部弹药和爆炸物安全标准的一些数量 – 距离关系

分离类别	缩放距离 $(R/W^{1/3})/(\text{m}\cdot\text{kg}^{-\frac{1}{3}})$	侧向超压/kPa
路障式地上弹药库	2.4	190
封锁线内作业	3.6	69 ~ 76

分离类别	缩放距离 $(R/W^{1/3})/(\mathrm{m \cdot kg^{-\frac{1}{3}}})$	侧向超压/kPa
无支架地上弹仓	4.4	55
无负担线内行动	7.1	24
公共交通路线	9.5	16
有人居住的建筑物	16 ~ 20	8.3 ~ 5.9

$$R = \frac{AW^{1/3}}{\left(1 + \dfrac{B^6}{W} + \dfrac{C^6}{W^2}\right)^{1/6}} \tag{3.172}$$

在拟合约翰逊的数据时，威斯汀表明，如果选择的参数 A、B 和 C 合适，式（3.172）拟合的散度明显小于式（3.171）。

2. 轻微损伤或表面损伤的标准

图 3.45 所示的轻微损伤水平，或延展性更强的结构的显著永久性变形，对于包含许多人在内的建筑物的损坏而言，可能是完全不可接受的。因此，需要其他标准来建立损伤阈值或初始损伤水平。

在大多数建筑物中，通常在爆炸载荷下最先失效的构件是窗户。玻璃窗是一种脆性材料，当应力达到弹性极限时会破碎。工业建筑的某些轻型壁板也很脆，在达到临界应力时会破碎。对于此类建筑，发生损坏的标准也是这些特定建筑构件严重损坏的标准。由于窗户通常具有较小的横向尺寸，对爆炸载荷响应迅速，因此，对于意外爆炸，通常处于准静态载荷范围内。在这种情况下，使用损伤阈值的超压标准是合适的。梅因斯通（Mainstone）（1971）给出了一系列图表，用于预测内部气体爆炸导致的玻璃窗破损，在此再现为图 3.45 和图 3.46，用作玻璃破损的准静态渐近线。

要使用图 3.45 和图 3.46，需遵循插图和编号顺序，从 1（窗格面积）到 2（最大面与最小面尺寸之比），然后到 3 ["玻璃系数"（面积与周长之比）] 和 4（标称厚度），再到 5（压力）。

即使对于钢架或钢筋混凝土建筑物等延展性结构，也可能期望避免可见损坏，因此，可以选择无永久变形的损坏标准。换句话说，要将主要结构材料的应力和应变限制在弹性范围内。

3. 重大永久性变形或损坏的标准

图 3.45 中的整体建筑损坏曲线包括住宅建筑表面损坏之外的几个损坏级别。威尔顿（Wilton）和加布里尔森（Gabrielson）（1972）提出了另一种设置住宅损坏标准的方法，他们审查了暴露于烈性炸药和核空气爆炸的空气冲击波测试住宅的损坏情况。测试结构包括：

第一类：两层木结构房屋，中央大厅，带有完整的地下室。

第二类：两层砖和混凝土结构房屋，中央大厅，带有完整的地下室。

第三类：混凝土的单层木结构牧场式房屋。

第四类：厚重墙砖砌二层公寓（欧式建筑）。

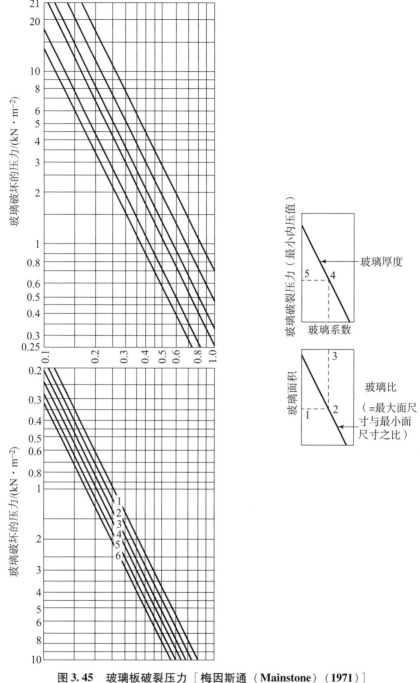

图 3.45　玻璃板破裂压力 [梅因斯通（Mainstone）（1971）]

炸药的产量都足够大，以至于所有结构都不处于准静态加载区域。

在评估损坏程度时，威尔顿和加布里尔森（1972）首先将每栋房屋划分为若干组成部分，并使用建筑行业常见的投标分析方法评估每组的相对重建成本。表 3.8 给出了针对其中一种类型房屋的评估结果。

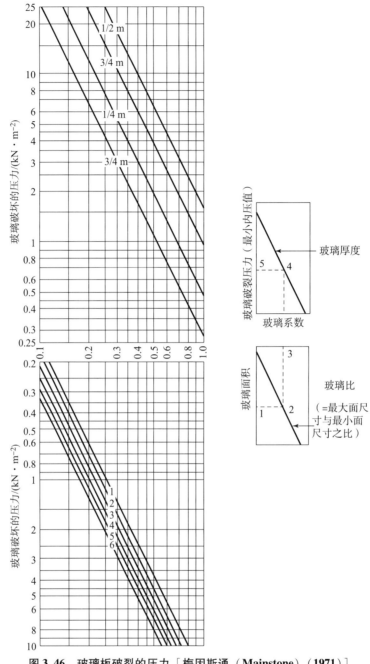

图 3.46　玻璃板破裂的压力［梅因斯通（Mainstone）（1971）］

表 3.8　Ⅰ型房屋组件组的价值［威尔顿和加布里尔森（1972）］

项目	价值（占总额的百分比）/%
地板和天花板框架	17.0
屋顶框架和屋顶表面	7.0

续表

项目	价值（占总额的百分比）/%
内外墙框架	16.0
室内抹灰	11.0
外部护套和壁板	8.6
门	4.6
窗	4.8
地基和地下室	19.0
其他：楼梯、壁炉、油漆、装饰	12.0
总计	100.0

为了对特定房屋进行损坏估计，计算了损坏材料的数量（即裂开的螺柱数量、损坏的石膏面积、破碎的玻璃板等），然后计算了每种材料的百分比并确定了表 3.8 中所示的被损坏的结构。通过将这些百分比乘以表 3.8 中每个项目的总价值估计百分比，可得出总的损坏估计。在这项特定的研究中，这些估计值从 13% 到超过 80% 不等，只有地基和地下室完好无损，损坏百分比超过 80%。

3.3.2　冲击波对车辆的毁伤准则

大规模的意外爆炸往往会对附近停放或经过的车辆造成大面积损坏，比如对轿车和卡车，但是，有一个案例，1947 年德克萨斯城的大规模爆炸 [费赫利（Feehery）（1977）]，摧毁了两架轻型飞机，它们当时正在爆炸区域头顶飞行并观察爆炸前的火灾。

在公路事故中，运载可燃化学品的油罐车和运载爆炸物的货运卡车常发生一些规模相对较小的意外爆炸。同样，高速公路上的其他车辆也会因这些爆炸的影响而受损。

爆炸的直接影响包括对车辆的破坏，如车窗破裂和车壳压碎、车辆倾倒或翻覆的二次爆炸影响，以及爆炸抛掷的破片的破坏。因为很多意外爆炸也会引起大火球，车辆也可能被火点燃和摧毁。

军方为卡车和飞机等制定了相当详细的损坏标准。然而，这些标准不适用于评估工业爆炸造成的损坏，因为军方定义的是车辆在战斗场景中运行或无法运行的能力（例如，一辆卡车可能会被爆炸严重损坏，但仍能行驶和运载货物）。尽管格拉斯通（Glasstone）和多兰（Dolan）（1977）列出了标准，但我们还没有看到任何尝试为涉及工业爆炸的车辆设定损坏标准用于评估受核爆冲击的运输设备（见表 3.9）。我们想开发一种类似于威尔顿和加布里尔森（1972）用于评估房屋损坏的程序，也就是根据汽车维修业务中的商业成本估算，将车辆的损坏等价为维修或更换所需成本的百分比。

表 3.9　陆路运输设备的损坏标准 [格拉斯通和多兰（1977）]

设备描述	损害程度	损害性质
电机设备（轿车和卡车）	严重	框架严重变形、大位移、外部附件（门和罩）脱落，使用前需要重建
	中等	翻倒和移位，严重凹陷，框架弹出，需要大修
	轻微	玻璃破碎，身上有凹痕，可能翻了，立即可用

续表

设备描述	损害程度	损害性质
铁路车辆（箱式、平车、罐车和敞车）	严重	汽车从轨道上被吹出，严重破碎，变形严重，部分零件可用
	中等	门被拆除，车身受损，车架变形，可能应拿去维修车间
	轻微	车门和车身有些损坏，汽车可以继续使用
铁路机车（柴油或蒸汽）	严重	翻转、零件脱落、弹起和扭曲，需要大修
	中等	可能翻倒了，矫正后可以拖到修理厂，需要大修
	轻微	玻璃破损和零件轻微损坏，可立即使用
施工设备（推土机和平地机）	严重	车架严重变形，金属板被压碎，履带和车轮严重损坏
	中等	部分车架变形、倾覆，齿条和车轮损坏
	轻微	驾驶室和壳体轻微损坏，玻璃破裂

　　卡车、公共汽车、移动房屋、发射台上的导弹和各种其他物体都可能受到损坏，因为它们被意外爆炸产生的冲击波作用时会倾覆。在贝克（Baker）、库莱兹（Kulesz）等人研究中（1975），他们制定了标准并绘制了预测图，以计算此类"目标"倾覆的阈值。为了确定目标是否倾覆，我们使用了两个不同的图。第一个图是图 3.47，通过图 3.47 可以计算赋予目标的总平均比冲量 i_t。

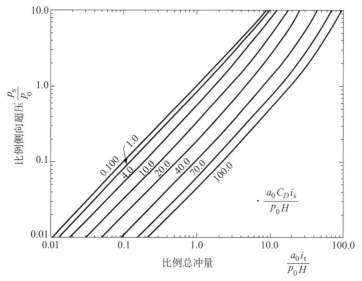

图 3.47　赋予可能倾覆的目标的特定冲击

　　从图 3.48，我们能计算平均比冲量 i_q，它是倾覆的阈值。如果传递给目标的 i_t 超过 i_q，则目标会倾覆；但是，如果 i_t 小于 i_q，则载荷不足以使目标倾覆。图 3.47 和图 3.48 都是无量纲的，因此可以使用任何自洽的单位集。图 3.47 中传递给目标 $\left(\dfrac{a_0 i_t}{p_0 H}\right)$ 的总冲量是缩放自由场压力 p_s/p_0 和缩放自由场冲量 $\left(\dfrac{a_0 C_D i_s}{p_0 H}\right)$ 的函数，其中 p_0 是环境大气压力，a_0 是环境声速，p_s 是侧面自由场超压，i_s 是自由场侧向冲量，H 是目标高度或目标宽度中的较小者，C_D 是空气阻力系数，在流线型圆柱体的 1.2 到长矩形的 1.8 之间变化。对于典型的卡车、公共汽车和其他车辆，H 是车辆的总高度 h。对于导弹或其他又高又窄的物体，H 是导弹的直径。在图 3.49 中，恰好能倾覆物体的缩放阈值冲量为缩放目标高度 $\left(\dfrac{h}{b}\right)$ 和缩放位置 $\left(\dfrac{h_{cg}}{h}\right)$ 的函数。其中 h 是目标的总高度，h_{cg} 是重心位置的高度，h_{bl} 是压力中心的高度，A 是目标的呈现面积，b 是车辆轨道宽度或目标基座的深度，g 是重力加速度，m 是目标的总质量，i_θ 是冲量的阈值。假设目标最初没有倾斜，例如水平位置在 $b/2$ 上并且质量均匀分布在整个目标上。

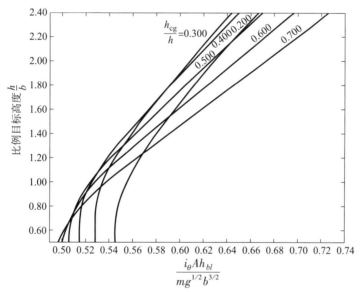

图 3.48　车辆翻覆的阈值冲量

图 3.47 中显示的等式是：

$$\frac{a_0 i_t}{p_0 H} = \frac{1.47\left(\frac{p_s}{p_0}\right)\left(\frac{a_0 C_D i_s}{p_0 H}\right)}{7.0 + \left(\frac{p_s}{p_0}\right)} + \frac{\left[1.0 + \frac{3\left(\frac{p_s}{p_0}\right)}{\left[7.0 + \left(\frac{p_s}{p_0}\right)\right]}\right]\left(\frac{p_s}{p_0}\right)}{\left[1.0 + 0.857\left(\frac{p_s}{p_0}\right)\right]^{1/2}}$$

图 3.48 中显示的等式是：

$$\frac{i_\theta A h_{bl}}{mg^{1/2} b^{3/2}} = \left\{\left[\frac{2}{3} + \frac{h^2}{6b^2} + \frac{2h^2}{b^2}\left(\frac{h_{cg}^2}{h^2}\right)\right] \times \left[\sqrt{\frac{1}{4} + \left(\frac{h^2}{b^2}\right)\left(\frac{h_{cg}^2}{h^2}\right)} - \left(\frac{h}{b}\right)\left(\frac{h_{cg}}{h}\right)\right]\right\}^{1/2}$$

这两个方程都利用试验测试数据证明了这些方程的有效性。

3.3.3　冲击波对人员的毁伤准则

在美国，国防部和能源部制定的弹药和爆炸物安全标准都以有限的方式考虑了爆炸对人的影响。这两个政府部门的安全标准取决于发生意外爆炸的已知或预期概率，允许不同程度的人员意外接触。国防部 1980 年的标准将可能的人员伤害与数量 – 距离（Q – D）准则联系起来，如表 3.7 所示。请注意，相关性仅针对爆炸超压指定，并未考虑冲量的影响。

美国能源部为烈性爆炸物储存、处理和加工活动中的人员规定了三类保护（ERDA 附录 6301，设施通用设计标准，1977 年 3 月）。本安全标准部分列于表 3.10 中。请注意，三个安全等级中的每一个都只指定了爆破超压。

表 3.10　不同超压暴露水平对人员的预期影响
［美国国防部弹药和爆炸物安全标准（来源：DOD 5154.45，June 23，1980）］

超压 p_s/kPa（psi）	Q – D 分离类别 ［R、m 表示 W 时，单位为 kg， （ft 表示 W 时，单位为 lb）］	人员伤害
190（27）	路障式地上弹药库 $2.4W^{1/3}$（$6W^{1/3}$）	未加固建筑的居住者会因爆炸的直接作用、建筑碎片的撞击或坚硬表面的撞击而死亡
69～76，（10～11）	设置路障的内线 $3.6W^{1/3}$（$9W^{1/3}$）	未加固建筑物的居住者会因直接爆炸、建筑物倒塌或平移而遭受重伤或死亡
55（8）	无支架地上弹仓 $4.4W^{1/3}$（$11W^{1/3}$）	未加固建筑的居住者会因耳膜和肺部爆炸、被吹倒或被碎片和建筑残骸击中而死亡或严重受伤
24（3.5）	无负担线内 $7.1W^{1/3}$（$18W^{1/3}$）	碎片、残骸、火种或其他物体可能导致人员严重受伤或死亡，发生耳膜破裂有 10% 的可能性
16（2.3）	公共交通路线 $9.5W^{1/3}$（$24W^{1/3}$）	人员可能因二次爆炸效应（如建筑碎片和位移的三次效应）而暂时丧失听力或受伤，预计直接爆炸不会造成死亡或重伤
8.3～5.9，（1.2～0.85）	有人居住的建筑物 $16W^{1/3}$～$20W^{1/3}$ （$40W^{1/3}$～$50W^{1/3}$）	为人员提供高度保护，防止人员死亡或严重受伤，受伤主要是由玻璃破碎和建筑碎片造成的

刚刚描述的人员安全标准与 NASA 安全工作手册中的标准不同［参见贝克和库莱兹等人（1975）］，其中更深入地考虑了爆炸超压对人的影响。下面的介绍主要来自美国宇航局的安全文件。

早在 1768 年，扎尔（Zhar）［布列宁（Burenin）（1974）］就发表了有关爆炸对人类有害影响的文献。然而，在第一次世界大战之前，爆炸对人类造成伤害的机制的知识非常不完整。从那时起，许多研究者对爆炸损伤机制和爆炸病理学开展了研究。

在规划要执行的炸药活动和设计满足要求的炸药隔间时，基本原则应是将最少的人员暴露于炸药危险中。此外，每个容纳炸药的隔间都必须具有基于相关危险等级的保护。保护级别可以通过设备设计、结构设计或提供屏蔽来实现。

每个危险类别所需的保护级别如下。

第三类：用于Ⅲ类事件（低事故可能性），隔间应提供防护，防止爆炸在建筑物内的隔间或建筑物之间传播。当烈性炸药隔间的设计完全包含了事故的影响（爆炸压力和破片）时，最小间隔距离可能会减小。

第二类：用于Ⅱ类事件（中等事故可能性），隔间除了符合Ⅲ类隔间的要求外，还应包括防止在事故隔间外的所有占用区域中的人员死亡和重伤的设计。要求事故区域以外的被占用区域的人员不会暴露于大于 15 psi 的最大压力，以及烈性炸药隔间发生爆炸时建筑物的结构不会发生倒塌。

补充说明：就该Ⅱ类类别而言，入口坡道和工厂道路不被视为占用区域。

第一类：用于Ⅰ类事件（高事故可能性），隔间除了符合Ⅱ类隔间的要求外，还应防止对所有人员造成严重伤害，包括操作人员、其他占用区域的人员，以及所有临时人员。

要求人员不会暴露于超压大于 5 psi 的压力，不会暴露于二级破片，以及建筑物的结构不会倒塌。

对于山丘或其他地形条件，可能会减弱冲击波的能量，或反射冲击波并放大其对个人的影响。由于爆炸事故中人体目标涉及各种不同的变化因素，此处仅包含一组简化且有限的爆炸损伤标准：假设人体目标在遭遇冲击波时，站在平坦地面上的自由场中；排除某些反射情况；这是最危险的身体暴露条件。空气爆炸效应也将细分为两大类，即直接（主要）冲击效应和间接冲击效应，下面进行简要介绍。

1. 直接冲击效应

直接冲击效应与空气冲击波导致的环境压力的变化有关。哺乳动物对冲击波、反射和冲击波到达后上升到峰值超压的速率以及冲击波的持续时间等参数都很敏感［怀特（White）（1968）］。冲击波的比冲量也会起重要作用［怀特（White）等人（1971）和里奇蒙德（Richmond）等人（1968）］。确定爆炸伤害程度的其他参数是环境大气压、动物的大小和类型，以及可能的年龄。相邻组织密度差异最大的身体部位最容易受到原发性爆炸损伤［怀特（White）（1968）和博文（Bowen）等人（1968）］。因此，肺的含气组织比任何其他器官都更容易受到爆炸的影响。耳朵虽然不是重要器官，但对超压最敏感。耳朵对低至 10 W/m^2 的能量水平或大约 2×10^{-5} Pa（2.1×10^{-9} psi）的压力有反应。这种小力会导致鼓膜偏移小于单个氢分子直径的距离。爆炸导致的肺损伤直接或间接引起许多病理生理影响，包括肺出血和肺水肿、肺破裂、对心脏和中枢神经系统的空气栓塞损伤、呼吸储备丧失和肺部多处纤维化病灶或细疤痕。

其他有害影响包括鼓膜破裂和中耳损伤，喉部、气管、腹腔、脊膜和脊神经以及身体其他部位的损伤。

2. 间接冲击效应

间接冲击效应可细分为三大类［怀特（1968）］：二次效应、三次效应和其他效应。

二次效应包括来自爆炸装置本身的破片或来自附近环境中的物体的撞击，这些物体在与冲击波相互作用后加速。影响破片撞击对人体造成的伤害程度的特征包括质量、速度、形状、密度、横截面积和撞击角度［怀特（1968）］。病理生理影响包括皮肤撕裂、器官穿透、钝性创伤以及颅骨骨折。

三次效应包括全身位移和随后的减速影响［怀特（1968）］。在这种情况下，爆炸压力会使身体翻倒，在加速或减速阶段都可能发生损伤。减速撞击造成的损伤程度更为显著，它取决于撞击时的速度变化、减速发生的时间和距离、撞击表面的类型和撞击的面积、涉及的身体部位。当人体受到这种加速或减速冲击时，头部是最容易受到机械伤害的，也是最需要保护的区域。除了头部受伤外，重要的内脏器官可能会因减速冲击而受损，骨头可能会断裂。

诸如粉尘和热损伤等各种爆炸效应与传统的爆炸材料相比，通常被认为是微不足道的。然而，赛托斯（Settles）（1968）讨论了 1959—1968 年间发生的 81 起有关推进剂或爆炸物的工业事故结果，其中 78 人死亡，103 人受伤。在这 81 起事故中，有 44 起火灾和爆炸事故，23 起仅为起火事故，14 起仅为只发生爆轰事故。赛托斯仔细区分了爆炸和爆轰。例如，加压容器的破裂是爆炸，但爆轰涉及冲击通过含能材料的传播。在所有这些事故中，78 起死亡事故中只有 1 起是由爆炸造成的，而这是 14 起爆轰事故中的一起，其中一个人被抛到另一个物体上（位移致死）。所有其他死亡均来自破片或火灾或两者的结合。在涉及爆轰的 14 起事故中，共有 34 人死亡。在所有 78 人死亡中，19 人完全死于火灾，58 人死于火灾和破片组合，只有 1 人死于与冲击波相互作用导致的全身位移。不幸的是，目前在公开文献中几乎没有关于暴露于热辐射的人的损害标准的信息。

3. 空气冲击导致的肺损伤

相邻组织密度差异大的身体部位最容易受到爆炸伤害。肺包含许多肺泡，比周围组织密度低，因此对爆炸损伤非常敏感。由于它们的密度相对较低，肺泡在与冲击波相互作用后被腹壁和胸壁的内缩以及横膈膜的向上运动压缩。当压力大小和外部压力增加的速率在可忍受限度内时，身体能够通过体壁运动和内部压力的增加来补偿外部压力的升高。然而，当体壁向内运动过快和剧烈时，包括肺在内的胸腔器官会出现明显变形，导致呼吸道出血。根据大出血和动脉空气栓塞的严重程度，人员可能会在短时间内死亡。

研究人员采用了两种基本方法来研究身体对外力的反应。冯·吉尔克（Von Gierke）（1967、1971 和 1973）、卡莱普斯（Kaleps）和冯·吉尔克（Von Gierke）（1971）、卡迈克尔（Carmichael）和冯·吉尔克（Von Gierke）（1973）和弗莱彻（Fletcher）（1971）研究了生成模拟人体反应特性的生物动力学模型的可能性。冯·吉尔克（Von Gierke）的模型基本上是涉及弹簧、质量和阻尼机制的机械模型，而弗莱彻（Fletcher）的模型是涉及弹簧、质量、阻尼机制和气体的流体力学模型。其他研究者，包括位于新墨西哥州阿尔伯克基的 Lovelace 医学教育和研究基金会的许多研究者，分析了试验动物的试验结果，并根据某些基本假设将他们的结果外推到了人类身上。由于后一组获得的信息有助于制定人类的杀伤曲线，因此其结果稍作修改后将被广泛使用。

博文等人（1968）和怀特等人（1971）已经为人类开发了压力与持续时间的杀伤曲线。决定冲击波破坏的主要因素是冲击波的特性、环境大气压力和动物目标的类型，包括其质量和相对于冲击波及附近物体的几何方向［怀特等人（1971）］。里奇蒙德（Richmond）等人（1968）、后来怀特等人（1971）都来自 Lovelace 基金会，讨论了持续时间冲击波的杀伤曲线有接近等压线的趋势，它们的杀伤曲线仅依赖于压力和持续时间。由于冲量取决于压力和持续时间，因此压力 - 冲量杀伤曲线似乎更合适。此外，由于可以使用本书中描述的方法直接计算距大多数爆炸指定距离处的压力和比冲量，因此开发压力 - 冲量杀伤曲线尤为合适。

确定人体目标定向位置需要确定能对人体造成特定的伤害的最低入射压力 - 冲量组合，即站立或躺在非常靠近反射面的地方，入射冲击波以法向入射角接近墙壁（见图 3.49）。然而，与反射面的形状和类型、冲击波的入射角以及人体目标与反射面的接近程度有关的计算太过复杂。此外，在暴露于冲击波的个体附近可能没有合适的反射面。因此使用基于来自邻近表面的反射的杀伤曲线基本不可行。最敏感的人体几何方向是身体的长轴垂直于冲击波（见图 3.50）。本书将该位置假定为承受主要爆炸伤害的受害者位置。

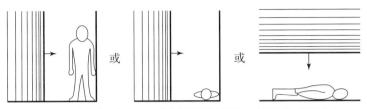

图 3.49　胸部靠近垂直于冲击波的反射面，对象面向任何方向

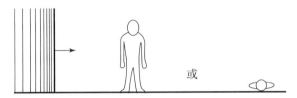

图 3.50　身体长轴垂直于冲击波，对象面向任何方向

Lovelace［博文等人（1968）和怀特等人（1971）］的研究人员提出了压力和持续时间对动物影响的标度律。因此，有必要为冲量建立一个一致的标度律。将洛夫莱斯的标度律简化为只考虑人类或大型动物，就可以得出以下标度律：

事故超压的影响取决于环境大气压力：

$$\overline{p_s} = \frac{p_s}{p_0} \tag{3.173}$$

式中，$\overline{p_s}$ 为无量纲峰值超压，p_s 为峰值事故超压，p_0 是环境大气压。

冲击波正向持续时间的影响取决于环境大气压力和人体目标的质量：

$$\overline{T} = \frac{Tp_0^{1/2}}{m^{1/3}} \tag{3.174}$$

式中，$\overline{T}$ 为无量纲正向持续时间，T 为正向持续时间，m 为人体的质量。

冲量 i_s 可近似为：

$$i_s = \left(\frac{1}{2}\right) p_s T \tag{3.175}$$

式（3.175）采用三角波形状，并且从损伤的角度来看，对于"长"持续时间的冲击波，其接近方波形状，因为它低估了特定致死率所需的比冲量。它也是"短"持续时间冲击波的近似值，该冲击波的特点是上升时间很短，达到峰值超压，并且对环境压力呈指数衰减，总波形接近三角形。将 Lovelace 基金会开发的峰值超压和正持续时间的爆炸标度律应用于由上述式（3.175）确定的比冲量的保守估计值，可以得出比冲量的标度律：

$$\overline{i_s} = \frac{1}{2}\overline{p_s}\,\overline{T} \tag{3.176}$$

式中，$\overline{i_s}$ 是按比例缩放的比冲量。根据式（3.173）、式（3.174）和式（3.176）可得：

$$\overline{i_s} = \frac{1}{2} \frac{p_s T}{p_0^{1/2} m^{1/3}} \tag{3.177}$$

或从式（3.175）得出：

$$\overline{i_s} = \frac{i_s}{p_0^{1/2} m^{1/3}} \tag{3.178}$$

因此，如式（3.178）所示，缩放比冲量 $\overline{i_s}$ 取决于环境大气压力和人体目标的质量。

如前所述，Lovelace 基金会的研究人员构建的空气爆炸伤害生存曲线基于超压和持续时间。因此，我们需要修改适用于身体长轴垂直于冲击波传播方向（见图3.50）的人类生存曲线，以便图表的坐标轴将按比例缩放入射超压和按比例缩放比冲量。为此，需要确定产生每条生存曲线的压力和持续时间组合，使用上面的式（3.173）和式（3.177）计算缩放的入射超压和缩放的比冲量，并相应地重建生存曲线。这些重建曲线如图3.51所示。应该注意的是，这些曲线代表生存率百分比，更高的比例压力和比例冲量组合将会造成更少的幸存者。以这种方式呈现曲线的好处是适用于具有不同大气压力的所有高度和人体的所有质量。

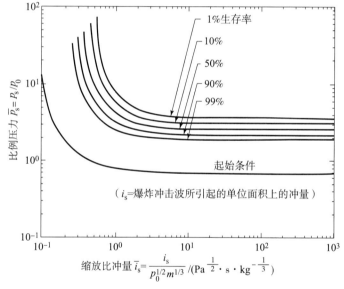

图 3.51　人肺损伤生存曲线

一旦确定了爆炸的入射超压和比冲量，就可以使用式（3.173）和式（3.178）对其进行缩放。可以从图3.52中获取用于缩放的适当环境大气压力，图3.52显示了大气压力如何随着海拔高度的增加而降低［张伯伦（Champion）等人（1962）］。缩放中使用的质量值由所调查的特定区域的人口构成确定。建议婴儿使用 5 kg，小孩使用 25 kg，成年女性使用 55 kg，成年男性使用 70 kg。应该注意的是，在这种情况下，最小的身体最容易受伤。有关生存曲线发展的更多信息，请参见贝克等人的附录 III. B（1975）。

综上所述，评估肺损伤的方法流程如下：

（1）确定距爆炸源适当距离处的峰值入射超压 p（或 p_s）和比冲量 i（或 i_s）。

（2）确定环境大气压（见图3.52）。

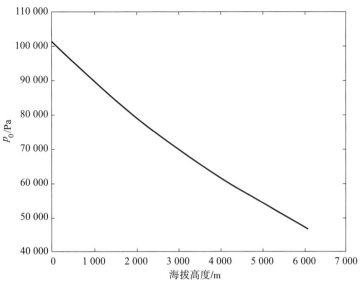

图 3.52　大气压力与海拔高度

（3）从式（3.173）计算缩放入射超压 $\overline{p_s}$。

（4）决定在这个位置暴露的最轻的人的质量（以 kg 为单位）。

（5）从式（3.178）计算缩放比冲量 $\overline{i_s}$。

找到图 3.51 中的 p_s 和 i_s，并确定这些值是否在可接受的风险范围内。

4. 空气冲击导致的耳损伤

耳朵是一种将声波转换为神经信号的敏感器官，它对 20～20 000 Hz 频率的波会作出反应，并可以对低至 10^{-12} W/cm² 水平的能量作出反应，这会导致鼓膜的偏移小于单个氢分子的直径。由于不能准确地响应周期小于 0.3 ms 的冲量，它会试图通过进行一次更大偏移来做到这一点，正是这种运动会对耳朵造成伤害。

人耳分为外耳、中耳和内耳。外耳将声波的超压放大约 20%，并检测声源的位置。将外耳与中耳分开的鼓膜破裂虽然不是最严重的耳损伤类型，但已引起大部分临床医生的关注。中耳的鼓膜和听小骨从外耳到内耳传递声能，在这里机械能最终转化为神经冲动的电能。中耳是一个阻抗匹配装置，也是一个放大级。中耳包含两个阻尼器——镫骨肌和相关韧带，它们在受到强烈信号时限制镫骨的振动，鼓膜张肌及其相邻的韧带限制鼓膜的振动。第一个阻尼器是最重要的，这些阻尼器的反射时间为 0.005～0.01 s，时间比快速上升的空气冲击波要长。锤骨和砧骨的连接方式导致其向内移位的阻力远大于向外移位的阻力。然而，如果在冲击波加载的正相期间向内移位后鼓膜破裂，则锤骨和砧骨在冲击波的负相期间不太可能使鼓膜保持完整地向外移位。在这种情况下，鼓膜破裂可能是有益的。然而，最大超压及其上升时间控制着负相的特性，因此至关重要。所以，鼓膜破裂成了评价严重耳损伤的一个很好的衡量标准。

不幸的是，预测鼓膜破裂的技术并没有预测冲击波造成的肺损伤那么发达，虽然已经在鼓膜破裂的百分比和最大超压之间建立了直接关系。赫希（Hirsch）（1968）构建了一个类似于图 3.53 所示的图表，得出的结论是暴露在 103 kPa（15 psi）的超压下，50% 的鼓膜会破裂。怀特（1968）支持这一结论，即在 101 kPa（14.7 psi）的环境大气压下持续时间为 0.003 ~ 0.4 s 的"快速"上升超压。赫希（1968）还得出结论，"快速"上升超压的鼓膜破裂阈值为 34.5 kPa（5 psi），怀特（1968）也支持该持续时间和上述大气压。

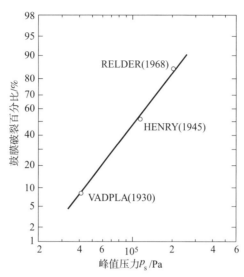

图 3.53　鼓膜破裂与超压的百分比

如果该超压低于鼓膜破裂所需的超压，则可能会发生暂时性听力丧失。罗斯（Ross）等人（1967）已经得出了峰值超压与临时阈值偏移（TTS）持续时间的关系图。在图的阈值之下，大多数（至少75%）人不太可能遭受过度的听力损失。根据罗斯等人的说法（1967），它们的曲线应降低 10 dB 以保护 90% 的人，降低 5 dB 以允许冲击波的正入射，并增加 10 dB 以允许可能的冲量。总之，为了确保对 90% 的暴露者提供保护，并允许偶尔的空气冲击对耳朵的正入射（最严重的暴露情况），它们的曲线应降低 5 dB。

如上所述，鼓膜破裂和临时阈值偏移的限制取决于峰值入射超压和持续时间。由于比冲量取决于冲击波的持续时间，并且以使用本部分中的方法计算在距离爆炸的指定距离处的峰值入射超压和比冲量，所以从压力－持续时间曲线得出压力－冲量耳损伤曲线是合理的，把冲击波假设成三角波来进行简单的计算，这从损伤的角度来看是偏保守的。

图 3.54 所示的耳损伤标准是从赫希（1968）和怀特（1968）开发的鼓膜破裂标准以及罗斯等人开发的临时阈值偏移标准开发而来的。式（3.175）用于计算比冲量，临时阈值偏移表示 90% 暴露于以正入射角进入耳朵的冲击波中的人不太可能遭受过度的听力损失。鼓膜破裂曲线的阈值是预期不会发生鼓膜破裂的位置，而 50% 鼓膜破裂曲线是预期 50% 暴露的耳朵会发生鼓膜破裂的位置。

评估耳朵损伤的方法如下：

（1）在与所爆炸相距适当距离处确定峰值入射过压 p（或 p_s）和比冲量 i（或 i_s）。

（2）找到图 3.54 上的 p_s 和 i_s 并确定这些值是否在可接受的风险范围内。

5. 全身移位导致的头部和身体撞击损伤

在整个身体移位期间，爆炸超压和冲量作用于人体的过程基本上包括向上抬升和水平移动。三次爆炸损伤涉及整个身体移位和随后的减速带来的影响。在加速阶段或减速冲击期间

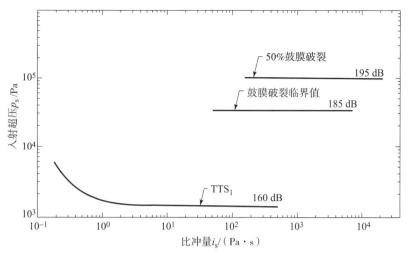

图 3.54　以正入射角到达的冲击波对人耳的损伤曲线

可能会发生身体损伤。然而，减速撞击造成的伤害更为显著，它取决于撞击时的速度变化、减速发生的时间和距离、撞击表面的类型以及所涉及的身体区域。

虽然头部是身体在减速撞击中最容易受到机械损伤的部位，但它也能提供最好的保护。由于头部的脆弱性，许多人可能认为平移损伤标准应该基于颅骨骨折或脑震荡。然而，由于身体撞击位置在平移后可能是随机定向的，因此其他人认为在确定预期的撞击损伤时应该考虑这个因素。为了满足每个观点，将考虑两种类型的冲击，主要是头部和随机的身体方向。

由于减速影响涉及许多参数，因此做出一些假设。首先，假定在减速撞击硬表面时会发生平移损伤，这是最具破坏性的情况。另一个假设是，由于只考虑对硬表面的冲击，平移损伤将仅取决于冲击速度。也就是说，仅碰撞一种类型的表面，就不需要考虑碰撞期间身体速度的变化。然而，当人们考虑到身体各部分的压缩性可能会有很大的变化时，这种假设并不完全有效。

怀特（White）（1968，1971）和克莱蒙森（Clemedson）等人（1968），同意头部三级损伤（减速冲击）的暂定标准，如表 3.11 所示。表 3.12 总结了怀特（1971）修订的全身撞击造成的三级损伤标准。需要注意的是，每种撞击条件的大多数"安全"速度标准都是相同的。

表 3.11　头部三级损伤（减速冲击）的标准 ［White（1968，1971）和 Clemedson 等人（1968）]

颅骨骨折容限	相关冲击速度/$(m \cdot s^{-1})$
通常为"安全"	3.05
临界值	3.96
百分之五十	5.49
将近百分之百	7.01

表 3.12　涉及全身撞击的三级损伤标准［**White（1971）**］

身体撞击总容限	相关冲击速度/(m·s^{-1})
通常为"安全"	3.05
致死临界值	6.40
百分之五十致死	16.46
将近百分之百致死	42.06

　　贝克（1975）开发了一种预测爆炸事件特定超压和冲量组合的方法，该方法将平移人体，并以表 3.11 和表 3.12 中所示的临界速度推动人体。借用赫尔内（Hoerner）（1958）的结论，人体在空气动力学形状上类似于长径比在 4 和 7 之间的圆柱体，在站立位置，人的阻力系数在 1.0 和 1.3 之间，贝克（1975）在他们的程序中使用 5.5 的平均长径比和 1.3 的阻力系数来计算人所达到的平移速度。使用 1.3 的阻力系数是因为，对任何压力冲量冲击波组合，阻力系数 1.3 都会产生更高的速度，从而在计算中考虑到一定的安全余量。假设人的平均密度与水的平均密度大致相同，并考虑了四个体重：婴儿使用 5 kg，小孩使用 25 kg，成年女性使用 55 kg，成年男性使用 70 kg。

　　由于在人体位移速度计算中使用的大气压力和声速随海拔高度而变化，贝克等人（1975）分别计算了海平面、2 000 m、4 000 m 和 6 000 m 的高度。贝克等人（1975）进一步发现，对于恒定的密度、声速和大气压力，暴露于冲击波的人体的位移速度是入射超压和入射比冲量与人体质量的三分之一次方之比的函数，写成函数形式为：

$$v = f\left(p_{\text{s}}, \frac{i_{\text{s}}}{m^{1/3}}\right)$$

　　他们的结果如图 3.55、图 3.65 所示。图 3.55 包含在海平面上产生对应速度所需的压力 - 冲量造成的颅骨骨折百分比（见表 3.11），而图 3.56 包含在海平面上产生各种预期的全身撞击致死百分比（见表 3.12）的速度所需的压力 - 冲量组合。

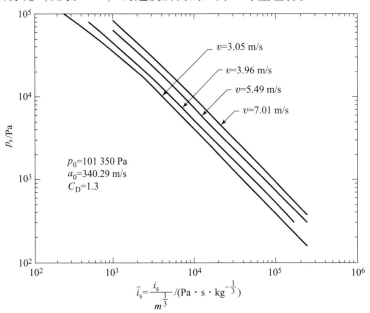

图 3.55　颅骨骨折（0 m 海拔）

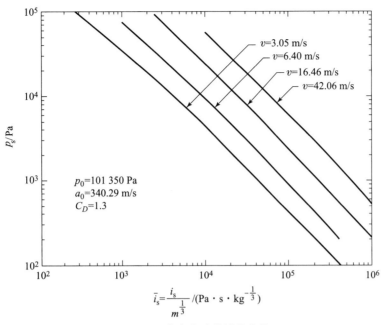

图 3.56 全身位移的杀伤曲线

其他海拔的曲线与海平面曲线仅略有不同。确定潜在三次损伤量的步骤如下：

（1）在适当距离处确定峰值入射超压 p（或 p_s）和比冲量 i（或 i_s）。

（2）确定该位置暴露人员的最轻代表性质量并计算 $i_s/m^{1/3}$。

（3）确定爆炸位置的大气压力或海拔高度，并在图 3.55 的适当图表上定位压力 p_s 和比冲量（$i_s/m^{1/3}$）组合的位置以获取颅骨骨折百分比，或通过图 3.56 获取全身冲击的致死百分比。确定此压力–冲量组合是否在可接受的风险范围内（图中特定曲线下方的区域表示的风险低于曲线所代表的区域）。

参 考 文 献

［1］GOODMAN H J. Compiled Free Air Blast Data on Bare Spherical Pentolite ［R］. Aberdeen Proving Ground, Maryland：BRL Report No. 1092, 1960.

［2］JACK W H, ARMENDT B F. Measurements of Normally Reflected Shock Parameters Under Simulated High Altitude Conditions ［R］. Aberdeen Proving Ground, Maryland：BRL Report No. 1280, AD 469015, 1965.

［3］DEWEY J M, JOHNSON O T, PATTERSON J D. Mechanical Impulse Measurements Close to Explosive Charges ［R］. Aberdeen Proving Ground, Maryland：BRL Report No. 1182, 1962.

［4］JOHNSON O T, PATTERSON J D, OLSON W C. A Simple Mechanical Method for Measuring the Reflected Impulse of Air Blast Waves ［R］. Aberdeen Proving Ground, Maryland：BRL Report No. 1088, 1957.

［5］ BAKER W E. Prediction and Scaling of Reflected Impulse From Strong Blast Waves ［J］. Int. J. Mech. Sci. 9，1967：45 – 51.

［6］ DOERING W，BURKHARDT G. Contributions to the Theory of Detonation ［R］. Headquarters，Air Materiel Command，Wright – Patterson Air Force Base，Ohio：Translation from the German as Technical Report No. F – TS – 1227 – IA（GDAM A9 – T – 4G），AD 77863，1949.

［7］ BAKER W E，WESTINE P S，DODGE F T. Similarity Methods in Engineering Dynamics：Theory and Practice of Scale Modeling ［M］. Rochelle Park，New Jersey：Spartan Books，1973.

［8］ BRODE H L. Quick Estimates of Peak Overpressure from Two Simultaneous Blast Waves ［R］. Defense Nuclear Agency Report No. DNA4503T，1977.

［9］ HARLOW F H，AMSDEN A A. Fluid Dynamics – An Introductory Text ［M］. Los Alamos Scientific Laboratory，University of California，Los Alamos，New Mexico：LA – 4100，1970.

［10］ LEE J H S，MOEN I O. The Mechanism of Transition From Deflagration to Detonation in Vapor Cloud Explosions ［J］. Prog. in Energy and Comb. Sci. ，1980，6（4）：359 – 389.

［11］ GLASSTONE S. The Effects of Nuclear Weapons ［M］. Revised Edition. U. S. Government Printing Office，1962.

［12］ WENZEL A B，ESPARZA E D. Measurements of Pressures and Impulses at Close Distances from Explosive Charges Buried and in Air ［R］. Ft. Belvoir，Virginia：Final Report on Contract No. DAAK02 – 71 – C – 0393 with U. S. Army MERDC，1972.

［13］ BAKER W E，WESTINE P S. Methods of Predicting Blast Loads Inside and Outside Suppressive Structures ［R］. Edgewood Arsenal，Contractor Report No. EM – CR – 76026，Report No. 5，1975.

［14］ HOERNER S F. Fluid – Dynamic Drag ［M］. Midland Park，New Jersey：Published by the Author，1958.

［15］ BAKER W E. The Elastic – Plastic Response of Thin Spherical Shells to Internal Blast Loading ［J］. J. of Appl. Mech. ，27，Series E，1，1960：139 – 144.

［16］ BAKER W E，HU W C L，JACKSON T R. Elastic Response of Thin Spherical Shells to Axisymmetric Blast Loading ［J］. J. of Appl. Mech. ，33，Series E，4，1966：800 – 806.

［17］ KINGERY C N，SCHUMACHER R N，EWING W O. Internal Pressures from Explosions in Suppressive Structures ［R］. Aberdeen Proving Ground，Maryland：BRL Interim Memorandum Report No. 403，1975.

［18］ JARRETT D E. Derivation of British Explosive Safety Distances ［J］. Annals of the New York Academy of Sciences，152，Article 1，1968：18 – 35.

［19］ ABRAHAMSON G R，LINDBERG H E. Peak Load – Impulse Characterization of Critical Pulse Loads in Structural Dynamics ［J］. Nuclear Engineering and Design，1976，37：35 – 46.

［20］ BAKER W E. Scale Model Tests for Evaluating Outer Containment Structures for Nuclear

Reactors［C］. United Nations, Geneva：Proceedings of the Second International Conference on the Peaceful Uses of Atomic Energy, Volume II, 1958：79 – 84.

［21］ FLORENCE A L, FIRTH R D. Rigid Plastic Beams Under Uniformly Distributed Impulses ［J］. Journal of Applied Mechanics, 32, Series E, 1, 1965：7 – 10.

［22］ HOOKE R, RAWLINGS B. An Experimental Investigation of the Behavior of Clamped, Rectangular, Mild Steel Plates Subjected to Uniform Transverse Pressure ［J］. Institute of Civil Engineers, Proceedings, 1969, 42：75 – 103.

［23］ JOHNSON O T. A Blast – Damage Relationship ［R］. U. S. Army Ballistic Research Laboratory, Aberdeen Proving Ground, Maryland：BRL Report No. 1389, AD 388 909, 1967.

［24］ WESTINE P S. R – W Plane Analysis for Vulnerability of Targets to Air Blast ［J］. The Shock and Vibration Bulletin, Bulletin 42, Part 5, 1972：173 – 183.

［25］ FEEHERY J. Disaster at Texas City ［R］. Amoco Torch, 1977.

［26］ GLASSTONE S, DOLAN P J. The Effects of Nuclear Weapons ［M］. Third Edition. U. S. Department of Defense and U. S. Department of Energy, 1977.

［27］ BURENIN P I. Effect of Shock Waves ［R］. Techtran Corporation：Final Report on Contract NASA – 2485, 1974.

［28］ WHITE C S. The Scope of Blast and Shock Biology and Problem Areas in Relating Physical and Biological Parameters ［J］. Annals of the New York Academy of Sciences, 152, Article 1, 1968：89 – 102.

［29］ WHITE C S, JONES R K, DAMON E G, et al. The Biodynamics of Airblast ［R］. Lovelace Foundation for Medical Education and Research：Technical Report to Defense Nuclear Agency, DNA 2738T, AD 734208, 1971.

［30］ RICHMOND D R, DAMON E G, FLETCHER E R, et al. The Relationship Between Selected Blast Wave Parameters and the Response of Mammals Exposed to Air Blast ［J］. Annals of the New York Academy of Sciences, 152, Article 1, 1968：103 – 121.

［31］ BOWEN I G, FLETCHER E R, RICHMOND D R. Estimate of Man's Tolerance to the Direct Effects of Air Blast ［R］. Lovelace Foundation for Medical Education and Research：Technical Report to Defense Atomic Support Agency, DASA 2113, AD 693105, 1968.

［32］ SETTLES J E. Deficiencies in the Testing and Classification of Dangerous Materials ［J］. Annals of the New York Academy of Sciences, 152, Article 1, 1968：199 – 205.

［33］ VON GIERKE H E. Mechanical Behavior of Biological Systems ［R］. Wright – Patterson Air Force Base, Ohio：Aerospace Medical Research Laboratory, AD 758963, 1967.

［34］ VON GIERKE H E. Biodynamic Models and Their Applications ［R］. Wright – Patterson Air Force Base, Ohio：Aerospace Medical Research Laboratory, AD 736985, 1971.

［35］ VON GIERKE H E. Dynamic Characteristics of the Human Body ［R］. Wright – Patterson Air Force Base, Ohio：Aerospace Medical Research Laboratory, AD 769022, 1973.

［36］ KALEPS I, VON GIERKE H E. A Five – Degree – of – Freedom Mathematical Model of the Body ［R］. Wright – Patterson Air Force Base, Ohio：Aerospace Medical Research

Laboratory，AD 740445，1971.

[37] CARMICHAEL J B，VON GIERKE H E. Biodynamic Applications Regarding Isolation of Humans from Shock and Vibration ［R］. Wright – Patterson Air Force Base，Ohio：Aerospace Medical Research Laboratory，AD 770316，1973.

[38] FLETCHER E R. A Model to Simulate Thoracic Responses to Air Blast and to Impact ［R］. Wright – Patterson Air Force Base，Ohio：Aerospace Medical Research Laboratory，AD 740438，1971.

[39] HIRSCH F G. Effects of Overpressure on the Ear—A Review ［J］. Annals of the New York Academy of Sciences，152，Article 1，1968：147.

[40] CLEMEDSON C J，HELLSTROM G，LINGREN S. The Relative Tolerance of the Head，Thorax，and Abdomen to Blunt Trauma ［J］. Annals of the New York Academy of Sciences，152，Article 1，1968：187.

第4章

热辐射的特征及危险性

4.1　热辐射简介

破坏性热效应通常是由意外爆炸引发的，而火灾往往通过加热压力容器、危险化学品或爆炸物引起意外爆炸。当压力容器暴露在火焰中时，热量会削弱其壁面强度，同时热量传递到容器的内容物从而提高内部压力，容器表面的高温和高压的组合会导致压力容器失效，并且升高的温度可能导致失控化学反应甚至引发爆炸。实际上，"火灾"与"爆炸"这两个词经常相提并论，我们将其视为相同类型的危险，而对火灾及其影响的深入研究本身就是一门非常广泛的学科。本章内容主要讨论产生大火球的爆炸的热辐射效应，其中，大多数推进剂（包括固体和液体推进剂）的意外爆炸、失控的化学物质爆炸、压力容器爆炸以及受约束或无约束蒸气云爆炸、池火灾、高能炸药爆炸和核爆炸都可能产生火球。

核武器爆炸的热辐射效应是其造成损害的最重要方式，且会造成严重后果，格拉斯通（Glasstone）和多兰（Dolan）（1977）曾对核武器的热辐射冲量特性和热辐射效应进行了详细讨论。由于热冲量是核武器的重要破坏机制。自 1946 年以来，大多数关于爆炸热辐射的方法和数据都仅限于核爆炸，本书介绍的重点将放在化学爆炸中，读者应该仔细区分化学爆炸和核爆炸的热辐射效应。

意外的化学爆炸会产生巨大的火球，如图 4.1 所示［斯特雷洛（Strehlow）和贝克（Baker）（1976）］，火球可能会伴随着明显的热空气射流。无论是点燃其他可燃物还是直接作用于人体，都可能造成热辐射损伤，如图 4.1 所示的同样大小且持续时间长的火球，其温度非常高且辐射范围非常大，足以对周边环境造成热辐射损伤。当然，浸没在大火球中造成损害的可能性更大。

图 4.1 所示是 1970 年 6 月 21 日伊利诺伊州新月城中，一辆装载 120 立方米液化石油气的油罐车破裂产生的火球，其规模可与图中左边的水塔和右边的火车进行对比看出。请注意，其中只有球体是火球本体，而从地面到火球的柱子是被上升的热空气吸走的灰尘。

通过审查 1959 年至 1968 年间炸药和推进剂行业中涉及伤亡的 81 起事故［赛托斯（Settles）（1968）］可得，辐射热是其中一个重要影响因素，81 起事故中有 23 起仅涉及火灾，44 起事故同时涉及火灾和爆炸，14 起事故为物理爆炸，共有 78 人死亡，其中只有 1 起爆炸死亡事件不是因为人体组织爆炸损伤，而是空气气动力将其撞到另一物体上造成的，其他 77 人死亡均因飞行破片或辐射热的致命灼烧。上述数据足以说明我们应该更多地关注破片伤害和热效应伤害。

然而，火球生长和辐射热能导致危险和伤害方面暂未取得良好研究成果，相关参考资料

图 4.1　含有 120 立方米液化石油气的一辆油罐车破裂产生的火球
（于 1970 年 6 月 21 日伊利诺伊州的新月城）

较少，如劳考茨基（Rakaczky）(1975)、盖尔（Gayle）和布兰斯福德（Bransford）(1975)、海特（High）(1968)、贝德（Bader）(1971) 等人回顾了弹药爆炸造成热辐射危害的一般状况；长谷川（Hasegawa）和佐藤（Sato）(1978) 讨论了来自液体推进剂和燃料爆炸的火球；贾勒特（1968）基于热辐射效果提出了英国的安全距离标准。由于热辐射效应尚未完全展开研究，因此该部分内容涉及一些猜想，以及一些尚未形成标准但较为合适的经验方法等，包括讨论火球大小、火球温度、对峙距离和辐射损伤阈值。

　　为了更好地进行讨论，将该问题细分为三个方面：第一方面讨论火球生长的直径和温度时程变化；第二方面讨论火球通过辐射传播的热能；第三方面讨论目标到脉冲热辐射时受到破坏的标准（如对人员、材料、推进剂、炸药）。在讨论和研究过程中，必须将上述三方面结合起来，即火球源的增长、辐射能量的传播和损坏标准。

4.2　火球的瞬态增长模型

　　可以使用相似理论或模拟理论研究爆炸或火灾引起的瞬态火球生长。为定义该问题，先提供一个完整的参数列表，模拟理论允许将参数列表表示为数量更少的无量纲系数，称为 Pi 项。在涉及火球瞬态增长的问题中，研究人员可以从一个包含 6 项参数的列表开始，在数学上将其简化为两个无量纲系数，然后通过绘制试验数据，使这两个无量纲系数能够相互关联。

　　为了确定火球的瞬态增长情况，如在处理 BLEVE 事故时，重要的物理参数包括：瞬时释放的能量 E、最终火球直径 D（作为时间 t 的函数）、火球温度 θ（取决于燃料种类）、火球中空气的热容 ρC_p，以及体现辐射到周围环境能量的斯蒂芬 – 玻耳兹曼（Stefan – Boltzmann）常数 σ，与火球辐射和内部暂时储存的热量相比，这种方法将传导和对流过程视为次要过程。上述 6 个参数列于表 4.1，力用 F 表示、长度用 L 表示、时间用 T 表示，温度用 θ 表示。

表 4.1　定义火球特性的参数

符号	释义	符号参数度量标准
E	释放能量	FL
D	火球直径	L
t	时间	T
θ	火球温度	θ
ρC_p	火球内热容量	$F/L^2\theta$
σ	斯蒂芬 – 玻耳兹曼常数	$F/LT\theta^4$

表 4.1 描述了 6 个有量纲的量的参数空间。在贝克（Baker）、威斯汀（Westine）和道奇（Dodge）模拟理论中，允许将 6 个参数减少至两个无量纲数的参数空间（Pi），该过程是一个不引入新假设的代数过程，通过根据与 σ、ρC_p、E 和 θ 相关的指数求解，得到两个可接受的无量纲数，以函数形式表示为：

$$\frac{(\rho C_p)^{1/3}\theta^{1/3}D}{E^{1/3}} = \psi\left[\frac{\sigma\theta^{10/3}}{(\rho C_p)^{2/3}E^{1/3}}\right] \tag{4.1}$$

式（4.1）表明无量纲或缩放的火球直径 $\dfrac{(\rho C_p)^{1/3}\theta^{1/3}D}{E^{1/3}}$ 是按比例缩放的持续时间或时间的函数 $\dfrac{\sigma\theta^{10/3}}{(\rho C_p)^{2/3}E^{1/3}}$。

由于式（4.1）中只涉及两个比例参数，所以该等式表明来自单个试验的结果和来自事故的数据可以是无量纲的，并可以通过绘图以获得经验上的单值函数关系。虽然目前还没有完全做到这一点，但有些研究已经找到了一些接近式（4.1）关系的公式。

假设在各种事故场景中 ρC_p 和 σ 是常数，则得到方程式（4.1）的简化有量纲形式为：

$$\frac{\theta^{1/3}D}{E^{1/3}} = \frac{\theta^{10/3}t}{E^{1/3}} \tag{4.2}$$

在式（4.2）中，温度 θ 很大程度上取决于危险类型，其中推进剂燃烧的 θ 接近 2 500 K，炸药爆炸的 θ 在 5 000 K 左右，易燃气体燃烧的 θ 在 1 350 K 附近，我们可以通过创建不同种类危险品的燃烧爆炸温度值进行更精细的分类。大多数危险材料产生的火球会非常迅速地达到最大尺寸，并在很长一段时间内大概保持该尺寸，直到最终在时间 t^* 瓦解。因此，如果瞬态加强作用被忽略，式（4.2）意味着：

$$\frac{\theta^{1/3}D}{E^{1/3}} = A_1 \tag{4.3}$$

$$\frac{\theta^{10/3}t^*}{E^{1/3}} = A_2 \tag{4.4}$$

式中，A_1 和 A_2 为常数系数。对于给定的材料，总能量与材料的总质量直接相关，因此，式（4.4）也可以写成：

$$\frac{\theta^{10/3}t^*}{M^{1/3}} = b$$

式中，M 为爆炸材料的总质量，b 为常数。

式（4.3）表明，等量的炸药和推进剂，其绝对温度相差两倍，其火球直径相差仅为 26%。式（4.4）表明，基于现场测试可知，由于温度项指数为 10/3，在同等质量的炸药中，较冷的推进剂燃烧时间将超过火球持续时间的 10 倍，其物理成因是较热的物体会比较冷的物体更快地辐射其能量，因此这是合理的。

劳考茨基（Rakaczky）（1975）在公开的爆炸文献综述中给出了以下测量结果，最为普遍接受的火球直径 D（m）和弹药中的化学品质量 M（kg）的关系是：

$$D = 3.76M^{0.325} \tag{4.5}$$

式（4.5）中的指数是通过最小二乘拟合测试数据得到的，与模型分析理论上得到的指数 0.333 相当接近。

同样，劳考茨基（1975）对火球持续时间 t^*（s）的经验拟合得出：

$$t^* = 0.258M^{0.349} \tag{4.6}$$

同理这个指数接近式（4.4）中显示的指数 0.333。式（4.5）和式（4.6）并没有给出适用范围，因此应该谨慎使用。式（4.5）和式（4.6）可能应用于温度约为 2 500 K 的火球。如果式（4.5）和式（4.6）的系数扩展到其他材料，那么在使用式（4.3）和式（4.4）时，要注意计算温度差异，特别还有持续时间。

海特（High）（1968）也对其进行试验研究，试图估计发生事故时土星五号火球的大小和辐射，其基于使用液体火箭推进剂测试得到的最大火球直径和最大火球持续时间的方程，与劳考茨基的结果非常接近：

$$D = 3.86M^{0.320} \tag{4.7}$$

$$t^* = 0.299M^{0.320} \tag{4.8}$$

海特（1968）还绘制了一些曲线来证明其求解方法的有效性，如图 4.2 和图 4.3 所示，两个图中的指数 0.320 非常接近理论预测的 1/3。如果指数改为 1/3，式（4.7）和式（4.8）中的系数会略有变化。

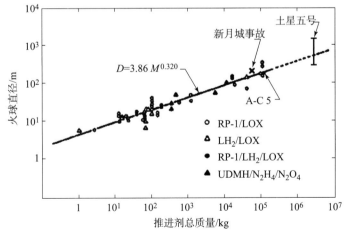

图 4.2　各种质量和类型推进剂的火球直径

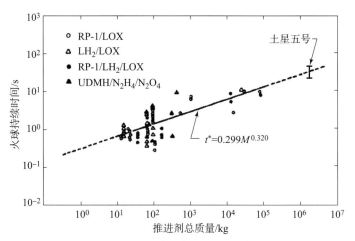

图 4.3 不同质量和类型推进剂的火球持续时间

能完整地在事故中测得火球直径或持续时间的案例不多，但在新月城事故中，一名摄影师捕捉到了火球的照片，如图 4.1 所示。这次油罐车 BLEVE 的火球直径用符号 X 标注绘制在图 4.2 中，6.8×10^4 kg 液化石油气泄漏产生的火球直径为 180 m。

海特（1968）还绘制了一个特定事故的瞬态火球历史曲线，采用式（4.2）得到火球高度和半径曲线，并可将其应用于其他事故，火球半径的曲线可以用双曲线很好地拟合出结果，作为图 4.4 的插图部分显示。

通常情况下，在已经进行过的研究中，可能会发生某些研究结果与其他结果不一致的情况，如果要消除这些差异，需要对所涉及的物理原理有更完整的理解。为了体现对研究内容更完整的理解，可以在一定范围内使用替代方法估算火球持续时间。

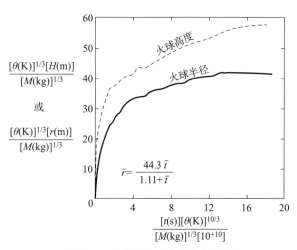

图 4.4 火球瞬态尺寸的几何关系

还有一些研究者，如贝德（Bader）（1971）、长谷川（Hasegawa）和佐藤（Sato）（1978），得到的结果与火球直径数据拟合得较好，但与火球持续时间拟合效果不好；贝德等人（1971）在估计火球持续时间的研究中，假设火球最初是半球形的，但是随着浮力开始作用于热气体，火球上升并变成球形，当所有的燃料都发生反应时，假设径向增长或膨胀停止，浮力会使火球离开地面，火球离开地面后不久，燃料被消耗掉，火球熄灭，换句话说，即假设推进剂燃尽时间为 t_b、火球上升时间和火球持续时间重合，他们还通过数学方法推导出了一个计算持续时间的公式，将浮力等同于抵抗运动流动阻力，得到浮力为：

$$F_3 = \frac{4}{3}\pi r^3 \rho g \tag{4.9}$$

流动阻力为：

$$F_R = \frac{2}{3}\pi r^3 \rho \left[\frac{2}{r}\left(\frac{dx}{dt}\right)^2 - \frac{d^2 r}{dt^2} \right] \tag{4.10}$$

在式（4.10）中，$\frac{d^2 r}{dt^2}$ 项是惯性项，$\frac{2}{r}\left(\frac{dx}{dt}\right)^2$ 项是由气态火球置换空气产生的附加质量项。当式（4.9）和式（4.10）相等时得到的微分方程为：

$$\frac{d^2 r}{dt^2} - \left(\frac{2}{r^2}\right)\left(\frac{dx}{dt}\right)^2 + 2g = 0 \tag{4.11}$$

方程式（4.11）的解由下式给出：

$$r = \frac{2}{3}\left(\frac{g}{2}\right)t^2 \tag{4.12}$$

式（4.12）表明火球半径增长是自由落体距离 $\frac{g}{2}t^2$ 的 2/3。如果将直径的式（4.3）代入式（4.12），则当燃料耗尽、火球熄灭、半径达到最大值时的时间 t_b 由下式给出：

$$t_b = C\frac{E^{1/6}}{\theta^{1/6}} \tag{4.13}$$

其中，C 为常数。

日本学者长谷川和佐藤（1978）完成了小型丙烷、戊烷和辛烷火球的试验测试，以最小二乘拟合起飞时间的测试数据：

$$t_b(s) = 1.07M(kg)^{0.181} \tag{4.14}$$

对于所涉及的气体，如图 4.5 所示。试验值 0.181 接近式（4.13）预测的指数 0.167，如图 4.5 的散点图所示。

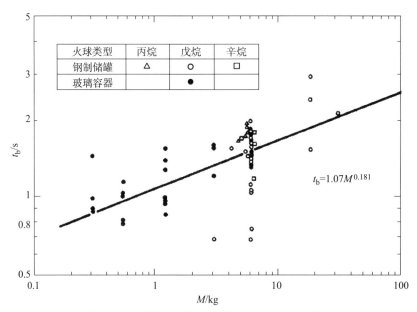

图 4.5　火球持续时间 t_b 与燃料质量 M 的对数图

图 4.3 和图 4.5 中的差异引发了一个问题，即在估算火球持续时间时应该使用哪种关系？答案是，这两种方法都可以在不造成很大误差的情况下使用。因为随着火球的冷却，分

界的轮廓并不清晰，使得火球持续时间很难估计，而持续时间的定义只有近似结果。表4.2比较了使用图4.5的方程式（4.14）和使用图4.3的方程式（4.8）得到的结果。大部分数据介于燃料质量 $0.3 \sim 10^5$ kg 的区间内。其中，日本学者对少量燃料的火球持续时间估算的数值偏小，而海特对大量燃料的火球持续时间估算的数值偏大。表4.2是这两种估算火球持续时间的方法之间的比较。

表 4.2　火球持续时间估算方法的比较

质量 M/kg	日本学者预测 t_b/s	海特预测 t^*/s
1.0	1.07	0.30
10.0	1.62	0.627
10^2	2.46	1.31
10^3	3.74	2.74
10^4	5.67	5.72
10^5	8.60	11.94
10^6	13.04	24.95
10^7	19.79	52.13

海特和日本学者给出的火球持续时间数据之间的主要区别在于，海特的结果适用于质量大于 20 kg 的大泄漏，而日本学者的结果适用于质量小于 20 kg 的小泄漏。

采用法国拉布什 SNPE 的让·保罗·卢科特（Jean Paul Lucotte）提供的未发表的测试结果，与日本学者和海特的求解方法得到的结果进行了最终比较。图 4.6 是固体推进剂质量与火球持续时间的关系图，其中海特和日本学者的求解方法都显示在此图中，海特的结果适用于液氧、液氢和类似的液体推进剂，其火球温度为 3 600 K，而非典型的火炮推进剂火球温度为 2 500 K，通过使用标度律调整海特的温差预测线，给出了SNPE 测试结果的预测线，而对日本学者求解方法的类似校准仅需要将其移动 10%，这在对数坐标图上很难看出，由于火炮推进剂要比丙烷和类似加压易燃液体燃烧温度更高，使得日本学者的解在误差方向上也有变动。

基于这一证据，建议在可燃物量大的条

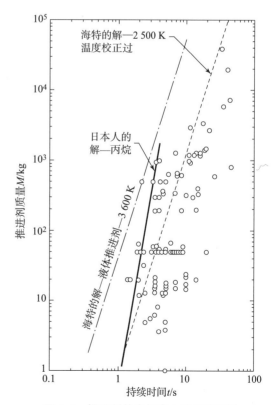

图 4.6　推进剂的未报告火球持续时间

件下使用海特的程序，而在可燃物量不到 10 kg 时，使用日本学者的程序以保持准确。对于诸如炸药那样燃烧温度高的材料，要考虑火焰温度对持续时间的影响。火焰温度对持续时间的影响可以在图 4.2 和图 4.5 中计算，通过使用式（4.4）或式（4.13）来适当校准持续时间。

关于估计火球持续时间的差异，最后说明一点，在模拟分析中，假设了热传导和热对流的传热机制并不重要。而对于小火球及其生长过程，这个假设是不成立的。同样，贝德等人在推导微分方程时做了几个假设，这些假设在某些情况下肯定也是无效的。通过观察，有一种方法适用于对非常大的火球进行良好估计，而另一种方法适用于小火球，这表明这些结果是一般解的渐近或极限情况。这显然是一个需要进行更多研究才能对其进行全面了解的领域。

建模中忽略了火球辐射能力这一物理效应，换句话说，火球与真正的黑体的近似程度是怎样的？对于大多数尺寸的火球来说，无论它是由爆炸物、碳氢化合物还是核效应等引起的，在光学上都是有一定厚度的，辐射能力都在 0.7 ~ 1.0。虽然在估算每种爆源热辐射能力时有不确定性，但实际应用中值的分布相对较小，再加上假定辐射能力为 1.0 的建模也能成功地模拟爆源，都证明了上述所采用的方法是正确的。

然而，存在某些火球，如氢爆源，热辐射能力非常低。对于氢爆源等半透明源来说，上面已提出的火球结果是不适用的。虽然火球内的一切都可能被强烈的热量摧毁，但氢火球产生的辐射非常少，使得几乎不存在火球外的辐射。

与池火相关的火球是另一类可以引起热辐射的火球。与 BLEVE 火球不同，池火的状态稳定得多。研究池火最关键的问题是预测火球的平均高度。将辐射的能量损失近似等同于消耗的燃料中的能量，如式（4.15）所示：

$$DH\sigma\theta^4 = （常数）D^2B \tag{4.15}$$

式中，H 为池火的平均高度，B 为燃料消耗的速率，D 为油池的直径，σ 为斯蒂芬 – 玻耳兹曼常数，θ 为温度。

将式（4.15）除以 D^2B 以将其无量纲化，得到：

$$\frac{H}{D}\frac{\sigma\theta^4}{B} = 常数 \tag{4.16}$$

但是存在一个问题，式（4.16）忽略了热对流过程。而热对流确实会发生，并且会拖慢燃烧过程。李（Lee）和希尔斯（Sears）（1959）证明，要研究池火中可能发生的自然对流，需要在分析中包括两个无量纲比率：$\dfrac{C_p\mu}{k}$（普朗克数）和 $\dfrac{D^3\rho^2g\beta\theta}{\mu^2}$（格拉晓夫数）。修改后式（4.15）变为：

$$\frac{H\sigma\theta^4}{DB} = f\left(\frac{C_p\mu}{k}, \frac{D^3\rho^2g\beta\theta}{\mu^2}\right) \tag{4.17}$$

式中，C_p 为空气的比热，μ 为空气的黏度，k 为空气的热传导系数，g 为重力加速度，β 为体积膨胀系数。

Lee 和 Sears（1959）继续证明，普朗克数和格拉晓夫数在自然对流研究中可以根据经验相互结合，如式（4.18）所示：

$$\frac{H\sigma\theta^4}{DB} = f\left[\left(\frac{C_p\mu}{k}\right) \times \left(\frac{D^3\rho^2g\beta\theta}{\mu^2}\right)\right] = f\left(\frac{C_p^{1/4} \cdot D^{3/8} \cdot \rho^{1/4} \cdot g^{1/8} \cdot \beta^{1/8} \cdot \theta^{1/8}}{k^{1/4}}\right) \tag{4.18}$$

这一结果表明热传导率和浮力效应很重要，但自然对流不依赖于黏性效应，即将 μ 从分析中剔除。

可以使用哈格兰德（Hägglund）（1977）的试验观察结果完善池火分析。哈格兰德观察到，如果使用相同的燃料油，即 σ、θ、B、C_p、ρ、g、β 和 k 都保持不变，则 H/D 的量会随池直径 D 的 1/3 次方成反比：

$$\frac{H}{D} = \frac{2.6}{D^{1/3}} \tag{4.19}$$

哈格兰德对燃料油的观察意味着，在函数式中，对于任何燃料，式（4.19）可由下式给出：

$$\frac{H}{D} \frac{\sigma(\rho C_p)^{2/9} \theta^{37/9} g^{37/9} \beta^{1/9} D^{1/3}}{B k^{2/9}} = 常数 \tag{4.20}$$

现在，可以估计 BLEVE 和池火的火球大小和持续时间，下一步是预测这些火球的热辐射。

4.3　火球热能的传播模型

分析的第二步是预测热辐射热流量，以及在火球周围不同位置处每单位面积的热能 Q，使用模拟分析可以再次发挥其优势。如果假设大气能量不会耗散，则相应的参数包括热流量 q、火球直径 D、火球温度 θ、测点到爆源的距离 R 和斯蒂芬 – 玻耳兹曼常数 σ（代表火球的辐射能量）。表 4.3 给出了这些参数及其基本单位。

表 4.3　传输热辐射的参数

符号	含义	基本单位
q	空间某点的热流量	F/LT
D	火球直径	L
θ	火球的温度	θ
σ	斯蒂芬 – 玻耳兹曼常数	$F/LT\theta^4$
R	测点到爆源的距离	L

即使有 5 个参数和 4 个基本度量单位，也可以再次应用模型分析，给出两个无量纲比率或 Pi 项，这是因为力 F 和时间 T 是线性相关的，或者在数学术语中由于获得 Pi 项的矩阵的秩是 3 而不是 4。两个 Pi 项可以得到的项表示为：

$$\frac{g}{\sigma\theta^4} = \psi\left(\frac{R}{D}\right) \tag{4.21}$$

接下来，可以使用渐近关系来确定可能适用于式（4.15）的函数形式，通过当传播在近场或远场时热通量 q 随间隔距离 R 变化的形式实现。由于 σ 是一个常数，式（4.16）可以写成一个函数，以表明在近场和远场都接近正确的极限：

$$\frac{q}{\sigma^4} = \frac{G\frac{D^2}{R^2}}{F + \frac{D^2}{R^2}} \tag{4.22}$$

式中，G 和 F 为常数系数。

当 D/R 很大时，热流量方程变为：

$$\frac{q}{\theta^4} = G（近场） \tag{4.23}$$

当 D/R 非常小时，热流量方程变为：

$$\frac{q}{\theta^4}\frac{R^2}{D^2} = \frac{G}{F}（远场） \tag{4.24}$$

这些极限是合理的，因为近场辐射（D/R 大）可能来自火球表面并且与 R 无关，而远场辐射（D/R 小）可能来自点源并且遵循与 R^2 成反比的规律，因此，方程式（4.22）合适地接近了这两个极限。来自海特（1968）的一系列测试结果表明，对于 $q[J/(m^2 \cdot s)]$ 和 $\theta(K)$，F 等于 161.7，G 等于 5.26×10^{-5}。

单位面积热能 Q 可以通过积分方程式（4.22）估算。如果将火球大小和温度视为常数，则可通过式（4.22）给出的 q 可以乘以式（4.4）中的 t^* 来预测 Q，于是得出：

$$\frac{Q}{bGM^{1/3}\theta^{2/3}} = \frac{\frac{D^2}{R^2}}{F + \frac{D^2}{R^2}} \tag{4.25}$$

海特（1968）的测试也可用于获得乘积 bG。对于燃料 $Q（J/m^2）$、$\theta（K）$ 和 $M（kg）$，这个乘积 bG 为 2.04×10^4，F 仍然等于 161。创建表 4.4 是为了将计算的 Q 和 q 与报告的结果进行比较，可以看出不同测点距离上的结果与报告结果很相符。

表 4.4 土星五号事故的火球辐射

R	Q_{cal}	Q_{obs}	q_{cal}	q_{obs}
m	$（J/m^2）\times 10^{-6}$	$（J/m^2）\times 10^{-6}$	$（J/m^2 \cdot s）\times 10^{-6}$	$（J/m^2 \cdot s）\times 10^{-6}$
610	3.880	3.880	2.290	2.290
914	1.730	1.730		
1 219	0.973	0.970		
1 524	0.624	0.624	0.368	0.368
1 829	0.433	0.430		

尽管求 q 的方程式（4.22）和求 Q 的方程式（4.25）是基于不随时间变化的火球直径 D 推导出来的，但瞬态解的格式非常相似，如果有必要，可以开发这种格式。对于瞬态解，需要对方程式（4.2）进行经验曲线拟合，并应用相同的相似性分析，但 D 会变成时间的函数 $D(t)$，并且 q 也将成为时间的函数 $q(t)$，由此使得从 $q(t)$ 获得 Q 的积分的过程会稍微复杂一些，不过其过程是相同的。只有通过积累更多测试数据，才能得到更复杂问题的解。幸运的是，如果将热流计放置在不同火球周围的不同位置，那么产生火球大小的相同试验也

可以用来提供 G 和 F 传输系数。

如果将式（4.3）代替火球尺寸代入式（4.22）和式（4.23），则两个自由场辐射解都变成了标度量的两个参数空间，式（4.22）和式（4.23）变为：

$$\frac{q}{G\theta^4} = \frac{1}{1 + \left(\dfrac{F}{a^2}\right)\dfrac{R^2\theta^{2/3}}{M^{2/3}}} \tag{4.26}$$

$$\frac{Q}{bGM^{1/3}\theta^{2/3}} = \frac{1}{1 + \left(\dfrac{F}{a^2}\right)\dfrac{R^2\theta^{2/3}}{M^{2/3}}} \tag{4.27}$$

由于式（4.26）表明 $\dfrac{q}{\theta^4}$ 是 $\dfrac{R\theta^{1/3}}{M^{1/3}}$ 的函数，式（4.27）表明 $\dfrac{Q}{M^{1/3}\theta^{2/3}}$ 也是 $\dfrac{R\theta^{1/3}}{M^{1/3}}$ 的函数，因此式（4.26）和式（4.27）可以绘制在同一张图上。

图 4.7 是可用于 BLEVE 或其他猛烈爆炸的图，将比例热流量 q 和单位面积比例能量 Q 绘制为比例距离 R 的函数。海特得到的直径结果是以方程式（4.26）和式（4.27）中的参数 a 为基础得到的。

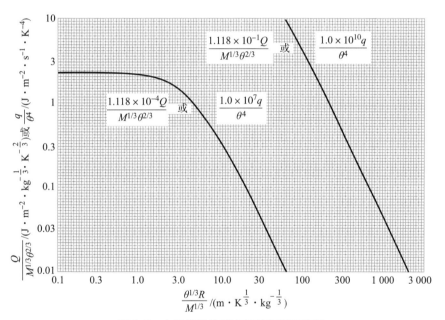

图 4.7　大规模爆炸的定标热通量和能量

现在可以在不同位置确定 q 和 Q，下一步是确定目标是否会损坏。

4.4　热辐射对目标的毁伤准则

所谓目标是任何可能被烧毁的人或物体，包括人、炸药、推进剂、建筑物和其他结构等。其中通过单位面积的热流量 q 与单位面积的热能 Q 的关系可得到不同损伤量的阈值曲线。一方面，对于持续时间很长，持续时间大于达到平衡所需时间的热流量，其阈值将仅通过热流量速率 q 确定；另一方面，对于持续时间非常短的热流量，以至于无法将热量消散时，其阈值将仅通过 Q 决定。任何大于阈值的 q 和 Q 值都会导致损坏，即任何小于阈值的 q 或 Q 值都表示没有损坏。图 4.8 是人、炸药、推进剂或燃料等的可能 $q-Q$ 曲线定性示例，当然，曲线也可以表示为 Q 与时间 t 或 q 与 t 的曲线。

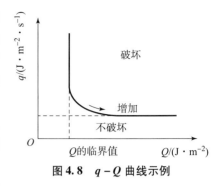

图 4.8　$q-Q$ 曲线示例

$q-Q$ 曲线是冲击波 $p-i$ 特性曲线的热对应曲线，比冲量 i 是短时载荷下压力 p 的时间积分。同理，热能 Q 是短时热冲量下热流 q 的时间积分。

目前可用的最完整的辐射损伤阈值标准之一，是关于眼睛中的晶状体和视锥。米勒（Miller）和怀特（White）通过对猴子进行测试，将热能 Q 与持续时间 t 和烧痕大小 d_i 相关联而得出该标准，结果如图 4.9 显示。因为损伤只发生在烧痕聚焦的地方，所以损伤是局部的，而不是完全失明。由于眨眼时间大约为 10^{-2} s，除非人不知道可能发生的眼睛损伤，否则会做出反应，因此这条曲线的右下角并无意义。

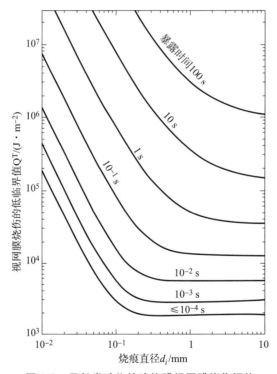

图 4.9　灵长类动物的脉络膜视网膜烧伤阈值

需要注意的是，对于非常短的持续时间（小于 10^{-4} s）和较大的烧痕，判据就是一个不变的热能 1.7×10^3 J/m^2，该判据是热流量 q 的时间积分，并指出 $q-t$ 时程曲线对于短持续时间的火球并不重要，只有正在释放的总能量是重要的。对于较小的烧痕，需要释放更多的能量 Q，这是因为一些能量可以通过传导消散到眼睛的其他区域。对于 $10 \sim 100$ s 这样较长的持续时间来说，图 4.9 中的标准接近恒定的最大通量 q 限制，该限制取决于烧痕大小。而对于长持续时间，固定烧痕大小、能量释放速率就很重要了。根据图 4.9，烧痕大小可以通过使用几何比例光学原理来计算：

$$\frac{d_i}{\lambda} = \frac{D}{R} \qquad (4.28)$$

式中，参数 λ 是眼睛的焦距，一般人大约为 17 mm；D 是火球的直径；R 是离火球的距离。

这条非常完整的视损伤曲线正好是评估暴露皮肤的热损伤或引发危险材料所需的 q-Q 关系。

另一个较为成熟的阈值标准是由布特纳（Buettner）（1950）开发的 q-t 曲线，荷兰人使用该曲线来判断裸露皮肤的烧伤。图 4.10 是用于区分可忍受和不可忍受域的 q-t 图（接近二度烧伤的标准），画出两条线，由于不同的个体之间会有差异，50% 的观测值落在图 4.10 所示的两条线之间。图 4.10 中用于受辐射人员的试验标准是，当皮肤表面下方 0.1 mm 的一层超过 44.8 ℃ 的温度时，会产生无法忍受的疼痛，同时疼痛会急剧增加，接着会逐渐下降并随后消失，受辐射的皮肤区域完全烧伤。皮肤暴露在 1.4×10^3 J/(m^2·s) 的热流率下时，无论时间多长都不会导致疼痛，是因为外周血流量增加会阻止局部温度达到 44.80 ℃。对于给定的辐射，如果事先对皮肤进行了保护，则痛点会更早地到来，反之亦然。需要注意的是，在极长的持续时间下，图 4.10 一定会达到恒定的 q 标准，而对于较短的持续时间，q 与 t 的乘积（Q）几乎是一个常数，符合之前的讨论。

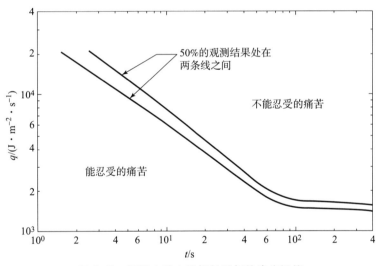

图 4.10　裸露皮肤上热辐射引起的疼痛阈值

只有少数家居材料、木制品和各种织物需要强烈的引燃热能，而材料的颜色也有很大的不同，例如黑色会吸收辐射能，而白色会反射辐射能。表 4.5 和表 4.6 列出了格拉斯通（Glasstone）（1962）给出的阈值能量密度，需要注意，这些都是针对核武器的，Q 值也较小，只与千吨级炸药当量相关，而不同于百万吨级炸药当量的结果。这些观察结果与预测的 q-Q 曲线一致，然而，需要对小型化学火灾和爆炸进行更多测试。最终，随着持续时间变小，预计阈值能量密度 Q 会达到一个恒定值。

表 4.5　家用材料和干燥森林燃料着火的近似辐射暴露

材料	单位面积质量	点火爆炸（J/m²）×10⁻⁴	
	g/m²	** 20 千吨	** 10 兆吨
防尘拖把（油灰）	—	13	21
切碎的报纸	68	8	17
绉纸（绿色）	34	17	33
单张报纸	68	13	25
堆放平整且表面裸露的报纸	—	13	25
风化且皱巴巴的报纸	34	13	25
皱巴巴的报纸	68	17	33
废棉（油灰色）	—	21	33
新的白色债券类纸张	68	63	126
单张牛皮纸（棕褐色）	68	29	59
火柴，纸质书	—	21	38
已使用过的棉线擦洗拖把（灰色）	—	25	42
新的纤维素海绵（粉红色）	1322	25	42
风化的棉绳拖把（奶油色）	—	29	54
三层优质纸板（深色）	339	33	63
三层优质纸板（白色）	339	50	106
已使用过的平边牛皮纸箱（棕色）	543	33	63
已使用过的瓦楞边缘牛皮纸箱（棕色）	—	50	105
草扫帚（黄色）	—	33	71
Excelsior 黄松（浅黄色）	2 976	21	50
已使用的墨西哥纤维磨砂刷（脏黄色）	—	42	84
已使用的棕榈纤维磨砂刷（生锈）	—	50	105
已使用的汽车座椅绞合纸（多色）	440	50	105
薄皮革（棕色）	203	63*	126*
乙烯基塑料汽车座椅套	339	67*	113*
旧编织稻草（黄色）	440	67*	138*
干腐木（低劣的）	—	17	38
细草	—	21	42
落叶	—	25	50
白色松针	—	25	59

续表

材料	单位面积质量	点火爆炸 （J/m²）×10⁻⁴	
	g/m²	**20 千吨	**10 兆吨
粗草	—	29	67
云杉针	—	33	71
棕色黄松针叶	—	33	75

* 表明材料未被指定的入射热能点燃而持续燃烧。

**20 千吨级火球的持续时间约为 4 s，10 兆吨级火球的持续时间约为 40 s。

表 4.6　织物着火的近似辐射暴露

材料	单位面积质量	点火爆炸 （J/m²）×10⁻⁴	
	g/m²	**20 千吨	**10 兆吨
人造丝醋酸塔夫绸（紫红色）	102	8	13
雪尼尔棉床罩（浅蓝色）	—	16	33
掺杂织物的镀铝醋酸纤维素	—	75	147
涂油棉布薄纱窗帘（绿色）	271	21	46
棉质雨篷帆布（绿色）	407	21	38
棉灯芯绒（棕色）	271	25	46
人造丝斜纹衬里（黑色）	102	4	8
脏的棉质威尼斯盲胶带（白色）	—	29	50
未漂白水洗棉布（乳白色）	102	63	126
人造丝斜纹衬里（米色）	102	33	67
人造丝华达呢（黑色）	203	13	25
棉质踢脚线（棕褐色）	170	29	54
已使用过的棉布牛仔布（蓝色）	339	33	54
棉和人造丝汽车座椅套（深蓝色）	305	33	54
醋酸山东绸（黑色）	102	38	63
人造丝醋酸纤维窗帘（紫红色）	170	38	67
人造丝薄纱罗窗帘（象牙色）	68	38	59
新清洗的棉牛仔布（蓝色）	339	38	59
棉质汽车座椅内饰（绿色、棕白色）	339	28	67
人造丝华达呢（金色）	274	28	84
棉质百叶帘带（白色）	—	67	126
新清洗的羊毛法兰绒（黑色）	273	33	67
紧密编织的棉织锦（棕色）	407	67	126

材料	单位面积质量	点火爆炸（J/m^2）$\times 10^{-4}$	
	g/m^2	**20 千吨	**10 兆吨
棉基羊毛面汽车座椅内饰（灰色）	440	67*	147*
羊毛宽幅地毯（灰色）	237	67*	147*
羊毛绒椅内饰（紫红色）	543	67*	147*
羊绒雕带椅内饰（浅棕色）	475	67*	147*
尼龙袜（棕褐色）	—	21*	42*
棉床垫填料（灰色）	—	33	67
很重的机织粗麻布（棕色）	610	33	67
橡胶帆布汽车帽（灰色）	678	67*	117*

* 在这些情况下，材料不会因所示的辐射暴露而被点燃并持续燃烧。

** 20 千吨级火球的持续时间约为 4 s，10 兆吨级火球的持续时间约为 40 s。

除了对材料进行测试外，还应对各种炸药和推进剂等进行危险阈值试验。为了获得更多关于人体的数据，经常用鸡皮作为人的肌肤的替代品。在更好定义这些热阈值标准之前，火球大小和由此产生的辐射的预测程序无法提供完整的答案。如果要获得完整答案，必须同时发展火球增长、辐射传输和目标损伤标准三个方面。

本章在评估目标的热辐射损伤时，首先描述了源是 BLEVE、池火还是爆炸，然后导出了辐射传输的表达式，即辐射强度如何随着与源的距离而衰减，最后，在计算目标的热流量和能量通量后，可以确定目标（即暴露的皮肤、眼睛损伤、材料加热、化学物质、爆炸物等）是否受到损坏。

参 考 文 献

［1］ GLASSTONE S，DOLAN P J. The Effects of Nuclear Weapons ［M］. Third Edition. U. S. Department of Defense and U. S. Department of Energy，1977.

［2］ STREHLOW R A，BAKER W E. The Characterization and Evaluation of Accidental Explosions ［J］. Progress in Energy and Combustion Science，1976：27 - 60.

［3］ SETTLES J E. Deficiencies in the Testing and Classification of Dangerous Materials ［J］. Annals of the New York Academy of Sciences，152，Article 1，1968：199 - 205.

［4］ RAKACZKY J A. The Suppression of Thermal Hazards from Explosions of Munitions：A Literature Survey ［R］. Aberdeen Proving Ground，Maryland：BRL Interim Memorandum Report No. 377，1975.

［5］ GAYLE J B，BRANSFORD J W. Size and Duration of Fireballs from Propellant Explosions ［R］. George C. Marshall Space Flight Center，Huntsville，Alabama：NASA TM X - 53314，1975.

［6］ HIGH R W. The Saturn Fireball ［J］. Annals of the New York Academy of Science，152，I，

1968: 441 - 451.

[7] BADER B E, DONALDSON A B, HARDEE H C. Liquid – Propellant Rocket Abort Fire Model [J]. J. Spacecraft, 1971, 8 (12): 1216 - 1219.

[8] HASEGAWA K, SATO K. Experimental Investigation of the Unconfined Vapour – Cloud Explosions of Hydrocarbons [J]. Fire Research Institute, Fire Defence Agency, Japan: Technical Memorandum of Fire Research Institute, No. 12, 1978.

[9] JARRETT D E. Derivation of British Explosive Safety Distances [J]. Annals of the New York Academy of Sciences, 152, Article 1, 1968: 18 - 35.

[10] LEE J F, SEARS F W. Thermodynamics [M]. Massachusetts: Addison – Wesley Publishing Company, Inc., Reading, 1959.

[11] HAGGLUND B. The Heat Radiation from Petroleum Fires [M]. FoU – brand, Published by Swedish Fire Protection Association, 1977.

[12] BUETTNER K. Effects of Extreme Heat on Man [J]. Journal of American Medical Association, 1950, 144: 732 - 738.

[13] GLASSTONE S. The Effects of Nuclear Weapons [M]. Revised Edition. U. S. Government Printing Office, 1962.

彩　　图

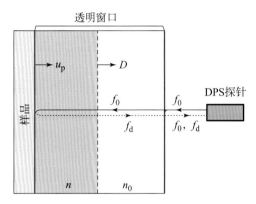

图 2.58　窗口中的粒子速度测量
（D 是冲击波速度，u_p 是真实粒子速度；绿色区域是受冲击波压缩的区域）